浙江省级重点学科应用数学教学改革与科学研究丛书

信息论与密码学

邱继征　编著

浙江省级重点学科应用数学建设基金资助
浙江工业大学重点教材建设项目基金资助

科学出版社
北　京

内 容 简 介

本书概念清晰，推理严密，论证细致，对每部分内容，都展示是什么、为什么和怎么做的全过程，并将基础和应用并重的教育理念融入其中.全书分6章，介绍信息论和密码学的基础知识.在信息论方面，引入给出信源和信道概念的联合概率空间，并由此给出离散信源的数学模型，介绍信息量、熵和信源编码；给出离散信道的数学模型，介绍互信息、信道容量和信道编码.在密码学方面，讲述密码学的基础理论，介绍以DES系统为代表的分组密码和以RSA系统为代表的公钥密码.

本书可作为高等院校数学和应用数学、信息与计算科学专业和信息类、软件类本科生和研究生的信息论与密码学教材和参考书.

图书在版编目(CIP)数据

信息论与密码学/邸继征编著.—北京：科学出版社，2013

(浙江省级重点学科应用数学教学改革与科学研究丛书)

ISBN 978-7-03-037808-8

Ⅰ.①信… Ⅱ.①邸… Ⅲ.①信息论-高等学校-教材 ②密码-理论-高等学校-教材 Ⅳ.①TN911.2 ②TN918.1

中国版本图书馆CIP数据核字(2013)第125988号

责任编辑：石 悦 李梦华/责任校对：宣 慧

责任印制：徐晓晨/封面设计：华路天然工作室

科 学 出 版 社 出版

北京东黄城根北街16号

邮政编码：100717

http://www.sciencep.com

北京厚诚则铭印刷科技有限公司 印刷

科学出版社发行 各地新华书店经销

*

2013年8月第 一 版 开本：720×1000 B5

2021年8月第四次印刷 印张：12 1/4

字数：242 000

定价：39.00元

(如有印装质量问题，我社负责调换)

“浙江省级重点学科应用数学教学改革与科学研究丛书”

编　委　会

总　　序

近年来,关于数学的各种新观点不断出现.

有一种观点认为,随着数学的发展,数学已经从自然科学中分离出来,成为独立的科学门类——数学科学.

持这种观点的学者的依据是:①从现代数学的发展情况可以看出,数学的许多内容和方法的产生,不再是基于研究自然界中存在的物质运动规律的需要,而是基于数学自身的需要.例如,6=3+3,8=3+5,10=5+5=3+7,等等,即每一个大于等于6的偶数都可以表示为两个奇素数的和,这就是哥德巴赫猜想,至今没有证明.但是,这样一个在数学中显得十分重要的著名的猜想,其结果的对与否,不会对数学之外的任何学科产生影响,证明它不是自然科学的需要,而仅仅是数学科学的需要.②数学不仅具有应用功能,而且具有其他学科不能比拟的教育功能.数学的应用功能表现在:没有数学,现代科技无从谈起;任何一种学科,只有应用了数学,才能成为科学学科.数学的教育功能表现在:在中国,语文、数学、英语被认为是初等教育中最重要的三门课程;在世界范围内,有不学中文的学生,有不学英语的学生,但没有不学数学的学生.

我们同意这种观点,希望在数学教学改革和科学研究中体现这种观点.

数学教学改革,首先需要的是教材的改革,而教材的改革,涉及的只有两个方面:一是内容,二是方法.

如何在一本数学教材中以数学科学的观点选取内容、介绍方法?

我们的认识是:无论是选取内容方面,还是介绍方法方面,都要关注数学的应用功能和教育功能的展现.

在内容的选取方面,既不是不管数学的教育功能,狭隘地全部以目前生产生活的实际应用为目的,打乱系统,什么"有用"就选什么,什么"没用"就跳过什么;也不是完全从数学的需要出发,一点也不考虑所选取的内容和实际应用的联系.本套丛书采取有实际应用背景的内容优先选取的原则.我们的考虑是:没有迹象表明,没有实际应用背景的内容在体现数学的教育功能时强于有实际应用背景的内容,既然如此,后者更有利于同时展现数学的应用功能和教育功能.

在方法的介绍方面,既不完全采用公理化体系的做法,让读者在接受严格数学训练的基础上自然地受到数学科学的熏陶,也不完全摒弃数学特有的推理过程,以急功近利的方式只讲结果,只讲计算公式.我们知道,公理化体系的做法是将数学的训练目的不直接说出来,而是藏起来,藏在严密的过程背后,让学生不知不觉得到严格的数学训练.这种体系在介绍内容时,不交代前因后果,一上来就是莫名其妙的定义、公理,然后一步步以极其严密的方式展开讨论.这种做法在知识门类相对少的过去是有效的，但在知识爆炸、课程门类不断增加、学生同时要有做学问和实际应用两手准备的现在，没有时间这样做. 训练要有，但训练目的不是藏起来，而是尽可能直接讲出来. 例如，数学书籍中一定会用到归纳法、演绎法、反证法，这些方法不是数学特有的，但可以被数学最为有效地传授给学生，这一事实恰好可以说明数学的教育功能的强大. 但是，如果我们去问一下数学系的毕业生什么是演绎法，恐怕很少有人能说周全，究其原因，是我们的教材没有明确地告诉学生演绎法的基本内容和过程. 本套丛书将致力于改变这种状况.

本套丛书注意到：根据课程和授课对象的不同，数学的应用功能和教育功能的展现需分层次，两种功能的展现要有机配合. 例如，有的数学分支本来就属于应用数学，对这样的课程，在选取内容和介绍方法时必须首先保证应用方面的需要，其次才考虑教育功能的融人；有的授课对象是文科学生，对这些学生，在编写教材时就要充分注意他们的基础、兴趣、思维方式和希望通过数学的学习要达到的目的，因此要首先考虑数学的教育功能，其次才考虑应用功能的融人.

现代化的标志是数字化，也就是要在所有的领域尽最大可能地使用计算机技术，因此，在数学教学中，对数字化的配合和适应是必需的. 为了展现数学的应用功能，在数学教学的每个环节，都应该关注计算机技术，包括有意考虑内容的计算机实现，如算法问题，内容与几个成功的数学软件的结合问题. 我们知道，介绍如何应用数学软件的最好环境，当为相应的数学课程. 因此，本套丛书中的教材，特别注意介绍与主要内容配套的软件的应用，例如，介绍相应的 MATLAB 软件包的使用.

科学研究成果整理成学术著作，可以总结和条理化研究问题，这对传播研究成果、深化研究工作是有利的，这些著作还可以作为研究生教材使用.

本套丛书中学术著作的撰写遵循了如下的原则：

首先，作为介绍学术成果的学术著作要有新内容、新观点，学术系统应是明显的，不是杂乱的、拼凑的，特别是著作中作者的成果应有重要的分量.

其次，本套丛书中的学术著作特别注意内容的系统性、完备性.

再次，也是最重要的，本套丛书中的学术著作，和教材一样注意展现数学的应用功能和教育功能，在必要时，还考虑内容的计算机实现，如算法问题，内容与几个成功的数学软件的结合问题.

最后，在写作细节上，本套丛书要求作者以严格的科学态度对待自己的著作，概念和符号应明确，推导和介绍要细致，避免突然出现翻遍全书都找不到介绍的概念和符号，避免用显然、易知等词语掩盖困难的证明过程.

教学改革涉及的问题很多，有些问题需要一步步解决，有的还需要根据形势的变化调整解决方案. 我们仅做了初步的尝试，加之水平有限，本套丛书中的问题一定很多，迫切希望读者批评指正.

邱继征

2013 年 3 月 8 日

前　言

信息论由美国通信科学家香农(C. E. Shannon)于20世纪40年代创立. 随着计算机技术的发展,信息论的研究内容与计算机的关系越来越密切. 电子计算机的研制,一开始就涉及符号的编码问题,而编码则是信息论的重要研究内容. 现在,计算机已离不开信息论的研究对象,同时,信息论也转为根据计算机特点进行研究.

密码学的历史比信息论长,但随着信息论的创立,密码学的基础理论得到了充实,信息论中的编码理论和技术也为密码学的发展提供了极大的支持. 此外,计算机技术的发展对密码学提出新的研究课题的同时,也为密码编码和解码方法的实现提供了有力的工具. 软件和网络安全问题已经成为现代人必须时刻面对的问题,而这些问题就是密码学问题,密码编码的实现已不可能由人工进行,必须借助计算机. 信息论、计算机和密码学三者,已经到了必须共同发展、互相不能离开的程度.

本书介绍最基本的信息论和密码学内容,为出身数学的读者编写. 因此,时刻注意概念的明确性、推理和论证的严密性. 避免出现无法找到出处的概念和记号,可以用定义形式表达的概念都将其写作定义,不能用定义描述的概念尽量将其符号化. 例如,信息、信道等概念,都用明确的符号加以表示,正如点、集合的概念不能给出具体的定义,但可用 a,E 等符号表示一样. 本书中的有关结论尽量表述为定理,其证明力求严格,证明中避免使用容易引起歧义的描述性语言和"显然"等字眼,不允许用"易知"掩盖实际上困难的证明步骤.

本书的定位是教材,因此,必须在其中融入教育理念. 我们认为,教育应该基础和应用并重,高等院校应该以提高学生的素质和能力为目标,而不是教学生技术和手艺,所以,不能什么"有用"就学什么,什么"没用"就不学什么. 不然,学生学到的知识是零碎的、不成系统的,几年下来,学生会处于被动、应对的状态,丧失联想能力和主动的创造精神. 在这种理念指引下,本书注意解释一些知识的脉络,以开阔学生的眼界,提高学生的联想能力. 例如,在介绍以公理化方法给出的概率空间定义时,用一定篇幅对该方法与其他方面知识的关系做了阐述,以使学生在见到类似结构的问题时,可以借鉴来自不同方面的知识.

虽然书中许多内容来自参考文献,但这些内容都按数学的习惯加以修改、组合,许多定理的证明是新给出的,如定理3.3.1、定理3.4.3、定理3.4.6、定理3.4.7和定理6.2.2的证明. 有些内容是新的,如5.3.3小节.

在内容的选取上,本书不求全,但求精,编写的原则是要么不讲,要么讲透,所有内容力求展现是什么、为什么、怎么做的全过程,使读者对所学内容学而知理、知而会用,为必要时深入学习信息论和密码学打好基础.

本书的出版得到了浙江工业大学教务处、理学院的大力支持,在此表示感谢.由于作者水平有限,书中难免有不足之处,恳请读者批评指正.

编　者

2013 年 3 月 8 日

目　录

总序

前言

第 1 章　绪论 ………… 1

1.1　几个概念和信息论的研究内容 ………… 1

1.2　概率论相关知识 ………… 3

1.2.1　概率空间与随机变量 ………… 4

1.2.2　事件独立性与联合概率空间 ………… 8

1.2.3　离散概率空间 ………… 13

1.2.4　随机序列与马尔可夫链 ………… 16

1.2.5　伯努利试验与伯努利大数定律 ………… 18

1.3　凸函数与詹森不等式 ………… 20

习题 1 ………… 22

第 2 章　离散信源及其数量关系 ………… 23

2.1　离散信源与信息的数学模型 ………… 23

2.1.1　发出仅含一个符号的信息的信源 ………… 23

2.1.2　发出 N 个符号的信息的信源 ………… 24

2.1.3　离散信源 ………… 25

2.1.4　离散平稳信源 ………… 26

2.1.5　马尔可夫信源 ………… 27

2.1.6　离散平稳无记忆信源 ………… 28

2.2　事件的信息量 ………… 30

2.3　平均自信息——熵 ………… 33

2.3.1　熵的定义 ………… 33

2.3.2　熵的性质 ………… 35

2.3.3　离散平稳信源的极限熵 ………… 39

2.3.4　m 阶马尔可夫信源的极限熵 ………… 42

2.3.5　离散平稳无记忆信源的极限熵 ………… 43

习题 2 ………… 44

第 3 章　信源编码 ………… 45

3.1　编码定义及相关概念 ………… 45

3.2　扩展编码与简单等长无错编码 ………… 48

3.2.1　扩展编码 ………… 48

3.2.2　简单等长无错编码 …… 49
3.2.3　分组等长编码 …… 50
3.3　离散平稳无记忆信源的等长编码 …… 51
3.3.1　典型序列与渐进等分割性 …… 51
3.3.2　等长编码定理 …… 55
3.4　离散平稳信源的不等长编码 …… 58
3.4.1　即时码的定义 …… 59
3.4.2　码树与即时码的构造 …… 60
3.4.3　即时码的存在定理 …… 61
3.4.4　离散平稳信源的不等长编码举例及存在问题 …… 62
3.5　最佳码与近似最佳码 …… 64
3.5.1　平均码长 …… 64
3.5.2　最佳码 …… 66
3.5.3　离散平稳无记忆信源的近似最佳即时码 …… 66
3.5.4　一般离散平稳信源的近似最佳即时码 …… 71
3.5.5　m 阶马尔可夫信源的近似最佳即时码 …… 72
3.5.6　霍夫曼码 …… 72
习题 3 …… 77
第 4 章　离散信道及其数量关系 …… 78
4.1　信道的数学模型 …… 78
4.2　互信息 …… 81
4.2.1　互信息的概念 …… 82
4.2.2　互信息的性质 …… 85
4.3　信道容量 …… 90
4.3.1　信道容量的概念 …… 90
4.3.2　信道容量的计算 …… 91
习题 4 …… 94
第 5 章　信道编码 …… 95
5.1　信道编码的基础理论 …… 95
5.1.1　信道编码概述 …… 95
5.1.2　信道译码方式及译码准则 …… 97
5.1.3　渐近等分割性与信道编码定理 …… 100
5.2　群码 …… 107
5.2.1　分组编码 …… 107
5.2.2　群及模 2 运算 …… 108
5.2.3　群码的构造 …… 109
5.2.4　群码的应用举例 …… 114

5.3 循环码 …… 115
5.3.1 相关代数知识 …… 115
5.3.2 循环码的构造 …… 118
5.3.3 简单循环码 …… 124
习题 5 …… 127
第 6 章 密码学 …… 128
6.1 密码学的基础理论 …… 128
6.1.1 密码系统 …… 128
6.1.2 香农密码学理论 …… 132
6.2 分组密码 …… 141
6.2.1 文字的基础准备 …… 141
6.2.2 编制分组密码的几种基本变换 …… 143
6.2.3 密钥的选取和分组密码的编制 …… 153
6.3 公钥密码 …… 158
6.3.1 数论简单知识 …… 159
6.3.2 RSA 公钥密码系统 …… 162
习题 6 …… 166
参考文献 …… 168
习题参考答案 …… 169

第1章 绪 论

本章有3节,介绍与本书密切相关的部分概念和数学知识. 1.1节介绍与"信息"相关的几个概念、信息论的研究对象和基本内容. 1.2节介绍概率论知识,以公理化方法叙述概率空间与随机变量,讨论事件独立性,建立联合概率空间. 其中,联合概率空间的引入使在同一概率空间上成立的乘法公式、加法公式等以新的角度呈现,为以后建立信源的数学模型做准备. 离散概率空间与信息论的联系最为密切,该节对此加以重点介绍. 随机序列将是离散信源的模型,马尔可夫链是特殊的随机序列,该节中,对本书必要的随机序列和马尔可夫链知识作介绍. 最后介绍的伯努利试验与伯努利大数定律,在以后章节中证明一些结果时用到. 1.3节介绍的詹森(Jensen)不等式,是以后证明一些不等式的重要工具.

1.1 几个概念和信息论的研究内容

信息二字是近30年来世界上出现频率最高的科技词汇之一. 学习信息论,首先要了解什么是信息,要知道不同环境下使用的信息二字的涵义.

1. 信息

正如数学中点、集合等不能加以定义一样,信息也是不能给予明确定义的概念. 有人将信息称为"有用的消息",但消息是什么,有用又是什么意思? 这都无法给出精确的描述.

其实世界上许多事物都是难以给出定义的,这是因为这些事物内涵广泛、性质复杂,无法用简洁的语言加以界定、描述. 例如,"白菜的味道"是一个事物,但人们却无法将这个事物用语言、文字描述清楚.

不能给出定义的事物往往还是事件的主角,为了让别人明白此主角是此事物,不是彼事物,人们只好想各种办法. 一种办法是把事物包含的内容加以列举,让被介绍者自己去领会事物的本质. 例如,无法给出数学的定义,就告诉别人几何学是数学,微积分学是数学,概率论是数学,让别人在了解这几门学问的基础上,自己领会什么是数学.

另一种办法是指出事物的几个具有代表性的表现形式,让别人在看到这些表现形式的基础上,得出此事物正是此事物的结论.

这两种办法是可以用语言、文字表现的,两种办法还可以结合应用. 这两种办法之外,还有无数种办法介绍事物. 例如,用让人尝的办法介绍白菜的味道,让人看的办法介绍风景,让人听的办法介绍声音. 于是,对于信息,可以将前述两种办法结合应用加以介绍.

信息是什么？电话、电视、雷达、信件等传递出来的声、像、磁、文字等能被感知、可以引起人们兴趣的东西都是信息.“电话、电视、雷达、信件等传递出来的声、像、磁、文字等”，正是在列举信息的内容，而“能被感知、可以引起人们兴趣”，则是在展示信息的表现形式.将信息的表现形式细化，有利于让人抓住信息的本质特征，进而建立数学模型，对其展开科学的研究.

细化了的信息的表现形式有：

(1)发出信息的一定是世界上存在的事物，收到声音信息，一定是有东西在发出声音(信源)；

(2)信息必有一个发出、传递、接收的过程(信源、信道、信宿)；

(3)信息带有不确定性(用信息量表示)，正是这种不确定性引起人们对信息的兴趣.如果一个人在接电话前就知道打电话的是谁、说的是什么事，连每个声音细节都知道，那么这个电话对他来说就没有信息价值了.

2. 信息论

信息论自然是研究信息的理论，由美国通信科学家香农(C. E. Shannon)于20世纪40年代创立，最初是研究通信信号传输的理论与实现问题.但随着计算机技术的发展，信息论的研究内容与计算机的关系越来越密切.电子计算机的研制，一开始就涉及符号的编码问题，可以说，没有编码就没有计算机.而编码则是信息论的重要研究内容.现在，计算机的应用中除了研究与人工智能和科学计算有关的问题外，许多都是处理信息的传输、压缩、存储和数据挖掘等问题.计算机已离不开这些信息论的研究对象，同时，信息论也转向专门针对计算机特点进行的理论和应用研究.

3. 关于“信息”的理解

大概正是由于计算机与信息的关系密不可分，所以人们将与计算机相关的知识、技术、学科，常冠以“信息”二字.例如，许多大学中以计算机科学为学习和研究主体的学院，都冠名信息学院.以致一些人认为，“信息技术”就是计算机技术的代名词，“信息科学”是研究与“信息技术”或即计算机技术相应的基础理论和应用的科学，“信息科学”和“计算机科学”没有什么区别.目前，为数众多的人一见到“信息”二字，立即想到计算机，而不知道“信息”的含义和来源，引起许多概念上的混乱.

那么，“信息”二字究竟应该如何理解？这个问题的回答存在许多争议.我们认为，除了信息论中的信息具有确定的含义，是真正意义上的信息以外，所有见到的“信息”大都兼有计算机和真正意义上的信息两重意思.例如，“信息技术”与“信息科学”中的“信息”就是如此，通常说的“信息时代”中的“信息”也是如此.人类进入“信息时代”意味着：人类进入了一个需要大量使用计算机，同时需要处理浩瀚如海的信息的时代.仅仅认为“信息时代”就是研究信息论的时代是不对的，仅仅认为“信息时代”就是研究计算机的时代也是不对的.

此外，下一段将会看到，信息论中对信息的研究，有明确的内容与方法，其他地方对信息(真正意义上的信息)的研究,内容庞杂,方法多样,有一些和信息论相同,多数情况下着重于对数据的处理,与信息论迥异.

4.信息论的研究内容

由于信息具有未知性、不确定性,因而信息论主要以概率论、统计学和随机过程作为研究工具.有人认为信息论是统计数学的一个分支,将信息论称为统计信息论.

信息论研究的主要内容有:信息的量化问题(信息量、熵);如何将信息符号转化为能有效地利用计算机及其他设备处理和传输的符号问题(编码);信息传输工具(信道)的量化问题(互信息、信道容量);信息的保密问题(密码学的一方面)等.

因此,信息论有非常明确具体的研究内容和研究工具.不像"信息技术"和"信息科学"那样许多人不清楚其内涵,连专家学者对这些术语的界定都有许多争议.

1.2 概率论相关知识

本节只介绍本书涉及的概率论中的概念和知识.

和许多数学内容一样,对概率论,可以根据读者数学基础的不同,从不同的角度入手展开讨论.在我国,面对初学概率论的读者,一般书籍总是从古典概型出发,引入概率的概念,展开概率论的内容.而面向有一定概率论基础的读者的书籍,往往用公理化方法讲述概率论知识.就后者而言,这样做的原因在于:高深一点的数学内容要体现数学的本质特点.一种被普遍接受的观点认为,数学是研究空间形式和量化关系的科学,数学的精髓就是呈现这样的形式与关系.而公理化方法应用于表述空间形式和量化关系,是最为方便的.

空间是赋予一定结构的集合.例如,实数直线是一维的线性空间,直角坐标平面是二维的线性空间,以至线性代数中任意有限维的线性空间.拓扑学建立在拓扑空间的基础上,泛函分析以赋范线性空间为出发点,其中有可数无穷维空间、不可数无穷维空间,分形学讨论分数维空间.在代数学中,与空间相应的集合直接赋予群、环、域等称谓.

在给出空间的基础上,揭示其中量化关系的方便手段是应用公理化方法,该方法的一个显著的特点是:不断用命令的方式,如定义或公理,强加于空间或其元素一些性质,直接以空间本身、其中集合或元素为原料,性质为法则建立起系统,而不对这些性质的背景进行说明.

什么是数学中的背景?这个背景就是应用.对于一种数学内容来说,其应用有两种,一是人类实际生活中的应用,二是数学领域中的应用.由于公理化方法不讲背景,特别是实际生活中的应用,所以,如果一个人缺少必要的数学知识,面对以公理化方法介绍的数学内容,会感到十分不解.即使对于已经有了这种内容的初步知识,但还没有达到接受公理化方法程度的读者,在学习以公理化方法介绍的内容时,也会感到困惑.那些初步知识,不能与后者建立联系,似乎以不同方法介绍的同一东西,完全是不同的东西.因此有人认为,数学在人类实际生活中的应用与公理化方法介绍的内容之间,存在不可逾越的鸿沟.还有人认为,这种现象是公理化方法的缺陷.我们认为,关于两者存在鸿沟的认识是正确的,但不能说此鸿沟是公理化方法的缺陷导致的.正像真正的山间鸿沟,可以说土石材质的不同产生了鸿沟,不能说处于高处的坚石有缺陷.有没有简单的办法消除这个鸿沟?没有.正像真正的山间鸿沟,不能说句话就可以填补,非得足够的材料不可.

以下用公理化方法介绍概率论知识.

1.2.1　概率空间与随机变量

1. 可测空间

首先介绍可测空间.顾名思义,可测空间就是可以给予测度的空间.

定义 1.2.1　设 Ω 为一点集,$\mathfrak{F}$ 为 Ω 的一些子集组成的集族,满足

(i) $\varnothing,\Omega \in \mathfrak{F}$;

(ii)若 $A \in \mathfrak{F}$,则 $\overline{A} = \Omega\backslash A \in \mathfrak{F}$;

(iii)若 $A_n \in \mathfrak{F}$, $n = 1,2,\cdots$,则 $\bigcup\limits_{n=1}^{\infty} A_n \in \mathfrak{F}$.

其中 $\varnothing$ 为空集.称 $\mathfrak{F}$ 为一个 σ 代数,$(\Omega, \mathfrak{F})$为可测空间.

在代数学中,定义了满足一定关系的一个运算的集合称为群,这个运算可以称为加法,也可以称为乘法.但一般来说,如果这个运算是可交换的,即甲与乙运算的结果等于乙与甲运算的结果,则这个运算称为加法;否则,如果这个运算是不可交换的,即甲与乙运算的结果不总是等于乙与甲运算的结果,则这个运算称为乘法.定义了加法的集合称为加法群,定义了乘法的集合称为乘法群.加法群中有一个元素称为零元,它与加法群中任何一个元素的和还是这个元素,每一个元素有一个负元素,二者的和等于零元,一个元素甲与另一个元素乙的负元素"$-$乙"的加法称为甲与乙的减法,记为"甲$-$乙";乘法群中有一个元素称为单位元,它与乘法群中任何一个元素的积还是这个元素.定义了满足一定关系的两个运算的集合称为环,两个运算一个称为加法,另一个称为乘法,在所述关系中,乘法对于加法的分配率最重要.

我们可以像处理数字之间的加法与乘法运算那样处理环中元素的运算.

注意上述 $\mathfrak{F}$ 是 Ω 的一些子集组成的集族,其元素是 Ω 的子集,也就是说,$\mathfrak{F}$ 是集合的集合,而集合的集合常称为集族.

$\mathfrak{F}$ 是 Ω 的"一些"子集组成的集族,究竟是哪些子集?是 Ω 的部分子集还是全部子集?这无关紧要,我们只关心所述三个条件是否满足.

我们将集合之间的并看成加法,交看成乘法,集合的差看成减法,$\overline{A}$ 看成 A 的负元,则 $\mathfrak{F}$ 成为一个环.这是因为

$$\bigcap_{n=1}^{\infty} A_n = \overline{\overline{\bigcap_{n=1}^{\infty} A_n}} = \overline{\bigcup_{n=1}^{\infty} \overline{A_n}},$$

当 $A_n \in \mathfrak{F}$ 时,由(ii)知 $\overline{A_n} \in \mathfrak{F}$,由(iii)知 $\bigcup_{n=1}^{\infty} \overline{A_n} \in \mathfrak{F}$,再有(ii)知 $\bigcap_{n=1}^{\infty} A_n \in \mathfrak{F}$;对正整数 $m \geqslant 2$,取 $A_{m+1} = A_{m+2} = \cdots = \varnothing$,则 $\bigcup_{n=1}^{\infty} A_n = \bigcup_{n=1}^{m} A_n$,知 $\mathfrak{F}$ 对有限并封闭,即 $\mathfrak{F}$ 中有限个元的并仍属于 $\mathfrak{F}$;取 $A_{m+1} = A_{m+2} = \cdots = \Omega$,则 $\bigcap_{n=1}^{\infty} A_n = \bigcap_{n=1}^{m} A_n$,知 $\mathfrak{F}$ 对有限交封闭,由集合的交并运算规则,可知 $\mathfrak{F}$ 为环.

关于代数,情况有点复杂,不同的书籍有不同的定义.按照一些书籍的说法,由于 Ω 本身是 $\mathfrak{F}$ 的元素,因此称 $\mathfrak{F}$ 为一代数.

称 $\mathfrak{F}$ 为一个 σ 代数,是因为 $\mathfrak{F}$ 对于可数并运算封闭,因为 σ 是字母 Σ 的小写体,后者常表示求可数和.

2. 概率空间

有了可测空间,就表示可以在其上定义测度了.

定义 1.2.2 设 $(\Omega, \mathfrak{F})$ 为可测空间. $\mathfrak{F}$ 上定义的一个集函数 P 称为一个概率测度,若

(i) $\forall A \in \mathfrak{F}$, $P(A) \geqslant 0$;

(ii) $P(\Omega) = 1$;

(iii)若 $A_n \in \mathfrak{F}$, $n = 1, 2, \cdots$, 且两两不相交,则

$$P\left(\bigcup_{n=1}^{\infty} A_n\right) = \sum_{n=1}^{\infty} P(A_n).$$

称 $(\Omega, \mathfrak{F}, P)$ 为一个概率空间, Ω 中点称为基本事件, $\mathfrak{F}$ 中元称为事件,对 $A \in \mathfrak{F}$, $P(A)$ 称为事件 A 的概率.对 $A, B \in \mathfrak{F}$,常将 $A \cap B$ 记为 AB.

测度是长度、面积、体积这些概念的概括.在直线上,线段的长度是测度,在平面上,图形的面积是测度,在三维空间中,物体的体积是测度.因此,测度值是非负的,如(i),部分的测度和等于整体的测度,如(iii),后者被称为概率的可数可加性.(ii)被称为概率测度的概率性质,没有这条性质的 $(\Omega, \mathfrak{F}, P)$ 是一般的测度空间,有了这条性质的测度空间就成为概率空间了.

以上定义概率空间的方法,就是公理化方法.可以看出,依这种方法给出概率空间的概念,十分简洁.但是,要将这里的因素与古典概型联系,却会发现许多问题.例如,在古典概型中,现在的 Ω 是什么,其中的元素是什么,都是十分困难的问题.

对一些十分简单的情形, Ω 及其元素还是容易搞清的.

例如,向一张桌面上扔一枚一元人民币硬币,假定该硬币的图形对硬币落下以后哪面向上的结果不产生影响,还假定硬币扔下以后不会立着不倒.如此, $\omega_1 = \{$有国徽的一面朝上$\}$, $\omega_2 = \{$有花的一面朝上$\}$, $\varnothing = \{$哪面都不朝上$\}$, Ω 为二元点集 $\Omega = \{\omega_1, \omega_2\}$,则 $\mathfrak{F} = \{\varnothing, \{\omega_1\}, \{\omega_2\}, \Omega\}$,其中 $\{\omega_1\}$, $\{\omega_2\}$,分别为仅包含 ω_1, ω_2 的单点集.可知 $P(\{\omega_1\}) = \dfrac{1}{2}$,故 $P(\Omega) = P(\{\omega_1, \omega_2\}) = 1$,而 $P(\varnothing) = 0$,是故, $(\Omega, \mathfrak{F}, P)$ 为一个概率空间.

对于复杂情况,如果仔细考虑,Ω 及其元素以至 $(\Omega, \mathfrak{F}, P)$ 还是可以搞清楚的,不过,许多情况下我们没有必要将精力花费在这上面,而仅关注所感兴趣的方面.

3. 随机变量

有了空间,要考虑其中的数量关系,还需要将有关因素数量化,对 Ω 中元 ω,将其数量化的不二选择是给其赋值,这样做的最好方式是定义函数 $X(\omega), \omega \in \Omega$.

有了函数,需要将该函数与 $\mathfrak{F}$, P 联系起来. 由多方面的原因,要求限定一个范围,当该函数的值 $X(\omega)$ 处于这个范围时,对应的自变量 ω 构成的集合应该属于 $\mathfrak{F}$. 例如,取区间 $(a,b]$,应有

$$X^{-1}((a,b]) = \{\omega \in \Omega : a < X(\omega) \leqslant b\} \in \mathfrak{F}.$$

(集合 $X^{-1}((a,b]) = \{\omega \in \Omega : a < X(\omega) \leqslant b\}$ 称为 $(a,b]$ 的逆象,诸如此类的记号是数学中的常规记号).

在所述多方面的原因中,$X(\omega)$ 的 Lebesgue 可积性十分重要,以下以 $X(\omega)$ 为一元函数为例说明 Lebesgue 积分的定义原理.

设一个一元函数 f 定义于 x 轴上的区间 $[s,t]$,其值包含于 y 轴上的区间 $[a,b]$,即

$$f([s,t]) = \{y = f(x) : x \in [s,t]\} \subset [a,b].$$

将 $[a,b]$ 分割为若干份(不是分 $[s,t]$,在数学分析课程中学过的积分称为 Riemann 积分,该积分分割 $[s,t]$),记这个分割为 Δ. 对每份 $[a_i,b_i]$,取函数值属于 $[a_i,b_i]$ 的自变量构成的集合 $E_i = f^{-1}[a_i,b_i] = \{x \in [s,t] : f(x) \in [a_i,b_i]\}$ 的测度 $m(E_i)$,作和

$$m_\Delta = \sum a_i m(E_i), \quad M_\Delta = \sum b_i m(E_i),$$

分别称为相应于 Δ 的小和、大和. 当 Δ 变化时,分别得到小和的数集 A 和大和的数集 B,取 A 的上确界,B 的下确界,如果二者相同,则此共同值称为 f 在 $[s,t]$ 上的 Lebesgue 积分,记为 $\int_{[s,t]} f(x)\mathrm{d}x$,此时称 f 在 $[s,t]$ 上 Lebesgue 可积.

可以看出,f 在 $[s,t]$ 上 Lebesgue 可积的第一要素是集合 E_i 有测度,即可测,因此,将对所有实数 $a \leqslant b$,$E = f^{-1}[a,b] = \{x : a \leqslant f(x) \leqslant b\}$ 可测的函数 f 称为可测函数.

研究表明,上述 $[a,b]$ 代之以 $(a,b]$, $[a,b)$, (a,b), $(-\infty,b)$, $(-\infty,b]$, (a,∞), $[a,\infty)$,得到的 f 的可测性都是等价的.

总之,从多种角度考虑,取函数 $X(\omega), \omega \in \Omega$ 为可测函数是有利的,这样的函数就是随机变量.

定义 1.2.3　设 $(\Omega, \mathfrak{F})$ 为可测空间,X 为 Ω 上定义的实函数,若对任意实数 a, b, $a \leqslant b$, $X^{-1}((a,b]) = \{\omega : \omega \in \Omega, a < X(\omega) \leqslant b\} \in \mathfrak{F}$,即依测度论的观点 X 为 Ω 上的可测函数,则称 X 为可测空间 $(\Omega, \mathfrak{F})$ 上的一个随机变量,或 Ω 上的一个随机变量.

有了随机变量,可以有效地把握概率空间中的数量关系,如数学期望、方差等数字特征.关于随机变量的具体作用,由于情况复杂,且许多数字特征本书内容用不到,所以在此不予详细介绍,对随机变量的各方面作用感兴趣的读者可以参阅概率论书籍.

随机变量的概念可以推广.

定义 1.2.4 设 $(\Omega_1, \mathfrak{F}_1)$, $(\Omega_2, \mathfrak{F}_2)$为可测空间, X 为 Ω_1 到 Ω_2 的映射,满足 $\forall B \in \mathfrak{F}_2$, $X^{-1}(B) = \{\omega_1 : \omega_1 \in \Omega_1, X(\omega_1) \in B\} \in \mathfrak{F}_1$,则称 X 为 Ω_1 到 Ω_2 的一个随机变量.

4. 几个重要的关系和定理

以下介绍几个重要的关系和定理.若不特别声明,这些关系和定理都在概率空间 $(\Omega, \mathfrak{F}, P)$ 上建立.

条件概率 设 $A,B \in \mathfrak{F}$, $P(B) > 0$ 则

$$P(A \mid B) = \frac{P(AB)}{P(B)} \tag{1.2.1}$$

称为事件 B 发生的条件下事件 A 发生的概率.

需要注意,条件概率 $P(A \mid B)$ 在记号上与记号 $P(A)$ 相似,但后者为事件 A 的概率,前者中的 $A \mid B$ 不是概率空间 $(\Omega, \mathfrak{F}, P)$ 中 $\mathfrak{F}$ 的元素,所以从概率空间的角度出发, $P(A \mid B)$ 是没有意义的.但是,实际问题中确实有在某事件发生的条件下另一事件发生的概率的事实.例如,在英文单词中,字母 q 出现的条件下紧接着出现字母 u 的概率几乎是百分之百.对此,我们的解释是:条件概率是一个有实际意义的数据,将其用记号 $P(A \mid B)$ 表示, $P(A \mid B)$ 等于 $\frac{P(AB)}{P(B)}$,而后者分子分母中的两个数字在概率空间中是有意义的,可以认为,后者是前者的定义.

加法公式 设 $A_k \in \mathfrak{F}$, $k = 1,2,\cdots,l$, 则

$$\begin{aligned} P\left(\bigcup_{k=1}^{l} A_k\right) = & \sum_{k=1}^{l} P(A_k) - \sum_{1 \leqslant i < j \leqslant l} P(A_i A_j) \\ & + \sum_{1 \leqslant i < j < k \leqslant l} P(A_i A_j A_k) - \cdots + (-1)^{l-1} P(A_1 A_2 \cdots A_l). \end{aligned} \tag{1.2.2}$$

对简单情形,如 $l = 3$,加法公式的意义是明显的.如图 1.1 所示,设图中三个圆分别为集合 A,B,C,用 $P(A)$ 表示集合 A 的面积等,[1] 代表图中数字 1 所在集合的面积等.则

$$\begin{aligned} P(A \cup B \cup C) &= [1]+[2]+[3]+[4]+[5]+[6]+[7] \\ &= ([1]+[2]+[4]+[5]) + ([2]+[3]+[5]+[6]) \\ &\quad + ([4]+[5]+[6]+[7]) - \{([2]+[5]) + ([5]+[6]) \\ &\quad + ([4]+[5])\} + [5] \\ &= P(A) + P(B) + P(C) - \{P(AB) + P(BC) + P(AC)\} + P(ABC). \end{aligned}$$

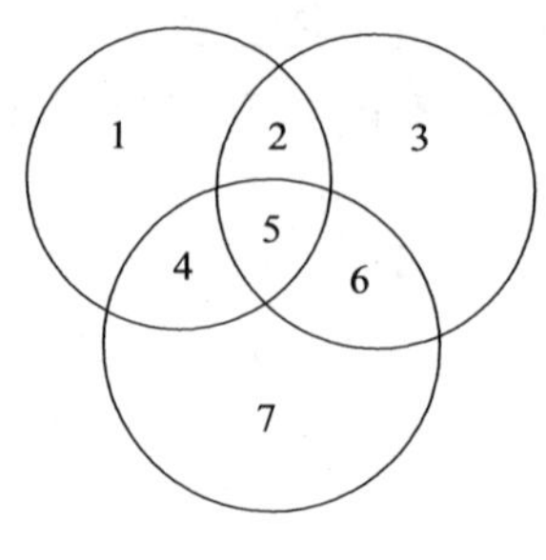

图 1.1

乘法公式　设 $A_k \in \mathfrak{F}$，$k = 1,2,\cdots,l$，若 $P(A_1A_2\cdots A_{l-1}) > 0$，则

$$P(A_1A_2\cdots A_l) = P(A_1)P(A_2 \mid A_1)P(A_3 \mid A_1A_2)\cdots P(A_l \mid A_1A_2\cdots A_{l-1}). \tag{1.2.3}$$

乘法公式的证明是十分简单的，如对 $l = 3$，有

$$P(A)P(B \mid A)P(C \mid AB) = P(A)\frac{P(AB)}{P(A)}\frac{P(ABC)}{P(AB)} = P(ABC).$$

全概率公式　设 $B, A_k \in \mathfrak{F}$，A_k 两两不相交，$P(A_k) > 0$，$k = 1,2,\cdots$，$\bigcup\limits_{k=1}^{\infty} A_k = \Omega$，则

$$P(B) = \sum_{k=1}^{\infty} P(A_k)P(B \mid A_k). \tag{1.2.4}$$

全概率公式的证明也是简单的，事实上

$$P(B) = P(B\Omega) = P(B\bigcup_{k=1}^{\infty} A_k) = P(\bigcup_{k=1}^{\infty} BA_k) = \sum_{k=1}^{\infty} P(BA_k) = \sum_{k=1}^{\infty} P(A_k)P(B \mid A_k),$$

其中用到了概率的可数可加性. 因为 A_k 两两不相交，从而 BA_k 两两不相交，所以 $P(\bigcup\limits_{k=1}^{\infty} BA_k) = \sum\limits_{k=1}^{\infty} P(BA_k)$.

贝叶斯公式　设 $B, A_k \in \mathfrak{F}$，A_k 两两不相交，$P(B) > 0$，$P(A_k) > 0$，$k = 1, 2,\cdots$，$\bigcup\limits_{k=1}^{\infty} A_k = \Omega$，则对任意正整数 n 有

$$P(A_n \mid B) = \frac{P(A_n)P(B \mid A_n)}{\sum\limits_{k=1}^{\infty} P(A_k)P(B \mid A_k)}. \tag{1.2.5}$$

读者可以自行证明贝叶斯公式.

没有论及的概率论中其他概念与关系，请参阅相关书籍.

1.2.2　事件独立性与联合概率空间

1. 事件的独立性

所谓一个事物相对于其他事物来说是独立的，即它不受其他事物的影响. 在概率

空间中,事件之间独立性的表述归结为如下的定义.

定义 1.2.5 设 $(\Omega, \mathfrak{F}, P)$ 为一个概率空间, $A_k \in \mathfrak{F}$, $k = 1,2,\cdots,l$, 若对任意的 $1 \leqslant k \leqslant l$,及任意的 $1 \leqslant i_1 < i_2 < \cdots < i_k \leqslant l$ 都有

$$P(A_{i_1} A_{i_2} \cdots A_{i_k}) = P(A_{i_1}) P(A_{i_2}) \cdots P(A_{i_k}) . \tag{1.2.6}$$

则称事件 $A_1, A_2, \cdots, A_l$ 相互独立.

注意:仅有 $P(A_1 A_2 \cdots A_l) = P(A_1) P(A_2) \cdots P(A_l)$,并不能保证 $A_1, A_2, \cdots, A_l$ 相互独立.

表面看来,事件之间相互独立,和上述定义难以联系. 以下举例说明二者的联系.

设 $A, B \in \mathfrak{F}$ 满足上述定义所述相互独立的条件,则由 $P(AB) = P(A)P(B)$ 有

$$P(B \mid A) = \frac{P(AB)}{P(A)} = \frac{P(A)P(B)}{P(A)} = P(B),$$

$$P(A \mid B) = \frac{P(AB)}{P(B)} = \frac{P(A)P(B)}{P(B)} = P(A) .$$

这就是说,事件 A(或 B)发生的条件下事件 B(或 A)发生的条件概率 $P(B \mid A)$(或 $P(A \mid B)$)等于 $P(B)$(或 $P(A)$),B(或 A)发生的概率不受 A(或 B)的影响,两者相互独立.

2. 概率空间的乘积

属于不同概率空间的事件的独立性不能用式(1.2.6)来描述,因为若 A_k 不属于同一空间,式(1.2.6)左边无意义. 为描述不同概率空间的事件的独立性,可以引入概率空间的乘积,以下以 $l = 2$ 为例进行讨论.

定义 1.2.6(乘积概率空间) 设 $(\Omega_1, \mathfrak{F}_1, P_1)$, $(\Omega_2, \mathfrak{F}_2, P_2)$ 为概率空间. 若 $A_i \in \mathfrak{F}_i$, $i = 1,2$, 定义矩形 $A_1 \times A_2 = \{(\omega_1, \omega_2): \omega_1 \in A_1, \omega_2 \in A_2\}$,特别地, $A_1 = \Omega_1, A_2 = \Omega_2$ 时,记 $\Omega = \Omega_1 \times \Omega_2$. 矩形全体记为 $\mathfrak{R}$, 将 $\mathfrak{R}$ 中元进行任意有限交、差、可列并运算,所得集合再进行同样的运算,如此往复以至无穷,由此所得集合的全体构成的集族称为由 $\mathfrak{R}$ 生成的 σ 代数,记为 $\mathfrak{F} = \mathfrak{F}_1 \times \mathfrak{F}_2$. 称 $(\Omega, \mathfrak{F}) = (\Omega_1 \times \Omega_2, \mathfrak{F}_1 \times \mathfrak{F}_2)$ 为 $(\Omega_1, \mathfrak{F}_1)$, $(\Omega_2, \mathfrak{F}_2)$ 的联合可测空间.

$A_1 \times A_2 = \{(\omega_1, \omega_2): \omega_1 \in A_1, \omega_2 \in A_2\}$ 称为 A_i , $i = 1,2$ 的二次笛卡儿积.

对任意 $A_1 \times A_2 \in \mathfrak{R}$,定义 $\mathfrak{R}$ 上的集函数

$$P(A_1 \times A_2) = P_1(A_1) P_2(A_2) , \tag{1.2.7}$$

利用测度论中测度延拓方法,可将 P 延拓到 $\mathfrak{F}_1 \times \mathfrak{F}_2$,称延拓后的 P 为 P_1 与 P_2 的乘积测度,记为 $P = P_1 \times P_2$,由此得到概率空间 $(\Omega, \mathfrak{F}, P) = (\Omega_1 \times \Omega_2, \mathfrak{F}_1 \times \mathfrak{F}_2, P_1 \times P_2)$,称为概率空间 $(\Omega_1, \mathfrak{F}_1, P_1)$, $(\Omega_2, \mathfrak{F}_2, P_2)$ 的乘积概率空间.

测度论中测度延拓方法,原理如下:

设 Ω_1, Ω_2 皆为实数集 $\mathbf{R} = (-\infty, +\infty)$, $\mathfrak{F}_1$, $\mathfrak{F}_2$ 为由区间(开,闭,半开半闭)通过任意交、并运算得到的集族,皆为 σ 代数,其中元称为 Borel 集, P_1 , P_2 为 $\mathfrak{F}_1$, $\mathfrak{F}_2$

上的概率测度.

现取 Ω_1 为横轴，Ω_2 为纵轴建立坐标系，A_1, A_2 为线段，则 $A_1 \times A_2$ 即为常规的平面矩形，其测度即矩形“面积” $P(A_1 \times A_2) = P_1(A_1)P_2(A_2)$. 设 E 为 $\Omega_1 \times \Omega_2 = \mathbf{R}^2$ 的子集，则 E 为一平面图形，在 E 中填充只可能边相交而内部不交的有限个矩形，由于 $P(\Omega_1 \times \Omega_2) = P(\Omega_1)P(\Omega_2) = 1$ ，而 E 为 $\Omega_1 \times \Omega_2 = \mathbf{R}^2$ 的子集，上述填充在 E 内的矩形之并又是 E 的子集，所述矩形的面积和不会超过 1 而大于等于 0. 如此，竭尽一切可能的填充，得到一个包含于 $[0,1]$ 的有界数集，从而有上确界，记其为 $P_*(E)$ ，称为 E 的内测度. 再用内部不交的有限个矩形之并覆盖 E ，矩形面积和为一不超过 1 而大于等于 0 的实数. 竭尽一切可能的覆盖，得到一个包含于 $[0,1]$ 的有界数集，其下确界记为 $P^*(E)$ ，称为 E 的外测度. 使 $P_*(E) = P^*(E)$ 的 E 称为严格意义下的可测集(注意:已称 $\mathfrak{F}_1 \times \mathfrak{F}_2$ 中元为可测集，两个概念有区别)，可以证明，$\mathfrak{F}_1 \times \mathfrak{F}_2$ 中元皆为这种意义下的可测集，所以对其中任一元 E ，永远有 $P_*(E) = P^*(E)$ ，对这样的 E ，取 $P(E) = P_*(E)$ $(= P^*(E))$ ，则将 P 延拓到了 $\mathfrak{F}_1 \times \mathfrak{F}_2$.

在得到两个可测空间 $(\Omega_1, \mathfrak{F}_1)$，$(\Omega_2, \mathfrak{F}_2)$ 的联合可测空间 $(\Omega, \mathfrak{F})$ 后，由同样的方法，可得后者与另一可测空间 $(\Omega_3, \mathfrak{F}_3)$ 的联合可测空间，记为 $(\Omega_1 \times \Omega_2 \times \Omega_3, \mathfrak{F}_1 \times \mathfrak{F}_2 \times \mathfrak{F}_3)$，以此类推，可得任意有限个可测空间的联合可测空间.

$\Omega_1 \times \Omega_2 \times \Omega_3 = \{(\omega_1, \omega_2, \omega_3) : \omega_i \in \Omega_i, i = 1,2,3\}$ 称为 $\omega_i \in \Omega_i, i = 1,2,3$ 的三次笛卡儿乘积，同理，对任意正整数 n ，可定义 n 个集合的 n 次笛卡儿乘积.

在得到两个概率空间 $(\Omega_1, \mathfrak{F}_1, P_1)$，$(\Omega_2, \mathfrak{F}_2, P_2)$ 的乘积概率空间 $(\Omega, \mathfrak{F}, P) = (\Omega_1 \times \Omega_2, \mathfrak{F}_1 \times \mathfrak{F}_2, P_1 \times P_2)$ 后，由同样的方法，可得后者与另一概率空间 $(\Omega_3, \mathfrak{F}_3, P_3)$ 的乘积概率空间，记为 $(\Omega_1 \times \Omega_2 \times \Omega_3, \mathfrak{F}_1 \times \mathfrak{F}_2 \times \mathfrak{F}_3, P_1 \times P_2 \times P_3)$，以此类推，可得任意有限个概率空间的乘积概率空间.

下面讨论，利用乘积概率空间，如何描述不同概率空间的事件的独立性.

由于 $P_1(\Omega_1) = P_2(\Omega_2) = 1$ ，故

$$P(A_1 \times \Omega_2) = P_1(A_1)P_2(\Omega_2) = P_1(A_1),$$
$$P(\Omega_1 \times A_2) = P_1(\Omega_1)P_2(A_2) = P_2(A_2).$$

因此，可将 A_1 看成概率空间 $(\Omega, \mathfrak{F}, P)$ 中的 $A_1 \times \Omega_2$ ，并记 $P_1(A_1)$ 为 $P(A_1)$ ，将 A_2 看成 $\Omega_1 \times A_2$ ，记 $P_2(A_2)$ 为 $P(A_2)$ ，又记 $P(A_1 \times A_2)$ 为 $P(A_1, A_2)$ ，$P(\Omega_1 \times A_2 \mid A_1 \times \Omega_2)$ 为 $P(A_2 \mid A_1)$. 因 $(A_1 \times \Omega_2) \cap (\Omega_1 \times A_2) = A_1 \times A_2$ (可通过图示看出)，故

$$P(A_2 \mid A_1) = P(\Omega_1 \times A_2 \mid A_1 \times \Omega_2) = \frac{P((\Omega_1 \times A_2) \cap (A_1 \times \Omega_2))}{P(A_1 \times \Omega_2)}$$
$$= \frac{P(A_1 \times A_2)}{P_1(A_1)} = \frac{P(A_1, A_2)}{P_1(A_1)} = \frac{P_1(A_1)P_2(A_2)}{P_1(A_1)} = P_2(A_2) = P(A_2) .$$

同理，$P(A_1 \mid A_2) = P(A_1)$. 因此，由式(1.2.7)定义的 P ，必然使任两事件 A_1，A_2 独立，可见利用乘积概率空间可以很好地描述不同概率空间事件的独立性①.

① 钟开莱. 概率论教程. 刘文，吴让泉，译. 上海:上海科学技术出版社，1989

3.联合概率空间

然而,若在定义 1.2.6 中,$(\Omega_1, \mathfrak{F}_1, P_1) = (\Omega_2, \mathfrak{F}_2, P_2)$,则 A_1, A_2 仍独立,但同一概率空间上任两事件并不总是独立的,由此可以看出乘积概率空间的局限性.事实上,不同概率空间上的任两事件也并不总是独立的.

例如,设在 5 月 1 日的 24 小时内,本地下雨为基本事件 ω_1,不下雨为基本事件 ω_2,$\mathfrak{F}_1 = \{\varnothing, \{\omega_1\}, \{\omega_2\}, \Omega_1 = \{\omega_1, \omega_2\}\}$,根据统计得知 $P_1(\{\omega_1\}) = \frac{1}{3}, P_1(\{\omega_2\}) = \frac{2}{3}$,故得概率空间 $(\Omega_1, \mathfrak{F}_1, P_1)$.在同一时间段内,设本地刮四级风为基本事件 ω'_1,不刮四级风为基本事件 ω'_2,$\mathfrak{F}_2 = \{\varnothing, \{\omega'_1\}, \{\omega'_2\}, \Omega_2 = \{\omega'_1, \omega'_2\}\}$,根据统计,得知 $P_2(\{\omega'_1\}) = \frac{1}{4}, P_2(\{\omega'_2\}) = \frac{3}{4}$,故得概率空间 $(\Omega_2, \mathfrak{F}_2, P_2)$.显然,刮风和下雨是有关系的,所以尽管事件 $\{\omega_1\}, \{\omega'_1\}$ 属于不同的概率空间,但它们并不相互独立.

所以,为了讨论不同概率空间上事件的不独立性,需要在联合可测空间上引进非乘积型的概率测度.以下即在联合可测空间上定义非乘积型的概率测度,这些内容在一般测度论和概率论书籍中是没有的.

定义 1.2.7(联合概率空间) 设 $(\Omega_1, \mathfrak{F}_1, \mathrm{P}_1)$,$(\Omega_2, \mathfrak{F}_2, \mathrm{P}_2)$ 为概率空间,$\mathfrak{F} = \mathfrak{F}_1 \times \mathfrak{F}_2$ 同前,故得联合可测空间 $(\Omega, \mathfrak{F})$,其中 $\Omega = \Omega_1 \times \Omega_2$,$\mathfrak{F} = \mathfrak{F}_1 \times \mathfrak{F}_2$.任给 $A_i \in \mathfrak{F}_i$,$i = 1, 2$,已知 A_1 发生的条件下 A_2 发生的概率(对许多实际问题,可以用统计的方法求得,参看第 4 章),形式地记此概率为 $P(A_2 \mid A_1)$,并定义

$$P(\Omega_1 \times A_2 \mid A_1 \times \Omega_2) = P(A_2 \mid A_1).$$

对任意 $A_1 \times A_2 \in \mathfrak{R}$,其中 $\mathfrak{R}$ 由定义 1.2.6 给出,定义 $\mathfrak{R}$ 上的集函数

$$\begin{aligned} P(A_1 \times A_2) &= P((A_1 \times \Omega_2) \cap (\Omega_1 \times A_2)) \\ &= P(\Omega_1 \times A_2 \mid A_1 \times \Omega_2) P_1(A_1), \end{aligned} \tag{1.2.8}$$

利用先前介绍的测度延拓法,可将 P 延拓到 $\mathfrak{F}_1 \times \mathfrak{F}_2$,由此得到概率空间 $(\Omega, \mathfrak{F}, P) = (\Omega_1 \times \Omega_2, \mathfrak{F}_1 \times \mathfrak{F}_2, P)$,称为概率空间 $(\Omega_1, \mathfrak{F}_1, P_1)$,$(\Omega_2, \mathfrak{F}_2, P_2)$ 的联合概率空间.注意此时并没有将 P 记为 $P_1 \times P_2$,因为此时的 P 不再是与乘积概率空间对应的所谓乘积测度.

$P(A_1 \times A_2)$ 又常记为 $P(A_1, A_2)$.$\mathfrak{F}_1 \times \mathfrak{F}_2$ 中元是复杂的,实际应用中,多数情况下只需要 $\mathfrak{R}$ 中元,即形如 $A_1 \times A_2$ 的集合.

在得到两个概率空间 $(\Omega_1, \mathfrak{F}_1, P_1)$,$(\Omega_2, \mathfrak{F}_2, P_2)$ 的联合概率空间 $(\Omega, \mathfrak{F}, P) = (\Omega_1 \times \Omega_2, \mathfrak{F}_1 \times \mathfrak{F}_2, P)$ 后,由同样的方法,可得后者与另一概率空间 $(\Omega_3, \mathfrak{F}_3, P_3)$ 的联合概率空间,记为 $(\Omega_1 \times \Omega_2 \times \Omega_3, \mathfrak{F}_1 \times \mathfrak{F}_2 \times \mathfrak{F}_3, P)$,以此类推,可得任意有限个概率空间的联合概率空间.注意,为简单起见仍将三个概率空间联合后的概率记为 P.

对于任意有限个概率空间的联合概率空间,有许多关系和同一概率空间中的关系形成有趣的对应.以下以三个概率空间的联合概率空间中的一个关系为例,对此加

以说明.

在联合概率空间($\Omega_1 \times \Omega_2 \times \Omega_3$, $\mathfrak{F}_1 \times \mathfrak{F}_2 \times \mathfrak{F}_3$, P)中,

$$\begin{aligned} & P(\Omega_1 \times \Omega_2 \times A_3 \mid A_1 \times \Omega_2 \times \Omega_3 \cap \Omega_1 \times A_2 \times \Omega_3) \\ = & \frac{P(A_1 \times \Omega_2 \times \Omega_3 \cap \Omega_1 \times A_2 \times \Omega_3 \cap \Omega_1 \times \Omega_2 \times A_3)}{P(A_1 \times \Omega_2 \times \Omega_3 \cap \Omega_1 \times A_2 \times \Omega_3)} \\ = & \frac{P(A_1 \times A_2 \times A_3)}{P(A_1 \times \Omega_2 \times \Omega_3 \cap \Omega_1 \times A_2 \times \Omega_3)}, \end{aligned}$$

其中 $A_1 \times \Omega_2 \times \Omega_3 \cap \Omega_1 \times A_2 \times \Omega_3 \cap \Omega_1 \times \Omega_2 \times A_3 = A_1 \times A_2 \times A_3$ 可通过图示看出,记 $P(\Omega_1 \times \Omega_2 \times A_3 \mid A_1 \times \Omega_2 \times \Omega_3 \cap \Omega_1 \times A_2 \times \Omega_3)$ 为 $P(A_3 \mid A_1, A_2)$,表示事件 A_1, A_2 发生的条件下事件 A_3 发生的概率, $P(A_1 \times A_2 \times A_3)$ 为 $P(A_1, A_2, A_3)$,表示 A_1, A_2, A_3 同时发生的概率, $P(A_1 \times \Omega_2 \times \Omega_3 \cap \Omega_1 \times A_2 \times \Omega_3)$ 为 $P(A_1, A_2)$,表示 A_1, A_2 同时发生的概率.则有

$$P(A_3 \mid A_1, A_2) = \frac{P(A_1, A_2, A_3)}{P(A_1, A_2)}.$$

如果 A_1, A_2, A_3 属于同一概率空间,则有

$$P(A_3 \mid A_1 A_2) = \frac{P(A_1 A_2 A_3)}{P(A_1 A_2)},$$

其中 $A_1 A_2 A_3$ 表示三个集合的交.

两个关系意义和形式相似.因此,我们可以将后一关系也写成前一关系的形式,即将同一空间中集合的交也用逗号表示.同样,条件概率表达式、加法公式、乘法公式等,都可以改为使用逗号的形式.如此一来,这些关系与公式便可广泛使用,而不论其中集合是否属于同一空间,省去了许多不必要的麻烦.

4.随机变量独立的定义

以下给出随机变量独立的定义.首先给出同一概率空间上不同随机变量相互独立的定义.

应指出:若 $(\Omega, \mathfrak{F}, P)$ 为概率空间, X 为 Ω 上取实数值的随机变量,则可以证明对任意 Borel 集 B , $A = X^{-1}(B) = \{\omega \in \Omega : X(\omega) \in B\} \in \mathfrak{F}$.这一证明并不困难,但需要熟悉 Borel 集的性质.

定义 1.2.8 设 $(\Omega, \mathfrak{F}, P)$ 为概率空间, X, Y 分别为 Ω 上取实数值的随机变量,对任意 Borel 集 B_1, B_2 ,令

$$A_1 = X^{-1}(B_1) = \{\omega_1 \in \Omega_1 : X(\omega_1) \in B_1\},$$
$$A_2 = Y^{-1}(B_2) = \{\omega_2 \in \Omega_2 : Y(\omega_2) \in B_2\},$$

若 $P(A_1 A_2) = P(A_1)P(A_2)$,则称 X, Y 相互独立,否则不独立.

对不同概率空间 $(\Omega_1, \mathfrak{F}_1, P_1)$, $(\Omega_2, \mathfrak{F}_2, P_2)$ 上取实数值的随机变量 X, Y ,也可以给出两者相互独立的定义.

定义 1.2.9 设 $(\Omega_1, \mathfrak{F}_1, P_1)$, $(\Omega_2, \mathfrak{F}_2, P_2)$ 为概率空间, X, Y 分别为 Ω_1, Ω_2 上的随机变量,对任意 Borel 集 B_1, B_2 ,令

$$A_1 = X^{-1}(B_1) = \{\omega_1 \in \Omega_1 : X(\omega_1) \in B_1\},$$
$$A_2 = Y^{-1}(B_2) = \{\omega_2 \in \Omega_2 : Y(\omega_2) \in B_2\},$$

若在联合概率空间 $(\Omega, \mathfrak{F}, P) = (\Omega_1 \times \Omega_2, \mathfrak{F}_1 \times \mathfrak{F}_2, P)$ 中 $P(A_1, A_2) = P_1(A_1)P_2(A_2)$，则称 X, Y 相互独立，否则不独立.

根据前面的说明，可以将定义 1.2.8 和定义 1.2.9 合并为一个定义.

当随机变量 X, Y 的值不是数时，X, Y 独立性的描述也是容易的，只要将上述 B_1, B_2 改为相应的可测集即可.

定义 1.2.9′ 设 $(\Omega_1, \mathfrak{F}_1, P_1)$，$(\Omega_2, \mathfrak{F}_2, P_2)$ 为概率空间，$(\Omega'_1, \mathfrak{F}'_1)$，$(\Omega'_2, \mathfrak{F}'_2)$ 为可测空间，X, Y 分别为 Ω_1, Ω_2 上取值于 Ω'_1, Ω'_2 的随机变量，对任意 $B_1 \in \mathfrak{F}'_1$，$B_2 \in \mathfrak{F}'_2$，令

$$A_1 = X^{-1}(B_1) = \{\omega_1 \in \Omega_1 : X(\omega_1) \in B_1\},$$
$$A_2 = Y^{-1}(B_2) = \{\omega_2 \in \Omega_2 : Y(\omega_2) \in B_2\},$$

若在联合概率空间 $(\Omega, \mathfrak{F}, P) = (\Omega_1 \times \Omega_2, \mathfrak{F}_1 \times \mathfrak{F}_2, P)$ 中 $P(A_1, A_2) = P_1(A_1)P_2(A_2)$，则称 X, Y 相互独立，否则不独立.

1.2.3 离散概率空间

由于信息论中大量涉及离散概率空间，以下着重介绍这方面的概念与结果.

1. 离散概率空间

定义 1.2.10 设 X 为概率空间 $(\Omega, \mathfrak{F}, P)$ 上的随机变量，X 取值于有限集 $A_x = \{x_1, x_2, \cdots, x_K\}$，又设 $p_k \geqslant 0$，$k = 1, 2, \cdots, K$，$\sum_{k=1}^{K} p_k = 1$，

$$P(\{\omega : X(\omega) = x_k\}) = P(X = x_k) = p(x_k) = p_k, \quad k = 1, 2, \cdots, K, \tag{1.2.9}$$

则称 X 为离散型随机变量，$p(x)$ 或 $\{p_k\}_{k=1}^{K}$ 为 X 的分布，$(\Omega, \mathfrak{F}, P)$ 为离散概率空间.

在许多实际问题中，概率空间 $(\Omega, \mathfrak{F}, P)$ 并没有明确地给出，而只知道了由问题决定的样本集合 Ω 及 Ω 到 A_x 的映射 X 及其分布. 有时甚至连 Ω 都不明确，只知道 X 的取值及其分布.

为了理论的完善，以下根据定义 1.2.10 中的随机变量 X，反过来构造概率空间 $(\Omega, \mathfrak{F}, P)$.

设已知问题决定的样本集合 Ω 及 Ω 到 A_x 的映射 X. 令 A_x 的子集全体构成的 σ 代数为 χ，注意，A_x 的子集，不外乎为空集，A_x 中单个元素构成的单点集，两个元素构成的双点集，三个元素构成的三点集，等等，以致全体元素构成的 A_x 本身，故 $\chi = \{\varnothing, \{x_1\}, \{x_2\}, \cdots, \{x_K\}, \{x_1, x_2\}, \cdots, \{x_1, x_2, x_3\}, \cdots, A_x\}$. 又令

$$\mathfrak{F} = \{X^{-1}(B) : B \in \chi\},$$

其中 $X^{-1}(B) = \{\omega : \omega \in \Omega, X(\omega) \in B\}$，可以证明 $\mathfrak{F}$ 为 σ 代数(参看测度论著作)，从而 $(\Omega, \mathfrak{F})$ 为可测空间.

在 $\mathfrak{F}$ 上定义集函数

$$P(A)=\sum_{k:x_k\in B}p_k,\quad A=X^{-1}(B).$$

例如,设 $B=\{x_2,x_3\}$,$A=X^{-1}(\{x_2,x_3\})$,则 $P(A)=\sum_{k:x_k\in B}p_k=p_2+p_3$;设 $B=\{x_k\}$(单点集),$A=X^{-1}(B)$,则 $P(A)=\sum_{j:x_j\in B}p_j=p_k$;设 $B=A_x$,$A=X^{-1}(B)=\{\omega:X(\omega)\in A_x\}=\Omega$,即得 $P(\Omega)=\sum_{k:x_k\in X}p_k=\sum_{k=1}^{K}p_k=1$.

这样,P 为 $\mathfrak{F}$ 上定义的概率测度,$(\Omega,\mathfrak{F},P)$ 为所得离散概率空间.

由于对任意 $B\in\chi$,$X^{-1}(B)\in\mathfrak{F}$,故 X 为所谓可测映射.前已指出,X 的取值集合 A_x 不一定为数集,故有时与一般测度论与概率论中的可测函数有区别,但仍称其为可测函数和随机变量.

如前所述,在实际问题中,对于这种离散型随机变量,常常不关心 Ω 及 $\mathfrak{F}$ 由什么点与集构成,而只关心 X 的取值与相应的概率,仍记 $p(x_k)=p_k$,则得下表:

$$\begin{matrix} X & x_1 & x_2 & \cdots & x_K \\ p(x) & p_1 & p_2 & \cdots & p_K \end{matrix} \tag{1.2.10}$$

称其为 X 的密度阵①.

式(1.2.10)决定了 X 的取值及概率分布,用 $(X,A_x,p(x))$ 简记式(1.2.10),表示概率空间 $(\Omega,\mathfrak{F},P)$ 上定义了取值于 A_x,分布为 $p(x)$ 的随机变量 X,或直接称 $(X,A_x,p(x))$ 为一离散概率空间,故有 $(X,A_x,p(x))=(\Omega,\mathfrak{F},P)$.这样做有很多方便之处,特别是省去了对 $\mathfrak{F}$ 构造的讨论,这种讨论在测度论和概率论中都是学习的难点.当然,这样做也有一些缺陷.例如,仅从 $(X,A_x,p(x))$,$(Y,A_y,q(y))$ 不能看出 X,Y 是否为同一空间上的随机变量,但以下将会看到,这些缺陷不会引起大的混乱.

2. 离散概率空间的联合概率空间

设 $A_x=\{x_1,x_2,\cdots,x_K\}$,$A_y=\{y_1,y_2,\cdots,y_L\}$,两离散型随机变量 X,Y 分别取值于 A_x,A_y,密度阵如下:

$$\begin{matrix} X & x_1 & x_2 & \cdots & x_K \\ p(x) & p_1 & p_2 & \cdots & p_K \end{matrix}\qquad \begin{matrix} Y & y_1 & y_2 & \cdots & y_L \\ q(y) & q_1 & q_2 & \cdots & q_L \end{matrix} \tag{1.2.11}$$

其中 $p(x_k)=p_k>0$,$q(y_l)=q_l>0$(在 k,l 范围明确的情况下,不再写 $k=1,2,\cdots,K$,$l=1,2,\cdots,L$ 等,下同),$\sum_{k=1}^{K}p_k=1$,$\sum_{l=1}^{L}q_l=1$.

由上段最后的评注,可不必考虑 X,Y 是否为同一空间上的随机变量.

称依次排列的 (X,Y) 或 XY 为联合随机变量,其取值情况如下:

① 钟开莱.概率论教程.刘文,吴让泉,译.上海:上海科学技术出版社,1989

$$XY \quad (x_1,y_1) \quad (x_1,y_2) \quad \cdots \quad (x_k,y_l) \quad \cdots \quad (x_K,y_L)$$

即 XY 取值于 $A_x \times A_y = \{(x,y): x \in A_x,\ y \in A_y\}$.

用 $p(y_l \mid x_k) = P(Y = y_l \mid X = x_k)$ 表示已知 X 取值 x_k 的条件下 Y 取值 y_l 的概率. 在实际问题中, $p(y_l \mid x_k)$ 可以通过统计方法得到. 令

$$p(x_k,y_l) = P(X = x_k, Y = y_l) = p_k p(y_l \mid x_k), \tag{1.2.12}$$

则得下表:

$$\begin{matrix} XY & (x_1,y_1) & (x_1,y_2) & \cdots & (x_k,y_l) & \cdots & (x_K,y_L) \\ p(x,y) & p(x_1,y_1) & p(x_1,y_2) & \cdots & p(x_k,y_l) & \cdots & p(x_K,y_L) \end{matrix} \tag{1.2.13}$$

由条件概率性质有

$$\sum_{l=1}^{L} p(y_l \mid x_k) = 1, \quad k = 1,2,\cdots,K, \tag{1.2.14}$$

故

$$\begin{aligned} \sum_{k=1}^{K}\sum_{l=1}^{L} p(x_k,y_l) &= \sum_{k=1}^{K}\sum_{l=1}^{L} p_k p(y_l \mid x_k) \\ &= \sum_{k=1}^{K} p_k \sum_{l=1}^{L} p(y_l \mid x_k) = \sum_{k=1}^{K} p_k = 1, \end{aligned} \tag{1.2.15}$$

从而式(1.2.13)为 XY 的密度阵,同时得

$$\sum_{l=1}^{L} p(x_k,y_l) = \sum_{l=1}^{L} p_k p(y_l \mid x_k) = p_k .$$

令

$$p(x_k \mid y_l) = \frac{p(x_k,y_l)}{q_l},$$

则有

$$\sum_{k=1}^{K} p(x_k \mid y_l) = 1, \quad \sum_{k=1}^{K} p(x_k,y_l) = \sum_{k=1}^{K} q_l p(x_k \mid y_l) = q_l .$$

若 $p(y_l \mid x_k) = q(y_l) = q_l$, $p(x_k \mid y_l) = p(x_k) = p_k$ 对所有 k,l 成立,则 X,Y 相互独立,此时 $p(x_k,y_l) = p(x_k)q(y_l) = p_k q_l$,有时将此关系记为 $P(X,Y) = P(X)P(Y)$.

定义 1.2.11 记式(1.2.13)为 $(XY, A_x \times A_y, p(x,y))$,称其为 $(X, A_x, p(x))$ 与 $(Y, A_y, q(y))$ 的联合概率空间.

在定义了 $(XY, A_x \times A_y, p(x,y))$ 的基础上,设对随机变量 Z,又有密度阵

$$\begin{matrix} Z & z_1 & z_2 & \cdots & z_M \\ r(x) & r_1 & r_2 & \cdots & r_M \end{matrix}$$

令

$$p(x_k,y_l,z_m) = p(x_k,y_l)p(z_m \mid x_k,y_l),$$

其中 $p(z_m \mid x_k,y_l) = P(Z = z_m \mid X = x_k, Y = y_l)$ 表示在已知 X 取值 x_k, Y 取值 y_l 的条件下 Z 取值 z_m 的概率,在实际问题中由统计方法得到. 同上可得联合空间

$(XYZ, A_x \times A_y \times A_z, p(x,y,z))$.

同理,对任意 $\boldsymbol{X}=(X_1,X_2,\cdots,X_N)$, X_n 取值于 $A_{x,n}=\{x_{n1},x_{n2},\cdots,x_{nk_n}\}$,可得联合概率空间 $(X_1X_2\cdots X_N, A_{x,1}\times A_{x,2}\times\cdots\times A_{x,N}, p(u_1,u_2,\cdots,u_N))$. 其中 $A_{x,1}\times A_{x,2}\times\cdots\times A_{x,N}$ 为 $A_{x,i}, i=1,2,\cdots,N$ 的 N 次笛卡儿乘积.

注意:对于非离散型的随机变量,引入边缘分布等概念,同样可以定义联合概率空间,也可采用 $(X_1X_2\cdots X_N, A_{x,1}\times A_{x,2}\times\cdots\times A_{x,N}, p(u_1,u_2,\cdots,u_N))$ 等记号,由于本书不涉及此类内容,故在此不再展开讨论.

按理,应该证明由式(1.2.13)给出的 XY,通过 1.2.3 小节开始介绍的方法,反过来构造的概率空间,恰为由式(1.2.11)给出的 X,Y,同样通过 1.2.3 小节开始介绍的方法反过来构造的两个概率空间的联合概率空间,但这样的证明较为烦琐,我们予以省略,仅指出,这个结论是正确的,即有:

设 $(X, A_x, p(x))=(\Omega_x, \mathfrak{F}_x, P_x)$, $(Y, A_y, p(y))=(\Omega_y, \mathfrak{F}_y, P_y)$, χ 为空集, $A_x\times A_y$ 的一点子集,双点子集,三点子集,…, $A_x\times A_y$ 本身构成的集族,即
$\chi=\{\varphi,\{(x_1,y_1)\},\{(x_1,y_2)\},\cdots,\{(x_K,y_L)\},\{(x_1,y_1),(x_1,y_2)\},\cdots,\{(x_K,y_{L-1}),(x_K,y_L)\},\cdots,$
$A_x\times A_y=\{(x_1,y_1),(x_1,y_2),\cdots,(x_K,y_{L-1}),(x_K,y_L)\}\}$,
又令

$$\mathfrak{F}_x\times\mathfrak{F}_y=\{(XY)^{-1}(B):B\in\chi\},$$

其中, $(XY)^{-1}(B)=\{\omega:\omega=(\omega_1,\omega_2)\in\Omega_x\times\Omega_y,(X(\omega_1),Y(\omega_2))\in B\}$,可以证明 $\mathfrak{F}_x\times\mathfrak{F}_y$ 为 σ 代数,从而 $(\Omega_x\times\Omega_y, \mathfrak{F}_x\times\mathfrak{F}_y)$ 为可测空间.

在 $\mathfrak{F}_x\times\mathfrak{F}_y$ 上定义集函数

$$P_{x,y}(A)=\sum_{i,j:(x_i,y_j)\in B}p(x_i,y_j)\triangleq P(B),\quad A=(XY)^{-1}(B),$$

则 $(\Omega_x\times\Omega_y, \mathfrak{F}_x\times\mathfrak{F}_y, P_{x,y})$ 为概率空间且

$$(\Omega_x\times\Omega_y, \mathfrak{F}_x\times\mathfrak{F}_y, P_{x,y})=(XY, A_x\times A_y, p(x,y)).$$

有兴趣的读者可以自行证明.

1.2.4　随机序列与马尔可夫链

1. 随机序列

设 $(\Omega, \mathfrak{F}, P)$ 为一概率空间, T 为一指标集,即由号码构成的集合,这就是说, T 中元可以用来编号, (Ξ, G) 为一可测空间,若对任意 $t\in T$, X_t 为定义于 Ω 取值于 Ξ 的随机变量,则函数集 $\{X_t, t\in T\}$ 为一随机过程,特别地,若指标集 T 为整数集 $\mathbf{Z}=\{\cdots,-2,-1,0,1,2,\cdots\}$ 的子集时,相应的随机过程为随机序列. 最常见的为 T 取整数集 $\mathbf{Z}$ 或正整数集 $\mathbf{N}^+=\{1,2,\cdots\}$ 时的随机序列,即 $\cdots,X_{-2},X_{-1},X_0,X_1,X_2,\cdots$ 及 $X_1,X_2,\cdots$.

2. 马尔可夫链

我们感兴趣的是 X_i 取值于 $A_x = \{x_1, x_2, \cdots, x_K\}$ 的随机序列. 下面介绍在此假定下的特殊随机序列——马尔可夫链.

设对任意 $i \in \mathbf{Z}$，X_i 取值于 A_x 且与随机变量 X 同分布，分布由式(1.2.10)给出，若对随机序列

$$\cdots, X_{-2}, X_{-1}, X_0, X_1, X_2, \cdots, \tag{1.2.16}$$

存在正整数 m，对任意 $i \in \mathbf{Z}$，随机变量 X_{i+m+1} 取的值仅与随机向量 $(X_{i+1}, X_{i+2}, \cdots, X_{i+m})$ 取的值有关，而与 $X_j, j = \cdots, i-1, i, i+m+1, i+m+2, \cdots$ 取的值无关. 序列(1.2.16)的这一性质称为 m 阶马尔可夫性或 m -M 性，满足此性质的序列(1.2.16)称为 m 阶马尔可夫链或 m -M 链.

对于 m -M 链(1.2.16)，若从某个指标 $j < i$ 起，序列(1.2.16)中的随机变量依次在 A_x 中取值，直到指标到达 $i+m+1$ 为止，设 X_l 取 u_l，其中 $u_l, l = j, j+1, \cdots, i+m+1$ 为某个 $x_k \in A_x$，则有

$$\begin{aligned} &P(X_{i+m+1} = u_{i+m+1} \mid X_j = u_j, X_{j+1} = u_{j+1}, \cdots, X_i = u_i, X_{i+1} = u_{i+1}, \cdots, X_{i+m} = u_{i+m}) \\ &= P(X_{i+m+1} = u_{i+m+1} \mid X_{i+1} = u_{i+1}, \cdots, X_{i+m} = u_{i+m}). \end{aligned} \tag{1.2.17}$$

由于 X_i, X_j 同分布，故对任意 $k, l \in \{1, 2, \cdots, K\}$，$i, j \in \mathbf{Z}$，$P(X_i = x_k \mid X_j = x_l)$ 与 i, j 无关，可记为 $p(x_k \mid x_j)$. 由

$$\begin{aligned} P(X_i = x_k, X_j = x_l) &= P(X_i = x_k \mid X_j = x_l) P(X_j = x_l) \\ &= p(x_k \mid x_j) p(x_j) = p(x_k \mid x_j) p_j \end{aligned}$$

知 $P(X_i = x_k, X_j = x_l)$ 也与 i, j 无关，可记为 $p(x_k, x_l)$. 同理，其余相关联合概率与条件概率也与随机变量的指标无关，可使用与 $p(x_k \mid x_j)$，$p(x_k, x_l)$ 类似的简洁化符号. 如此，式(1.2.17)可记为

$$p(u_{i+m+1} \mid u_j, u_{j+1}, \cdots, u_i, u_{i+1}, \cdots, u_{i+m}) = p(u_{i+m+1} \mid u_{i+1}, \cdots, u_{i+m}), \tag{1.2.18}$$

对任意 $i, j \in \mathbf{Z}$，$j < i$，存在 $k = 0, 1, 2, \cdots, l = 0, 1, \cdots, m-1$ 使 $i = j + km + l$. 例如，当 $i = 8, j = 3, m = 2$ 时，$8 = 3 + 2 \cdot 2 + 1$，此时 $k = 2, l = 1$. 由乘法公式(1.2.3)有

$$\begin{aligned} &p(u_j, u_{j+1}, \cdots, u_i, u_{i+1}, \cdots, u_{i+m}, u_{i+m+1}) \\ &= p(u_j) p(u_{j+1} \mid u_j) \cdots p(u_i \mid u_j, u_{j+1}, \cdots, u_{i-1}) p(u_{i+1} \mid u_j, u_{j+1}, \cdots, u_i) \cdots \\ &\quad \times p(u_{i+m+1} \mid u_j, u_{j+1}, \cdots, u_{i+m}) \\ &= p(u_j) p(u_{j+1} \mid u_j) \cdots p(u_{j+m-1} \mid u_j, u_{j+1}, \cdots, u_{j+m-2}) \cdots \\ &\quad \times p(u_{j+m} \mid u_j, u_{j+1}, \cdots, u_{j+m-1}) p(u_{j+m+1} \mid u_j, u_{j+1}, \cdots, u_{j+m}) \cdots \\ &\quad \times p(u_{j+2m} \mid u_j, u_{j+1}, \cdots, u_{j+2m-1}) p(u_{j+2m+1} \mid u_j, u_{j+1}, \cdots, u_{j+2m}) \cdots \\ &\quad \times p(u_{j+3m} \mid u_j, u_{j+1}, \cdots, u_{j+3m-1}) p(u_{j+3m+1} \mid u_j, u_{j+1}, \cdots, u_{j+3m}) \cdots \\ &\quad \times p(u_{j+km} \mid u_j, u_{j+1}, \cdots, u_{j+km-1}) p(u_{j+km+1} \mid u_j, u_{j+1}, \cdots, u_{j+km}) \cdots \\ &\quad \times p(u_{j+km+l} \mid u_j, u_{j+1}, \cdots, u_{j+km+l-1}) \end{aligned}$$

$$
\begin{aligned}
&= p(u_j, u_{j+1}, \cdots, u_{j+m-1}) p(u_{j+m} \mid u_j, u_{j+1}, \cdots, u_{j+m-1}) p(u_{j+m+1} \mid u_{j+1}, \cdots, u_{j+m}) \cdots \\
&\quad \times p(u_{j+2m} \mid u_{j+m}, u_{j+m+1}, \cdots, u_{j+2m-1}) p(u_{j+2m+1} \mid u_{j+m+1}, u_{j+m+2}, \cdots, u_{j+2m}) \cdots \\
&\quad \times p(u_{j+3m} \mid u_{j+2m}, u_{j+1}, \cdots, u_{j+3m-1}) p(u_{j+3m+1} \mid u_{j+2m+1}, u_{j+2m+2}, \cdots, u_{j+3m}) \cdots \\
&\quad \times p(u_{j+km} \mid u_{j+(k-1)m}, u_{j+1}, \cdots, u_{j+km-1}) p(u_{j+km+1} \mid u_{j+(k-1)m+1}, u_{j+(k-1)m+2}, \cdots, u_{j+km}) \cdots \\
&\quad \times p(u_{j+km+l} \mid u_{j+(k-1)m+l}, u_{j+(k-1)m+l+1}, \cdots, u_{j+km+l-1}).
\end{aligned}
$$

注意以上 u_i 为某个 $x_k \in A_x$，由此可以看出，如果将 n 称为 $(u_1, u_2, \cdots, u_n)$ 的长度，则从随机序列(1.2.16)的任何一个位置开始，依次让 n 个随机变量在 A_x 中取值得 $(u_1, u_2, \cdots, u_n)$，则无论 n 有多大，$(u_1, u_2, \cdots, u_n)$ 的联合概率都可以由有限个联合概率和条件概率的乘积得到，这些联合概率是

$$
\begin{cases}
p_1, p_2, \cdots, p_K, \\
p(x_1, x_1), p(x_1, x_2), \cdots, p(x_1, x_K), \cdots, p(x_K, x_1), p(x_K, x_2), \cdots, p(x_K, x_K), \\
\cdots\cdots \\
p(x_1, x_1, \cdots, x_1), p(x_1, x_1, \cdots, x_2), \cdots, p(x_K, x_K, \cdots, x_K)(m\text{ 个变量}),
\end{cases}
\tag{1.2.19}
$$

共有 $K + K^2 + \cdots + K^m = \dfrac{K^{m+1} - K}{K - 1}$ 个. 条件概率是

$$
\begin{cases}
p(x_i \mid x_1, x_1, \cdots, x_1), p(x_i \mid x_1, x_1, \cdots, x_2), \cdots, p(x_i \mid x_K, x_K, \cdots, x_K) \\
(m\text{ 个条件变量}), \quad i = 1, 2, \cdots, K
\end{cases}
\tag{1.2.20}
$$

共有 $K \cdot K^m = K^{m+1}$ 个.

由乘法公式知，式(1.2.19)中的联合概率又可表为 p_k 和条件概率的乘积，所以，若将 $p_k = p(x_k)$ 当成具有0个条件的概率，则 $(u_1, u_2, \cdots, u_n)$ 的联合概率都可以由如下有限个条件概率的乘积得到

$$
\begin{cases}
p_1, p_2, \cdots, p_K, \\
p(x_1 \mid x_1), \cdots, p(x_1 \mid x_K), \cdots, p(x_K \mid x_1), p(x_K \mid x_2), \cdots, p(x_K \mid x_K), \\
p(x_1 \mid x_1, x_1), p(x_1 \mid x_1, x_2), \cdots, p(x_K \mid x_K, x_K) \\
\cdots\cdots \\
p(x_1 \mid x_1, \cdots, x_1), p(x_1 \mid x_1, \cdots, x_2), \cdots, p(x_K \mid x_K, \cdots, x_K)(m\text{ 个条件变量}).
\end{cases}
\tag{1.2.21}
$$

读者可以讨论问题：诸如 $p(x_1 \mid x_1)$ 的条件概率，是不是等于1?

1.2.5 伯努利试验与伯努利大数定律

1. 伯努利试验

伯努利试验是概率论中最早研究的模型之一，具有重要的理论意义与实际应用价值. 信息论中也常利用该试验证明一些重要的理论结果.

在一个试验活动中，按照人们的意愿将结果分为成功与失败两种，这类试验称为

伯努利试验.伯努利试验可以用伯努利试验的概率空间描述.一般地,有如下定义.

定义 1.2.12 设 Ω 为样本点集,A 为 Ω 的子集,$\overline{A}=\Omega\backslash A$,$\mathfrak{F}=\{\varnothing,A,\overline{A},\Omega\}$,$P(A)=p$,$P(\overline{A})=q$,$p,q\geqslant 0,p+q=1$,则称$(\Omega,\mathfrak{F},P)$为伯努利试验的概率空间.

常将 A 称为"成功",$\overline{A}$ 称为"失败".若在一次试验中出现 A 中点,即事件 A 发生,试验成功.否则,若出现 $\overline{A}$ 中点,事件 $\overline{A}$ 发生,试验失败.例如,掷两枚骰子,得点集 $\Omega=\{(1,1),(1,2),\cdots,(6,6)\}$,其中 $(i,j),i,j=1,2,\cdots,6$,表示两枚骰子面朝上的点数分别为 i,j.设 A 为基本事件"两枚骰子同点"组成的集合,$\overline{A}$ 为"两枚骰子不同点"组成的集合,则 $P(A)=\dfrac{6}{36}=\dfrac{1}{6}$,$P(\overline{A})=\dfrac{30}{36}=\dfrac{5}{6}$,$\mathfrak{F}=\{\varnothing,A,\overline{A},\Omega\}$,$(\Omega,\mathfrak{F},P)$为伯努利试验的概率空间.

伯努利试验看似简单,但充分理解其意义并在实际问题中灵活应用却不简单,稍不留意就会发生严重的混乱.例如,在一次掷两枚骰子的试验中出现点(1,1),由于该点是 36 个点之一,故按照一般的理解它出现的概率为 1/36.又因该点属于 A,它出现说明 A 发生,而 A 发生的概率为 1/6,似乎出现了矛盾.事实上,在掷两枚骰子形成的伯努利试验的概率空间$(\Omega,\mathfrak{F},P)$中,只有四个集合$\varnothing,A,\overline{A},\Omega$有概率,单点集$\{(1,1)\}$的概率在这里是无意义的.引起混乱的原因在于将不同的概率空间混在一起.

利用构造乘积测度的方法研究 n 重伯努利试验会出现许多困难.为了绕过这些困难,在伯努利试验的概率空间$(\Omega,\mathfrak{F},P)$中将 A 与 $\overline{A}$ 看成两个点,Ω 为这两个点构成的集合,$\mathfrak{F}$ 为在此意义下 Ω 的子集全体构成的集合,即 $\mathfrak{F}=\{\varnothing,\{A\},\{\overline{A}\},\Omega\}$,省去表示单点集的大括号,直接记 $\mathfrak{F}=\{\varnothing,A,\overline{A},\Omega\}$,$P(\varnothing)=0$,$P(\{A\})=P(A)=p$,$P(\{\overline{A}\})=P(\overline{A})=q$,$P(\Omega)=P(A)+P(\overline{A})=p+q=1$,容易理解,由此得到的概率空间与原伯努利试验的概率空间$(\Omega,\mathfrak{F},P)$可看成同一空间.

n 个独立重复的伯努利试验称为 n 重伯努利试验.设$(\Omega,\mathfrak{F},P)$为如上伯努利试验的概率空间.则与其相应的 n 重伯努利试验的样本点集由形如 $(A_1,A_2,\cdots,A_n)$ 的点构成,其中 $A_k\in\{A,\overline{A}\}=\Omega$,$k=1,2,\cdots,n$.即样本点集为 Ω^n,再次注意到在数学中,由 n 元点 $(x_1,x_2,\cdots,x_n)$ $(x_i\in E_i,i=1,2,\cdots,n)$全体构成的点集为 $E_1\times E_2\times\cdots\times E_n$,称为 $E_i,i=1,2,\cdots,n$ 的笛卡儿乘积,当 $E_i=E,i=1,2,\cdots,n$ 时,有 $E_1\times E_2\times\cdots\times E_n=E^n$.设 $\mathfrak{F}^n$ 为 Ω^n 子集全体构成的σ代数,对单点集 $\{(A_1,A_2,\cdots,A_n)\}\in\mathfrak{F}^n$,令 $P^n(\{(A_1,A_2,\cdots,A_n)\})=P(A_1)P(A_2)\cdots P(A_n)$.对任意 $E\in\mathfrak{F}^n$,$P^n(E)=\sum\limits_{(A_1,A_2,\cdots,A_n)\in E}P(A_1)P(A_2)\cdots P(A_n)$,则$(\Omega^n,\mathfrak{F}^n,P^n)$为 n 重伯努利试验的概率空间.

有时又将 $\{(A_1,A_2,\cdots,A_n)\}$ 记为 $A_1A_2\cdots A_n$，$P^n(\{(A_1,A_2,\cdots,A_n)\})$ 记为 $P(A_1A_2\cdots A_n)$，将 $(\Omega^n, \mathfrak{F}^n, P^n)$ 记为 $(\Omega^n, \mathfrak{F}^n, P)$.

2. 伯努利大数定律

以下是伯努利大数定律.

定理 1.2.1 设 μ_n 为 n 重伯努利试验中成功次数，则 $\forall \varepsilon>0, \delta>0$，$\exists N$，当 $n>N$ 时

$$P\left(\left|\frac{\mu_n}{n}-p\right|\geqslant \varepsilon\right)<\delta, \tag{1.2.22}$$

即 $\frac{\mu_n}{n}\xrightarrow{P} p\ (n\to\infty)$（概率收敛）.

式(1.2.22)的意义为 $P(E)<\delta$，其中 $E=\left\{A_1A_2\cdots A_n: A_1,A_2,\cdots,A_n\text{ 中间有 }\mu_n\text{ 个 }A\text{，且 }\left|\frac{\mu_n}{n}-p\right|\geqslant\varepsilon\right\}$，$p=P(A)$ 为 A 发生的概率.

伯努利大数定律的实际道理非常简单，即：当实验次数 n 充分大时，如 $n>N$ 时，成功的频率 $\frac{\mu_n}{n}$ 与概率 p 相差大（即 $\left|\frac{\mu_n}{n}-p\right|\geqslant\varepsilon$）的可能性 $P\left(\left|\frac{\mu_n}{n}-p\right|\geqslant\varepsilon\right)$ 很小（即 $P\left(\left|\frac{\mu_n}{n}-p\right|\geqslant\varepsilon\right)<\delta$）.

式(1.2.22)中的“$\geqslant$”与“$<$”可分别改为“$>$”与“$\leqslant$”.

1.3 凸函数与詹森不等式

1. 凸函数

定义 1.3.1 设 $f(x)$ 为定义于 $[a,b]$ 的实函数，若 $\forall x,y\in[a,b]$，$0\leqslant\lambda\leqslant 1$，有

$$f(\lambda x+(1-\lambda)y)\leqslant \lambda f(x)+(1-\lambda)f(y), \tag{1.3.1}$$

则称 $f(x)$ 为 $[a,b]$ 上的凸函数.

$\lambda x+(1-\lambda)y, 0\leqslant\lambda\leqslant 1$，称为点 x,y 的凸组合，当 λ 在区间 $[0,1]$ 中变动时，$\lambda x+(1-\lambda)y$ 在 x 和 y 的连线中变动，当 $\lambda=1$ 时，$\lambda x+(1-\lambda)y=x$；当 $\lambda=0$ 时，$\lambda x+(1-\lambda)y=y$. $f(\lambda x+(1-\lambda)y)\leqslant\lambda f(x)+(1-\lambda)f(y)$ 表明，$f(x)$ 在两点凸组合处的值，不超过这两点函数值的凸组合.

若 $f(x)$ 在 $[a,b]$ 上具有连续的二阶导数，则当 $f''(x)\geqslant 0$ 时，$f(x)$ 为 $[a,b]$ 上的凸函数.

2. 詹森不等式

定理 1.3.1 詹森不等式. 设 $f(x)$ 为 $[a,b]$ 上的凸函数，则对任意 $x_k\in[a,b]$，

$p_k \geqslant 0$, $k = 1,2,\cdots,K$, $\sum\limits_{k=1}^{K} p_k = 1$,有

$$f\Big(\sum_{k=1}^{K} p_k x_k\Big) \leqslant \sum_{k=1}^{K} p_k f(x_k). \tag{1.3.2}$$

有时将 $\sum\limits_{k=1}^{K} p_k x_k$ 称为 $x_1, x_2, \cdots, x_K$ 的加权平均或平均.詹森不等式表明,对凸函数 f 来说,f 在一些点的平均点处的值,不超过 f 在这些点的值的平均.

例 1.3.1 设 $f(x) = x\log_a x\,(a>1, x>0)$,则 $f'(x) = \log_a x + \dfrac{1}{\ln a}$,$f''(x) = \dfrac{1}{x\ln a} > 0$. 故 $f(x)$ 为任意 $[c,d](0<c<d)$ 上的凸函数.对任意 $x_k \in [c,d]$,$p_k \geqslant 0$, $k = 1,2,\cdots,K$, $\sum\limits_{k=1}^{K} p_k = 1$,有

$$\Big(\sum_{k=1}^{K} p_k x_k\Big)\log_a\Big(\sum_{k=1}^{K} p_k x_k\Big) \leqslant \sum_{k=1}^{K} p_k x_k \log_a x_k. \tag{1.3.3}$$

若定义 1.3.1 中的不等式(1.3.1)反向,则称 $f(x)$ 为 $[a,b]$ 上的凹函数.对于凹函数,与(1.3.2)相反的不等式成立.若 $f(x)$ 在 $[a,b]$ 上具有连续的二阶导数,则当 $f''(x) \leqslant 0$ 时, $f(x)$ 为 $[a,b]$ 上的凹函数.

若在直角坐标系中,将 y 轴的正方向称为向上,负方向称为向下,则凸函数的图形向下凹,凹函数的图形向上凸.因此,凸凹函数的概念容易混淆.

凸函数的概念可以推广,以下是将其推广到有限维实空间的情形.

设 $\mathbf{R} = (-\infty, +\infty)$, $\mathbf{R}^n = \mathbf{R}\times\mathbf{R}\times\cdots\times\mathbf{R} = \{(x_1, x_2, \cdots, x_n): x_i \in \mathbf{R}, i = 1,2,\cdots,n\}$. 定义 $\mathbf{R}^n$ 中元的加法和数乘如下: $\forall \alpha = (x_1, x_2, \cdots, x_n), \beta = (y_1, y_2, \cdots, y_n) \in \mathbf{R}^n$, $k \in \mathbf{R}$,则 $\alpha + \beta = (x_1 + y_1, x_2 + y_2, \cdots, x_n + y_n)$, $k\alpha = (kx_1, kx_2, \cdots, kx_n)$.

设 $E \subset \mathbf{R}^n$,若 $\forall \alpha, \beta \in E, 0 \leqslant \lambda \leqslant 1$,有 $\lambda\alpha + (1-\lambda)\beta \in E$,则称 E 为 $\mathbf{R}^n$ 中的凸集.

和一元情形一样, $\lambda\alpha + (1-\lambda)\beta$ 为 n 元点 α, β 的凸组合,当 λ 在区间 $[0,1]$ 中变动时, $\lambda\alpha + (1-\lambda)\beta$ 在 α, β 的连线中变动,当 $\lambda = 1$ 时, $\lambda\alpha + (1-\lambda)\beta = \alpha$, $\lambda = 0$ 时, $\lambda\alpha + (1-\lambda)\beta = \beta$. 故由凸集的定义知,凸集中任意两点的连线仍在凸集中,这种形状的集合如同圆月、鸡蛋,和我们印象中的凸集是一样的.

例 1.3.2 对任意正整数 K , $\{(p_1, p_2, \cdots, p_K): p_k \geqslant 0 , \sum\limits_{k=1}^{K} p_k = 1\}$ 为 $\mathbf{R}^K$ 中的凸集(证明留作习题).

定义 1.3.2 设 E 为 $\mathbf{R}^n$ 中的凸集, $f(\alpha)$ 为定义于 E 的实函数,若 $\forall \alpha, \beta \in E$, $0 \leqslant \lambda \leqslant 1$, 有

$$f(\lambda\alpha + (1-\lambda)\beta) \leqslant \lambda f(\alpha) + (1-\lambda) f(\beta), \tag{1.3.4}$$

则称 $f(\alpha)$ 为 E 上的凸函数.式(1.3.4)中的不等号反向,则称 $f(\alpha)$ 为 E 上的凹函数.

对于凸集 E 上定义的凸函数,有与 式(1.3.2)相似的不等式成立.即若 $f(\alpha)$ 为 E 上的凸函数,则对任意 $\alpha_k \in E, p_k \geqslant 0$, $k = 1,2,\cdots,K, \sum_{k=1}^{K} p_k = 1$,有

$$f(\sum_{k=1}^{K} p_k \alpha_k) \leqslant \sum_{k=1}^{K} p_k f(\alpha_k). \qquad (1.3.5)$$

习　题　1

1. 根据定义 1.2.7 提供的思路,用 $P(A,B)$, $P(A_3 \mid A_1, A_2)$ 等代替式(1.2.1)～式(1.2.5)中的 $P(AB)$, $P(A_3 \mid A_1 A_2)$ 等,证明类似于式(1.2.1)～式(1.2.5)的关系.

2. 设 $E = \{(p_1, p_2, \cdots, p_K): p_k \geqslant 0, \sum_{k=1}^{K} p_k = 1\}$,证明 E 为 $\mathbf{R}^K$ 中的凸集.

3. 设 $(XYZ, A_x \times A_y \times A_z, p(x,y,z))$ 为 $(X, A_x, p(x))$, $(Y, A_y, q(y))$ 与 $(Z, A_y, r(z))$ 的联合概率空间,其中 X 取值于 $A_x = \{x_1, x_2, \cdots, x_K\}$,分布为 $\{p_k\}_{k=1}^{K}$, Y 取值于 $A_y = \{y_1, y_2, \cdots, y_L\}$,分布为 $\{q_l\}_{l=1}^{L}$, Z 取值于 $A_z = \{z_1, z_2, \cdots, z_M\}$,分布为 $\{r_m\}_{m=1}^{M}$. 分别写出 $p(x_k, y_l, z_m)$, $p(z_m \mid x_k, y_l)$, $p(x_k, y_l \mid z_m)$ 的定义.

4. 设 $(\Omega, \mathfrak{F}, P)$ 为概率空间, X 为 Ω 上取实数值的随机变量,证明对任意 Borel 集 B , $A = X^{-1}(B) = \{\omega \in \Omega: X(\omega) \in B\} \in \mathfrak{F}$.

5. 证明由式(1.2.13)给出的 XY ,通过 1.2.3 小节开始介绍的方法,反过来构造的概率空间,恰为由式(1.2.11)给出的 X,Y ,同样通过 1.2.3. 小节开始介绍的方法反过来构造的两个概率空间的联合概率空间.即有:

设 $(X, A_x, p(x)) = (\Omega_x, \mathfrak{F}_x, P_x)$, $(Y, A_y, p(y)) = (\Omega_y, \mathfrak{F}_y, P_y)$, $\varnothing$ 为空集, $A_x \times A_y$ 的一点子集,双点子集,三点子集,…, $A_x \times A_y$ 本身构成的集族,即

$$\chi = \{\varnothing, \{(x_1, y_1)\}, \{(x_1, y_2)\}, \cdots, \{(x_K, y_L)\}, \{(x_1, y_1), (x_1, y_2)\}, \cdots, \{(x_K, y_{L-1}), (x_K, y_L)\}, \cdots,$$
$$A_x \times A_y = \{(x_1, y_1), (x_1, y_2), \cdots, (x_K, y_{L-1}), (x_K, y_L)\}\},$$

又令

$$\mathfrak{F}_x \times \mathfrak{F}_y = \{(XY)^{-1}(B): B \in \chi\},$$

其中 $(XY)^{-1}(B) = \{\omega: \omega = (\omega_1, \omega_2) \in \Omega_x \times \Omega_y, (X(\omega_1), Y(\omega_2)) \in B\}$,则 $\mathfrak{F}_x \times \mathfrak{F}_y$ 为 σ 代数,从而 $(\Omega_x \times \Omega_y, \mathfrak{F}_x \times \mathfrak{F}_y)$ 为可测空间.

在 $\mathfrak{F}_x \times \mathfrak{F}_y$ 上定义集函数

$$P_{x,y}(A) = \sum_{i,j:(x_i, y_j) \in B} p(x_i, y_j) \triangleq P(B), \quad A = (XY)^{-1}(B),$$

则 $(\Omega_x \times \Omega_y, \mathfrak{F}_x \times \mathfrak{F}_y, P_{x,y})$ 为概率空间且

$$(\Omega_x \times \Omega_y, \mathfrak{F}_x \times \mathfrak{F}_y, P_{x,y}) = (XY, A_x \times A_y, p(x,y)).$$

6. 诸如 $p(x_1 \mid x_1)$ 的条件概率,是不是等于 1?

第 2 章　离散信源及其数量关系

信息论涉及的概率空间，最重要的是离散概率空间，这是因为要使信息论用于解决实际问题，必须将其内容和计算机相联系，而计算机处理问题，首先要将涉及的数据离散化.

同样由于解决实际问题的需要，离散信源是信息论中最重要的信源，该信源建立在离散概率空间的基础上.

本章有 3 节. 2.1 节介绍离散信源与信息的数学模型，分别介绍发出仅含一个符号的信息的信源，发出 N 个符号的信息的信源，发出任意有限个符号的信息，即离散信源，以及离散平稳信源，这种信源中的随机变量同分布. 马尔可夫信源，这种信源除了是平稳信源外，发出的任何一个符号，仅与其前面的 m 个符号相关. 离散平稳无记忆信源，即随机变量相互独立同分布的信源. 2.2 节介绍事件的信息量. 2.3 节介绍平均自信息——熵，给出熵的定义和性质，研究离散平稳信源、m 阶马尔可夫信源和离散平稳无记忆信源的极限熵.

2.1　离散信源与信息的数学模型

本节给出离散信源的数学描述，以为介绍离散信源的熵等概念及研究它们的性质做准备.

2.1.1　发出仅含一个符号的信息的信源

设一个系统发出仅含一个符号的信息，符号集合为 $A_x = \{x_1, x_2, \cdots, x_K\}$，系统发出符号 x_k 的概率为 $p(x_k) = p_k$，$k = 1, 2, \cdots, K$，$\sum_{k=1}^{K} p_k = 1$. 这一过程以数学方法来描述，可表为一随机变量 X 在 A_x 中取值，其分布为 $\{p_k\}_{k=1}^{K}$. 如此，X 取一个值的过程就是系统发出仅含一个符号的信息的过程，X 可看成发出仅含一个符号的信息的源泉，故可称其为输出长度为一的离散信源或长度为一的信源，X 取的一个值 x_k 即为长度为一的信息. 由第 1 章知道，X 的取值及其分布可用密度阵

$$\begin{matrix} X & x_1 & x_2 & \cdots & x_K \\ p(x) & p_1 & p_2 & \cdots & p_K \end{matrix} \tag{2.1.1}$$

表示，从而得概率空间 $(X, A_x, p(x))$，故也可称 $(X, A_x, p(x))$ 为输出长度为一的信源.

2.1.2　发出 N 个符号的信息的信源

设一个系统先后 N 次发出符号，构成含有 N 个符号的信息，系统第 $n(1 \leqslant n \leqslant N)$ 次发出的符号 u_n 构成符号集合 $A_{x,n} = \{x_{1,n}, x_{2,n}, \cdots, x_{K_n,n}\}$，其概率为 $P(X_n = u_n \mid X_1 = u_1, X_2 = u_2, \cdots, X_{n-1} = u_{n-1})$. 这一过程以数学方法来描述，可表为一随机向量 $\boldsymbol{X}_N = (X_1, X_2, \cdots, X_N)$ 在 $A_{x,1} \times A_{x,2} \times \cdots \times A_{x,N}$ 中取值，其中

$$A_{x,1} \times A_{x,2} \times \cdots \times A_{x,N} = \{(u_1, u_2, \cdots, u_N): u_i \in A_{x,i}, i = 1, 2, \cdots, N\}$$

为 $A_{x,n}$ 的笛卡儿积. 称 N 为信息的长度是合理的.

对任意 $\alpha = (u_1, u_2, \cdots, u_N) \in A_{x,1} \times A_{x,2} \times \cdots \times A_{x,N}$，

$$P(\boldsymbol{X}_N = \alpha) = P(X_1 = u_1, X_2 = u_2, \cdots, X_N = u_N) \triangleq p_{1,2,\cdots,N}(u_1, u_2, \cdots, u_N).$$

注意由乘法公式有

$$\begin{aligned} & p_{1,2,\cdots,N}(u_1, u_2, \cdots, u_N) = P(X_1 = u_1, X_2 = u_2, \cdots, X_N = u_N) \\ = {} & P(X_1 = u_1) P(X_2 = u_2 \mid X_1 = u_1) P(X_3 = u_3 \mid X_1 = u_1, X_2 = u_2) \cdots \\ & P(X_N = u_N \mid X_1 = u_1, X_2 = u_2, \cdots, X_{N-1} = u_{N-1}). \end{aligned}$$

如此，$\boldsymbol{X}_N$ 取一个值的过程就是系统发出长度为 N 的信息的过程，$\boldsymbol{X}_N$ 可看成发出长度为 N 的信息的源泉，故可称其为输出长度为 N 的离散信源或长度为 N 的信源，$\boldsymbol{X}_N$ 取的一个值 $\alpha = (u_1, u_2, \cdots, u_N)$ 为长度为 N 的信息. 同样，也可称概率空间

$$(X_1 X_2 \cdots X_N, A_{x,1} \times A_{x,2} \times \cdots \times A_{x,N}, p_{1,2,\cdots,N})$$

为输出长度为 N 的信源.

有时称信息 $\alpha = (u_1, u_2, \cdots, u_N) \in A_{x,1} \times A_{x,2} \times \cdots \times A_{x,N}$ 为 $(X_1, X_2, \cdots, X_N)$ 的一个输出序列，当每个 $A_{x,n}$ 为数集时，称 $(u_1, u_2, \cdots, u_N)$ 为一个输出数列，注意这里数列的概念与微积分学中数列的概念是有区别的，那里数列的项数总是无穷的. 有时为简单起见又将 $(u_1, u_2, \cdots, u_N)$ 写为 $u_1 u_2 \cdots u_N$.

由于每一个 $u_n, n = 1, 2, \cdots, N$，可取 $A_{x,n}$ 中的每一个元素，所以，所有的 $u_1 u_2 \cdots u_N$ 共有 $K_1 \times K_2 \times \cdots \times K_N$ 个，分别为

$$\alpha_1 = x_{1,1} x_{1,2} \cdots x_{1,N},$$

$$\alpha_2 = x_{1,1} x_{1,2} \cdots x_{2,N}, \cdots,$$

$$\alpha_{K_1 \times K_2 \times \cdots \times K_N} = x_{K_{1,1}} x_{K_{2,2}} \cdots x_{K_{N,N}},$$

这就是说，长度为 N 的信息的全体构成的集合为

$$A_{x,1} \times A_{x,2} \times \cdots \times A_{x,N} = \{\alpha_1, \alpha_2, \cdots, \alpha_{K_1 \times K_2 \times \cdots \times K_N}\}.$$

注意：信源 $\boldsymbol{X}_N$ 发出的每条信息，长度都为 N.

在数学中，对于一些事物的表示，不得不采用复杂的标号，如此，会使实际上简单的事物看起来十分复杂，导致人们对数学产生恐惧心理. 为防止因符号问题影响数学学习，可以做这样的思想准备：看到复杂的符号，要马上产生一个念头——问题并不复杂！

我们举一个实际例子展示如上的 $\boldsymbol{X}_N$.

中国大陆常见民用机动车牌，可以看成信源 $\boldsymbol{X}_7 = (X_1, X_2, X_3, X_4, X_5, X_6, X_7)$

取值的结果,其中 X_1 取值于 $A_{x,1}=\{$京,沪,$\cdots$,琼$\}$ (31 个汉字),X_2 取值于 $A_{x,2}=\{A,B,\cdots,Z\}$ (26 个英文大写字母),X_n 取值于 $A_{x,n}=\{0,1,\cdots,9,A,B,\cdots,Z\}\backslash\{I,O\}$,$n=3,4,\cdots,7$ (共 34 个符号,黑体字母 I,O 易与数字 1,0 混淆,故舍弃),如车牌号"京 A 3K6C8".

2.1.3 离散信源

我们接触的信息多种多样,即使在一定场合一定时间段内,我们收到的每条信息长度也并不都是一样的. 例如,某天晚上,甲和乙用手机短信进行联系,乙发给甲的第一条短信含有 86 个字及符号,第二条短信只有两个字,如果将乙的手机看成一个信源,那么,这个信源发出的每条信息长度都不一定是相同的. 明显地,用一个随机向量描述这种发出信息长度不定的信源,是办不到的.

以下即讨论这种系统,即可以发出任意有限长信息的系统.

对于这种系统,做如下处理:

如果一个系统可以发出任意有限长的信息,那么,该系统对应的信源就用概率空间序列$\{(X_1X_2\cdots X_N, A_{x,1}\times A_{x,2}\times\cdots\times A_{x,N}, p_{1,2,\cdots,N})\}_{N=1}^{\infty}$ 来表示.

注意像数列 $a_1,a_2,\cdots,a_n,\cdots$ 用 $\{a_n\}_{n=1}^{\infty}$ 或更简单的符号 $\{a_n\}$ 表示一样,我们用 $\{(X_1X_2\cdots X_N, A_{x,1}\times A_{x,2}\times\cdots\times A_{x,N}, p_{1,2,\cdots,N})\}_{N=1}^{\infty}$ 表示由概率空间

$$(X_1,A_{x,1},p_1),(X_1X_2,A_{x,1}\times A_{x,2},p_{1,2}),\cdots,$$
$$(X_1X_2\cdots X_N,A_{x,1}\times A_{x,2}\times\cdots\times A_{x,N},p_{1,2,\cdots,N}),\cdots,$$

构成的序列.

我们将这样的信源记为随机序列 $\boldsymbol{X}=(X_1,X_2,\cdots,X_n,\cdots)$,称为离散信源,简称信源. 如此,$X_1$ 的一个值 $u_k\in A_{x,1}$ 为信源 $\boldsymbol{X}$ 发出的一个信息,随机向量 (X_1,X_2) 的一个值 $u_ku_l=(u_k,u_l)\in A_{x,1}\times A_{x,2}$ 为信源 $\boldsymbol{X}$ 发出的一个信息. 一般地,随机向量 $(X_1,X_2,\cdots,X_N)$ 的值 $u_{i_1}u_{i_2}\cdots u_{i_N}=(u_{i_1},u_{i_2},\cdots,u_{i_N})\in A_{x,1}\times A_{x,2}\times\cdots\times A_{x,N}$ 都为信源 $\boldsymbol{X}$ 发出的信息,$N=1,2,\cdots$. 这就是说,由无穷个随机变量构成的离散信源 $\boldsymbol{X}=(X_1,X_2,\cdots,X_n,\cdots)$ 的输出序列全体为 $\boldsymbol{X}_N=(X_1,X_2,\cdots,X_N)$ $(N\geqslant 1)$ 的输出序列全体之并:

$$\bigcup_{N=1}^{\infty}A_{x,1}\times A_{x,2}\times\cdots\times A_{x,N}=\{x_{1,1},x_{2,1},\cdots,x_{K_1,1},x_{1,1}x_{1,2},x_{1,1}x_{2,2},\cdots,x_{K_1,1}x_{K_2,2},\cdots,$$
$$x_{1,1}x_{1,2}\cdots x_{1,N},x_{1,1}x_{1,2}\cdots x_{2,N},\cdots,x_{K_1,1}x_{K_2,2}\cdots x_{K_N,N},\cdots\}.$$

但是,上述离散信源的表示在逻辑上有一些瑕疵.

回顾信源 $\boldsymbol{X}_N=(X_1,X_2,\cdots,X_N)$ 的表示,可以说 $\boldsymbol{X}_N=(X_1,X_2,\cdots,X_N)$ 或 $(X_1X_2\cdots X_N, A_{x,1}\times A_{x,2}\times\cdots\times A_{x,N}, p_{1,2,\cdots,N})$ 为输出长度为 N 的信源. 如果比照 $\boldsymbol{X}_N=(X_1,X_2,\cdots,X_N)$ 的格式,$\boldsymbol{X}=(X_1,X_2,\cdots,X_n,\cdots)$ 的输出序列应该为可数无穷序列,但是,上述离散信源输出的是任意有限长的序列. 用随机变量构成的可数无穷序列 $\boldsymbol{X}=(X_1,X_2,\cdots,X_n,\cdots)$ 表示上述离散信源,形式上有不妥之处. 如果仅用联合概率空间构成的可数无穷序列$\{(X_1X_2\cdots X_N, A_{x,1}\times A_{x,2}\times\cdots\times A_{x,N}, p_{1,2,\cdots,N})\}_{N=1}^{\infty}$

表示上述离散信源,形式上也不明确.明确的事实是:在研究上述离散信源时,所涉及的概率可以全部由此序列中的元素(即其中的概率空间 $(X_1X_2\cdots X_N, A_{x,1}\times A_{x,2}\times\cdots\times A_{x,N}, p_{1,2,\cdots,N})$)提供.

所以,无论用 $\boldsymbol{X}=(X_1,X_2,\cdots,X_n,\cdots)$ 还是 $\{(X_1X_2\cdots X_N, A_{x,1}\times A_{x,2}\times\cdots\times A_{x,N}, p_{1,2,\cdots,N})\}_{N=1}^{\infty}$ 表示上述离散信源,都需要附带更多的说明才行.

有没有更加合适的符号表示上述离散信源?我们没有找到.数学是一种语言,而人类用语言描述事物是有局限的.例如,你用语言描述一下羊肉的味道,看能不能让一个没有吃过羊肉的人听了你的描述后就知道了羊肉的味道?一定不能.

我们将会看到,用 $\boldsymbol{X}=(X_1,X_2,\cdots,X_n,\cdots)$ 或 $\{(X_1X_2\cdots X_N, A_{x,1}\times A_{x,2}\times\cdots\times A_{x,N}, p_{1,2,\cdots,N})\}_{N=1}^{\infty}$ 表示上述离散信源,还是为以后的讨论带来方便,存在的瑕疵不会引起很大问题.

在以上的讨论中,如果第 n 个随机变量 X_n 取值的符号集是统一的 A_x,则只要将以上陈述中的 $A_{x,1}\times A_{x,2}\times\cdots\times A_{x,N}$ 用 A_x^N 代替,对应的离散信源就可用 $\boldsymbol{X}=(X_1,X_2,\cdots,X_n,\cdots)$ 或 $\{(X_1X_2\cdots X_N, A_x^N, p_{1,2,\cdots,N})\}_{N=1}^{\infty}$ 表示.

2.1.4 离散平稳信源

对离散信源 $\boldsymbol{X}=(X_1,X_2,\cdots,X_n,\cdots)$ 的研究,随着 X_n 间关系的复杂化而变得复杂,但在许多实际问题中,X_n 的关系简单而明确.平稳信源就属于这种情形.

定义 2.1.1 设 $\boldsymbol{X}=(X_1,X_2,\cdots,X_n,\cdots)$ 为一离散信源,X_n 取值于同一符号集 $A_x=\{x_1,x_2,\cdots,x_K\}$.对整数 $N>0$ 及 $L\geqslant 0$,设随机向量 $\boldsymbol{X}_{L,N}=(X_{L+1},X_{L+2},\cdots,X_{L+N})$,$\alpha_N=(x_{i_1},x_{i_2},\cdots,x_{i_N})\in A_x^N=A_x\times A_x\times\cdots\times A_x$($N$ 个).注意 $\boldsymbol{X}_{0,N}=\boldsymbol{X}_N$.记 $P(\boldsymbol{X}_{L,N}=\alpha_N)=P(X_{L+1}=x_{i_1},X_{L+2}=x_{i_2},\cdots,X_{L+N}=x_{i_N})$.若对任意 N,该概率与 L 的选取无关,即

$$
\begin{aligned}
P(\boldsymbol{X}_N=\alpha_N) &= P(\boldsymbol{X}_{0,N}=\alpha_N)=P(X_1=x_{i_1},X_2=x_{i_2},\cdots,X_N=x_{i_N})\\
&= P(X_{L+1}=x_{i_1},X_{L+2}=x_{i_2},\cdots,X_{L+N}=x_{i_N})=P(\boldsymbol{X}_{L,N}=\alpha_N)\\
&\triangleq p(x_{i_1},x_{i_2},\cdots,x_{i_N}). \qquad (2.1.2)
\end{aligned}
$$

对任意 $L\geqslant 0$ 成立,则称 $\boldsymbol{X}$ 为离散平稳信源.

对一般信源 $\boldsymbol{X}$,式(2.1.2)不一定成立,如 $P(X_1=x_2,X_2=x_5)$ 与 $P(X_4=x_2,X_5=x_5)$ 不一定相同.所以仅在明确 α_N 为哪一个向量 $\boldsymbol{X}_{L,N}$ 所取的值时,才可用 $p(\alpha_N)=p(x_{i_1},x_{i_2},\cdots,x_{i_N})$ 简记 $\boldsymbol{X}_{L,N}$ 取 α_N 时的概率.但对离散平稳信源而言,式(2.1.2)的值与 L 无关,因而可用 $p(\alpha_N)=p(x_{i_1},x_{i_2},\cdots,x_{i_N})$ 表示该值.例如,

$$
\begin{aligned}
p(x_2,x_5) &= P(X_1=x_2,X_2=x_5)\\
&= P(X_4=x_2,X_5=x_5)=P(X_{100}=x_2,X_{101}=x_5).
\end{aligned}
$$

显然,这一说明对条件概率也适用,例如,

$$
\begin{aligned}
p(x_1\mid x_2,x_5) &= P(X_3=x_1\mid X_1=x_2,X_2=x_5)=P(X_6=x_1\mid X_4=x_2,X_5=x_5)\\
&= P(X_{N+2}=x_1\mid X_N=x_2,X_{N+1}=x_5),\ N=1,2,\cdots,
\end{aligned}
$$

这是因为

$$P(X_3 = x_1 \mid X_1 = x_2, X_2 = x_5) = \frac{P(X_1 = x_2, X_2 = x_5, X_3 = x_1)}{P(X_1 = x_2, X_2 = x_5)}$$

$$= \frac{P(X_N = x_2, X_{N+1} = x_5, X_{N+2} = x_1)}{P(X_N = x_2, X_{N+1} = x_5)} = P(X_{N+2} = x_1 \mid X_N = x_2, X_{N+1} = x_5),$$

对任意 $N = 1,2,\cdots$ 成立,可将该值记为 $p(x_1 \mid x_2, x_5)$.

由定义 2.1.1 知道,若取 $N = 1$, $L = 0,1,2,\cdots$,则如下关系成立:

$$P(X_1 = x_k) = P(X_{L+1} = x_k), \quad k = 1,2,\cdots,K,$$

即有

$$P(X_1 = x_k) = P(X_2 = x_k) = P(X_3 = x_k) = \cdots = P(X_n = x_k) = \cdots,$$
$$k = 1,2,\cdots,K, n = 1,2,\cdots.$$

这就是说,X_n 都是同分布的,可记 $P(X_n = x_k)$ 为 $p(x_k)$, $k = 1,2,\cdots,K, n = 1,2,\cdots$.

注意:反之,如果 X_n 都是同分布的,却不能推出式(2.1.2)对任意 $N > 0$ 成立.

2.1.5 马尔可夫信源

马尔可夫信源本质上是在假定 X_n 都是同分布的条件下,对一些相关条件概率有特定要求的一种平稳信源.

定义 2.1.2 设对任意 $n \in \mathbf{Z}$, X_n 取值于 A_x 且与随机变量 X 同分布,分布由式(2.1.1)给出.对整数 $L \in \mathbf{Z}$ 及 $N \in \mathbf{Z}$, $N > 0$,设随机向量 $\boldsymbol{X}_{L,N} = (X_{L+1}, X_{L+2}, \cdots, X_{L+N})$, $\alpha_N = (x_{i_1}, x_{i_2}, \cdots, x_{i_N}) \in A_x^N = A_x \times A_x \times \cdots \times A_x$($N$个).记 $P(\boldsymbol{X}_{L,N} = \alpha_N) = P(X_{L+1} = x_{i_1}, X_{L+2} = x_{i_2}, \cdots, X_{L+N} = x_{i_N})$.若对任意 N,该概率与 L 的选取无关,即

$$P(\boldsymbol{X}_N = \alpha_N) = P(\boldsymbol{X}_{0,N} = \alpha_N) = P(X_1 = x_{i_1}, X_2 = x_{i_2}, \cdots, X_N = x_{i_N})$$
$$= P(X_{L+1} = x_{i_1}, X_{L+2} = x_{i_2}, \cdots, X_{L+N} = x_{i_N}) = P(\boldsymbol{X}_{L,N} = \alpha_N) \triangleq p(x_{i_1}, x_{i_2}, \cdots, x_{i_N}).$$

若

$$\cdots, X_{-2}, X_{-1}, X_0, X_1, X_2, \cdots \tag{2.1.3}$$

为 1.2.4 小节介绍的 m 阶马尔可夫链或 m-M 链,则称 $\boldsymbol{X} = (\cdots, X_{-2}, X_{-1}, X_0, X_1, X_2, \cdots)$ 为一 m 阶马尔可夫信源或 m-M 信源.

关于 m 阶马尔可夫信源,需注意以下几点.

注意 1:m-M 信源和离散信源 $\boldsymbol{X} = (X_1, X_2, \cdots, X_n, \cdots)$ 一样,输出的信息长度仍为有限数,因为无论在什么情况下,目前人类接触的信息,其长度都不能是无限的.其实,定义 2.1.2 本身就默认长度为 N 的信息 $\alpha_N = (x_{i_1}, x_{i_2}, \cdots, x_{i_N})$ 是 $\boldsymbol{X} = (\cdots, X_{-2}, X_{-1}, X_0, X_1, X_2, \cdots)$ 输出的.

注意 2:可以认为 $\alpha_N = (x_{i_1}, x_{i_2}, \cdots, x_{i_N})$ 是任意 $\boldsymbol{X}_{L,N} = (X_{L+1}, X_{L+2}, \cdots, X_{L+N})$ 输出的,其中 L 为任意整数.这是因为定义 2.1.2 的前半部分,除了信源中随机变量编号的起点不从 1 开始外,与定义 2.1.1 没有区别,这实际上说明 $\boldsymbol{X} = (\cdots, X_{-2},$

$X_{-1}, X_0, X_1, X_2, \cdots$) 是一个平稳信源.

注意 3:我们不能像一般离散信源 $\boldsymbol{X} = (X_1, X_2, \cdots, X_n, \cdots)$ 一样,用概率空间的序列表示 m-M 信源,而只能说其涉及的概率,都包含在概率空间序列 $\{(X_1X_2\cdots X_N, A_x^N, p(u_1, u_2, \cdots, u_N))\}_{N=1}^{m+1}$ 中的元素(即该序列中的每个概率空间 $(X_1X_2\cdots X_N, A_x^N, p(u_1, u_2, \cdots, u_N))$)涉及的概率中. 因为由 1.2.4 小节知道,无论 n 有多大,$(u_1, u_2, \cdots, u_n)$ 的联合概率都可以由有限个式(1.2.19)中的联合概率和式(1.2.20)中的条件概率的乘积得到,而式(1.2.19)和式(1.2.20)中的概率全部可以出现在序列 $\{(X_1X_2\cdots X_N, A_x^N, p(u_1, u_2, \cdots, u_N))\}_{N=1}^{m+1}$ 涉及的概率中.

注意 4:对 m-M 信源,其中的随机变量的编号不是从 1 开始到正无穷,而是从负无穷到正无穷,是由该信源的特点决定的,因为按照 m-M 信源的定义,对任意 $L \in \mathbf{Z}$,随机变量 X_{L+m+1} 取的值仅与随机向量 $(X_{L+1}, X_{L+2}, \cdots, X_{L+m})$ 取的值有关. 如果其中随机变量的编号从 1 开始,则当 $m = 3$ 时,对 $L = -2, L+m+1 = 2$, $X_{L+m+1} = X_2$ 取的值应与 (X_{-1}, X_0, X_1) 的输出序列有关,但此时 X_{-1}, X_0 不存在,引发矛盾. 因此,用 $\boldsymbol{X} = (\cdots, X_{-2}, X_{-1}, X_0, X_1, X_2, \cdots)$ 表示 m-M 信源较好.

其实,这种看起来可以引发矛盾的问题可以很容易地得到解决. 例如,当 $m = 3$ 时,对于具体的信息 $x_{i_1}x_{i_2}x_{i_3}x_{i_4}$,完全可以取 $L = 0, L+m+1 = 4$,则 $X_{L+m+1} = X_4$,而后者取的值可与 (X_1, X_2, X_3) 的输出序列有关,与三阶马尔可夫性不矛盾. 这样一来,有关离散信源 $\boldsymbol{X} = (X_1, X_2, \cdots, X_n, \cdots)$ 的所有评述都可用于 m-M 信源 $\boldsymbol{X} = (\cdots, X_{-2}, X_{-1}, X_0, X_1, X_2, \cdots)$,所以,有的文献也用 $\boldsymbol{X} = (X_1, X_2, \cdots, X_n, \cdots)$ 表示 m-M 信源.

以下再明确一下 m-M 信源输出信息的形式.

如果一条信息含 N 个 A_x 中的符号,设该信息为 $x_{i_1}x_{i_2}\cdots x_{i_N}$,则可认为这条信息是 $\boldsymbol{X} = (\cdots, X_{-2}, X_{-1}, X_0, X_1, X_2, \cdots)$ 中的随机向量 $\boldsymbol{X}_{L,N} = (X_{L+1}, X_{L+2}, \cdots, X_{L+N})$ 输出的,其中 L 为任一整数,该信息的概率为 $p(x_{i_1}, x_{i_2}, \cdots, x_{i_N})$,由 1.2.4 小节知,此概率可以表为概率空间序列 $\{(X_1X_2\cdots X_N, A_x^N, p(u_1, u_2, \cdots, u_N))\}_{N=1}^{m+1}$ 涉及的概率的乘积.

还有一个问题,我们以 $N = 1$ 为例说明这一问题:此时,信息仅含一个符号 x_k,按照 m-M 信源的定义,x_k 的发出,与之前发出的 m 个符号有关,但此时在发出 x_k 之前,并没有符号发出,与 m-M 信源的定义矛盾. 要处理这个问题,只要假定当 $N < m+1$ 时,保持 $p(x_{i_{N+1}} \mid x_{i_1}, x_{i_2}, \cdots, x_{i_N})$ 不变,当 $N \geqslant m+1$ 时,要求 $p(x_{i_{N+1}} \mid x_{i_1}, x_{i_2}, \cdots, x_{i_N}) = p(x_{i_{N+1}} \mid x_{i_{N-m+1}}, x_{i_{N-m+2}}, \cdots, x_{i_N})$ 即可.

2.1.6　离散平稳无记忆信源

离散平稳无记忆信源是所有离散信源中最重要的一种信源.

定义 2.1.3　当离散平稳信源 $\boldsymbol{X} = (X_1, X_2, \cdots, X_n, \cdots)$ 的随机变量 X_n 相互独立时,称 $\boldsymbol{X}$ 为离散平稳无记忆信源.

由离散平稳无记忆信源的定义知,X_n 取值于同一符号集 $A_x = \{x_1, x_2, \cdots,$

$x_K\}$，X_n 相互独立同分布，设 X_n 与 X 同分布：

$$P(X_n = x_k) = \cdots = P(X = x_k) = p(x_k) = p_k ,$$
$$k = 1,2,\cdots,K , n = 1,2,\cdots,$$

此时也称 $\boldsymbol{X}$ 的分布为 $\{p_k\}_{k=1}^{K}$.

$\boldsymbol{X}$ 的任一长为 N 的输出信息形如 $\alpha = (x_{i_1}, x_{i_2}, \cdots, x_{i_N}) \in A_x^N$，其全体即 $\boldsymbol{X}_N = (X_1, X_2, \cdots, X_N)$ 输出信息的全体，由 X_n 的相互独立同分布性质知

$$\begin{aligned} P(\boldsymbol{X}_N = \alpha) &= P(X_1 = x_{i_1}, X_2 = x_{i_2}, \cdots, X_N = x_{i_N}) \\ &= p(x_{i_1}, x_{i_2}, \cdots, x_{i_N}) = p(x_{i_1})p(x_{i_2})\cdots p(x_{i_N}) = p_{i_1}p_{i_2}\cdots p_{i_N} . \end{aligned}$$

记以上值为 $p(\alpha)$.

尽管一般的离散平稳信源 X_n 都是同分布的，但反过来，假定 X_n 都是同分布的，却不能推出式(2.1.2)对任意 $N > 0$ 成立，故不能保证所述信源是离散平稳信源. 但是，对离散平稳无记忆信源，由 X_n 独立同分布可以推出式(2.1.2)对任意 $N > 0$ 成立，所以，定义 2.1.3 可以改为如下定义.

定义 2.1.3′ 当离散信源 $\boldsymbol{X} = (X_1, X_2, \cdots, X_n, \cdots)$ 的随机变量 X_n 相互独立同分布时，称 $\boldsymbol{X}$ 为离散平稳无记忆信源.

设

$$\alpha_1 = (x_1, x_1, \cdots, x_1, x_1) ,$$
$$\alpha_2 = (x_1, x_1, \cdots, x_1, x_2), \cdots,$$
$$\alpha_{K^N} = (x_K, x_K, \cdots, x_K, x_K) ,$$

则 $\{\alpha_1, \alpha_2, \cdots, \alpha_{K^N}\} = A_x^N$,

$$\begin{aligned} \sum_{i=1}^{K^N} p(\alpha_i) &= p_1p_1\cdots p_1p_1 + p_1p_1\cdots p_1p_2 + \cdots + p_Kp_K\cdots p_Kp_K \\ &= \sum_{i_1, i_2, \cdots, i_N = 1}^{K} p_{i_1}p_{i_2}\cdots p_{i_N} = \sum_{i_1=1}^{K} p_{i_1} \sum_{i_2=1}^{K} p_{i_2} \cdots \sum_{i_N=1}^{K} p_{i_N} = 1. \end{aligned}$$

如此便得密度阵

$$\begin{matrix} \boldsymbol{X}_N & \alpha_1 & \alpha_2 & \cdots & \alpha_{K^N} \\ p(\alpha) & p(\alpha_1) & p(\alpha_2) & \cdots & p(\alpha_{K^N}) \end{matrix} \tag{2.1.4}$$

该密度阵表示的概率空间即联合概率空间 $(X_1X_2\cdots X_N, A_{x,1} \times A_{x,2} \times \cdots \times A_{x,N}, p(u_1, u_2, \cdots, u_N))$，当 X_n 相互独立且与随机变量 X 同分布，$A_{x,1} = A_{x,2} = \cdots = A_{x,N} = A_x$, $p(u_1, u_2, \cdots, u_N) = p(u_1)p(u_2)\cdots p(u_N)$ 时的情形. 故当 X_n 取值时，可以看成同一随机变量 X 在时刻 n 取值，从而 $\boldsymbol{X}_N$ 取的一个值 $\alpha = (x_{i_1}, x_{i_2}, \cdots, x_{i_N})$，即由 X 在 A_x 中 N 次独立地取的值构成. 因此得如下定义.

定义 2.1.4 当离散信源 $\boldsymbol{X} = (X_1, X_2, \cdots, X_n, \cdots)$ 的随机变量 X_n 相互独立且与随机变量 X 同分布、为离散平稳无记忆信源时，将密度阵(2.1.4)表示的概率空间记为 $(X^N , A_x^N , p(\alpha))$，称为 $(X , A_x , p(x))$ 的 N 次扩展空间. 此时，上述密度阵中的 $\boldsymbol{X}_N$ 可用 X^N 代替. 与此相对应，信源 $\boldsymbol{X}_N = (X_1, X_2, \cdots, X_N)$ 称为信源 X（由一个随机变量 X 构成）的 N 次扩展信源，记为 X^N，而离散平稳无记忆信源 $\boldsymbol{X} = (X_1,$

$X_2, \cdots, X_n, \cdots$) 看成 X 的无穷次扩展信源,记为 X^{∞}. 但注意用 $(X^{\infty}, A_x^{\infty}, p(\alpha))$ 表示该信源却不妥.

再次强调,这里的概念有一些瑕疵:信源 $\boldsymbol{X} = (X_1, X_2, \cdots, X_n, \cdots)$ 的输出序列全体为

$$\{x_1, x_2, \cdots, x_K, x_1x_1, x_1x_2, \cdots, x_Kx_K, \cdots, x_{i_1}x_{i_2}\cdots x_{i_n}, \cdots\},$$

而 $\boldsymbol{X}_N = (X_1, X_2, \cdots, X_N)$ 的输出序列全体为

$$\{x_1x_1\cdots x_1, \cdots, x_{i_1}x_{i_2}\cdots x_{i_N}, \cdots, x_Kx_K\cdots x_K\}.$$

$\boldsymbol{X}_N$ 并不是 $\boldsymbol{X}$ 在所含随机变量为有限时的特殊情形.

注意:虽然离散平稳无记忆信源数学结构最简单,但自然界中存在的信源,极少是离散平稳无记忆的,即使有,也是基本无用的,因为我们处理的信息中的每一个符号,都和前后符号有联系. 试想,如果一段音乐中的每个音符,都和前后音符无关,则这段音乐一定杂乱无章,无法欣赏.

那么,为什么还说离散平稳无记忆信源最重要? 这是因为这种信源结构简单,特别地,$\alpha = (x_{i_1}, x_{i_2}, \cdots, x_{i_N})$ 具有 $p(\alpha) = p(x_{i_1}, x_{i_2}, \cdots, x_{i_N}) = p(x_{i_1})p(x_{i_2})\cdots p(x_{i_N})$ 的性质,由此导致许多重要结果,要是没有这条性质,为计算 $p(\alpha) = p(x_{i_1}, x_{i_2}, \cdots, x_{i_N})$,根据乘法公式

$$p(x_{i_1}, x_{i_2}, \cdots, x_{i_N}) = p(x_{i_1})p(x_{i_2} \mid x_{i_1})\cdots p(x_{i_N} \mid x_{i_1}, x_{i_2}, \cdots, x_{i_{N-1}}),$$

(实际上,由于一般的离散信源各随机变量不一定同分布和相互独立,联合概率、条件概率和随机变量的标号相关,表达式没有这么简单)需求

$$p(x_{i_1}), p(x_{i_2} \mid x_{i_1}), \cdots, p(x_{i_N} \mid x_{i_1}, x_{i_2}, \cdots, x_{i_{N-1}}),$$

然而,这些条件概率必须通过千百万计的数据,用统计的方法得到,不是你想让它们等于多少就是多少的. 要得到这些数值,可能需要数以亿计的工作量!

简单优美、结果丰富且应用性强的离散平稳无记忆信源不存在,存在的信源结构复杂,需要的数值很难得到,为实际应用带来困难. 处理困难的方法是:①如果实际问题中出现的信息中符号之间的关系不是那么密切,将相应的信源近似看成离散平稳无记忆信源,直接应用其结果;②通过理论分析,改造对于离散平稳无记忆信源获得的结果,得出符合目前情况的结果.

2.2　事件的信息量

什么是信息量? 顾名思义,一条信息的信息量,就是这条信息所含信息的多少.

能不能这样说:对一本我们对其内容十分熟悉的故事书,书中的故事发展都在意料之中,我们认为它包含的信息量不多;相反,如果这本书我们没有看过,其中的故事复杂,有许多情节出乎意料,那么,我们就认为它包含的信息量很多?

对这个问题的肯定回答确实是合适的,信息量的定义,正是基于这样的认识给出的.

1. 定义信息量的函数的引入

我们从最简单的情形入手考虑.

设 $(X, A_x, p(x))$ 为由式(2.1.1)给出的概率空间. 由式(2.1.1)已经知道了事件 $\{\omega: X(\omega) = x_k\}$ (简记为 $X = x_k$)的概率 $p(x_k) = p_k$,即已经知道了衡量系统发出符号 x_k (即信息 x_k)的可能性大小的数据. 根据信息的特点,还希望用另一种非负量衡量该事件携带信息的多少,这种量就是信息量.

由于信息带有不确定性,信息量应是这种不确定性的反映,所以应有:

(i) 当某事件发生的概率大时,其不确定性就小,相应的信息量就小. 信息量为 $p(x_k)$ 的减函数.

(ii) 一个注定要发生的事件不提供信息价值,故当 $p(x_k) = 1$ 时,信息量为 0. 当 $p(x_k) = 0$ 时,对 X 取值 x_k 的怀疑无限大,相应的信息量也无限大.

(iii) 信息量具有可加性,在随机变量相互独立的条件下,发出若干符号的信息量,为单个发出这些符号的信息量之和.

若求得以 $p(x_k)$ 为自变量的一个函数 $I(x_k) = f(p(x_k))$,满足以上三个要求,则可得到信息量的表达式.

对要求(iii)需作一些解释:以信源发出两个符号为例,若信源发出 (x_{i_1}, x_{i_2}) ,则 (X_1, X_2) 取值 (x_{i_1}, x_{i_2}) ,当 X_1, X_2 相互独立时, $p(x_{i_1}, x_{i_2}) = p(x_{i_1})p(x_{i_2})$,故(iii)成为

$$f(p(x_{i_1}, x_{i_2})) = f(p(x_{i_1})p(x_{i_2})) = f(p(x_{i_1})) + f(p(x_{i_2})).$$

由下列引理得知,满足这三个要求的函数为对数函数的负常数倍.

引理 2.2.1 若函数 $f(x)(x > 0)$ 满足

(i) $f(x)$ 为 x 的严格减函数;

(ii) $f(1) = 0$;

(iii) $f(xy) = f(x) + f(y)$, $x, y > 0$.

则 $f(x) = C\log x$,其中 $C < 0$,对数底数为大于 1 的实数. 反之,若 $f(x) = C\log x$, $C < 0$,则 $f(x)$ 满足(i)～(iii).

证明 这是一个解函数方程的问题.

对任意 $t > 0$,由(iii)有

$$f(t^2) = f(tt) = f(t) + f(t) = 2f(t).$$

设对正整数 n 有 $f(t^n) = nf(t)$,则

$$f(t^{n+1}) = f(t^n t) = f(t^n) + f(t) = nf(t) + f(t) = (n+1)f(t),$$

知对任意正整数 n 有 $f(t^n) = nf(t)$.

又由(ii)有 $f(t^0) = f(1) = 0 = 0f(t)$,而 $0 = f(1) = f(t^{1-1}) = f(t) + f(t^{-1})$,故 $f(t^{-1}) = -f(t)$,从而对任意正整数 n 有 $f(t^{-n}) = (-n)f(t)$.

总之,对一切整数 n 都有

$$f(t^n) = nf(t). \tag{2.2.1}$$

现在设 $x > 0$，任取常数 $c > 1$，$(0, +\infty)$ 可表为 $\cdots, [c^l, c^{l+1}), \cdots, [c^{-1}, c^0)$，$[c^0, c^1), \cdots, [c^m, c^{m+1}), \cdots$ 的并，即

$$(0, +\infty) = \bigcup_{m=-\infty}^{+\infty} [c^m, c^{m+1}).$$

故对任意正整数 n，x^n 必落入上述区间之一，即存在整数 m，使

$$c^m \leqslant x^n < c^{m+1}, \tag{2.2.2}$$

$$m\log c \leqslant n\log x < (m+1)\log c,$$

$$\frac{m}{n}\log c \leqslant \log x < \left(\frac{m}{n} + \frac{1}{n}\right)\log c,$$

$$\left|\frac{\log x}{\log c} - \frac{m}{n}\right| < \frac{1}{n}. \tag{2.2.3}$$

另一方面，对 $x > 0, c > 1$，正整数 n，整数 m，由式(2.2.1)有

$$f(x^n) = nf(x), \quad f(c^m) = mf(c),$$

而当 x, n, m 满足式(2.2.2)时，由 $f(x)$ 的严格递减性知

$$f(c^{m+1}) < f(x^n) \leqslant f(c^m),$$

$$(m+1)f(c) < nf(x) \leqslant mf(c).$$

又 $c > 1, f(c) < f(1) = 0$，故

$$\frac{m}{n} \leqslant \frac{f(x)}{f(c)} < \frac{m}{n} + \frac{1}{n},$$

$$\left|\frac{f(x)}{f(c)} - \frac{m}{n}\right| < \frac{1}{n}. \tag{2.2.4}$$

由式(2.2.3)和式(2.2.4)得

$$\left|\frac{f(x)}{f(c)} - \frac{\log x}{\log c}\right| < \frac{2}{n}.$$

上式中 n 与 x, c 无关，令 $n \to +\infty$ 得

$$f(x) = \frac{f(c)}{\log c}\log x.$$

令 $C = \dfrac{f(c)}{\log c}$，即得 $f(x) = C\log x$，其中因 $c > 1, f(c) < 0, \log c > 0$，故 $C < 0$. 在上式中任取 $x = d > 1$，则得 $\dfrac{f(d)}{\log d} = \dfrac{f(c)}{\log c} = C$，$C$ 与 c 的选取无关，任取 $c > 1$，即可得 C，如 $C = \dfrac{f(2)}{\log 2}$.

任取 $C < 0$，$f(x) = C\log x$ 满足(i)～(iii)是显然的. □

2. 事件自信息量

由引理 2.2.1，对任意 $C < 0$，取 $I(x) = C\log p(x)$，则可得到信息量的一个表达式. 为简单起见，取 $C = -1$，则得如下定义.

定义 2.2.1　$(X, A_x, p(x))$ 为离散概率空间，其中随机变量 X 取值于 $A_x =$

$\{x_1,x_2,\cdots,x_K\}$,分布为 $\{p_k\}_{k=1}^K$,则称

$$I(x_k)=-\log p(x_k) \tag{2.2.5}$$

为事件 $X=x_k$ 的自信息量,简称为 x_k 的自信息.若上述对数的底数为2,称相应的自信息单位为比特(bit);底数为e,单位为奈特(nat);底数为10,单位为哈特(hart).

以后,若不特别声明, $\log x$ 特指底数为2的对数.

为了使自信息具有更加广泛的意义,以下定义联合事件的自信息及其他相关概念时,不再假定不同随机变量取值于同一符号集.

定义 2.2.2 $(XY, A_x\times A_y, p(x,y))$ 为 $(X, A_x, p(x))$ 与 $(Y, A_y, q(y))$ 的联合概率空间,其中 X 取值于 $A_x=\{x_1,x_2,\cdots,x_K\}$,分布为 $\{p_k\}_{k=1}^K$, Y 取值于 $A_y=\{y_1,y_2,\cdots,y_L\}$,分布为 $\{q_l\}_{l=1}^L$.设 $p(x_k,y_l)$ 由式(1.2.12)定义,则称

$$I(x_k,y_l)=-\log p(x_k,y_l) \tag{2.2.6}$$

为事件 $(X=x_k,Y=y_l)$ 的联合自信息量,简称为 (x_k,y_l) 的自信息;称

$$I(x_k\mid y_l)=-\log p(x_k\mid y_l)(I(y_l\mid x_k)=-\log p(y_l\mid x_k)) \tag{2.2.7}$$

为已知 $Y=y_l(X=x_k)$ 发生的条件下 $X=x_k(Y=y_l)$ 发生的条件自信息.

当 $\boldsymbol{X}=(X,Y)$ 为一信源, X,Y 相互独立时,

$$\begin{aligned}
&p(x_k,y_l)=p(x_k)q(y_l)=p_kq_l,\\
&I(x_k,y_l)=-\log p(x_k,y_l)=-\log[p(x_k)q(y_l)],\\
&\qquad\qquad=-\log p_k-\log q_l=I(x_k)+I(y_l).
\end{aligned}$$

联合自信息满足某种可加性.

自信息的概念可以推广到任意有限个空间联合的情形.

$$I(x_k,y_l,z_m)=-\log p(x_k,y_l,z_m), \tag{2.2.8}$$

$$I(x_k\mid y_l,z_m)=-\log p(x_k\mid y_l,z_m). \tag{2.2.9}$$

2.3 平均自信息——熵

在定义2.2.1中, x_k 的自信息 $I(x_k)$ 表明系统发出符号 x_k 的不确定性.若要对整个概率空间进行不确定性描述,很自然地想到对所有自信息进行所谓加权平均,这种平均就是信息熵.

2.3.1 熵的定义

我们从最简单的情形出发,依次给出各种熵的定义.

1.一个随机变量的熵

定义 2.3.1 设 $(X, A_x, p(x))$ 为概率空间,随机变量 X 值于 $A_x=\{x_1,x_2,\cdots,x_K\}$,分布为 $\{p_k\}_{k=1}^K$, x_k 的自信息为 $I(x_k)=-\log p(x_k)$,则称 $I(x_k)$ 的加权平均

$$H(X)=\sum_{k=1}^{K}p(x_k)I(x_k)=-\sum_{k=1}^{K}p(x_k)\log p(x_k)=-\sum_{k=1}^{K}p_k\log p_k \tag{2.3.1}$$

为 X 的平均自信息或信息熵,简称熵.

例 2.3.1　设二信源 X,Y (皆为一个随机变量构成的信源,即输出长度为一的信源)用下表表示:

X	x_1	x_2	x_3	Y	y_1	y_2	y_3
$p(x)$	0.98	0.01	0.01	$q(y)$	1/3	1/3	1/3

直观地看,对于信源 X ,预先就知道系统发出 x_1 的可能性大,发出 x_2,x_3 的可能性小,从而 X 具有较大的确定性,较小的不确定性.而

$$H(X)=-0.98\log 0.98-0.01\log 0.01-0.01\log 0.01=0.161441\ (\text{比特}).$$

对于信源 Y ,由于系统发出 $y_l(l=1,2,3)$ 的可能性相同,预先难以估计发出哪一个符号,故 Y 具有较小的确定性,较大的不确定性.

$$H(Y)=-\frac{1}{3}\log\frac{1}{3}-\frac{1}{3}\log\frac{1}{3}-\frac{1}{3}\log\frac{1}{3}=\log 3=1.585\ (\text{比特}).$$

$H(Y)$ 比 $H(X)$ 大,熵的确反映了信源发出信息的不确定性大小.

2. 联合熵与条件熵

将联合自信息与条件自信息进行平均,又可得到联合熵与条件熵.

定义 2.3.2　设 $(XY, A_x\times A_y, p(x,y))$ 为 $(X,A_x,p(x))$ 与 $(Y,A_y,q(y))$ 的联合概率空间,其中 X 取值于 $A_x=\{x_1,x_2,\cdots,x_K\}$,分布为 $\{p_k\}_{k=1}^{K}$,Y 取值于 $A_y=\{y_1,y_2,\cdots,y_L\}$,分布为 $\{q_l\}_{l=1}^{L}$,$I(x_k,y_l)$,$I(x_k\mid y_l)$ 等由定义 2.2.2 给出.称

$$H(X,Y)=\sum_{k=1}^{K}\sum_{l=1}^{L}p(x_k,y_l)I(x_k,y_l)=-\sum_{k=1}^{K}\sum_{l=1}^{L}p(x_k,y_l)\log p(x_k,y_l) \tag{2.3.2}$$

为 X 与 Y 的联合熵;称

$$H(X\mid y_l)=\sum_{k=1}^{K}p(x_k\mid y_l)I(x_k\mid y_l)=-\sum_{k=1}^{K}p(x_k\mid y_l)\log p(x_k\mid y_l) \tag{2.3.3}$$

为已知 $Y=y_l$ 的条件下 X 的条件熵;称

$$H(X\mid Y)=\sum_{l=1}^{L}q_lH(X\mid y_l)=-\sum_{k=1}^{K}\sum_{l=1}^{L}p(x_k,y_l)\log p(x_k\mid y_l) \tag{2.3.4}$$

为 X 相对于 Y 的条件熵.

上述定义中注意关系 $p(x_k\mid y_l)q_l=p(x_k,y_l)$.

同理可定义 $H(Y\mid x_k),H(Y\mid X)$.

当 X 与 Y 相互独立时 $p(x_k\mid y_l)=p_k,p(y_l\mid x_k)=q_l$,$p(x_k,y_l)=p_kq_l$,故

$$H(X\mid Y)=-\sum_{k=1}^{K}\sum_{l=1}^{L}p(x_k,y_l)\log p(x_k\mid y_l)$$

$$=-\sum_{k=1}^{K}\sum_{l=1}^{L}p_kq_l\log p_k=-\sum_{l=1}^{L}q_l\sum_{k=1}^{K}p_k\log p_k$$

$$=-\sum_{k=1}^{K}p_k\log p_k=H(X).$$

联合熵与条件熵的概念可以推广到任意有限个空间联合的情形. 例如,

$$\begin{aligned}H(Z\mid X,Y)&=\sum_{k=1}^{K}\sum_{l=1}^{L}p(x_k,y_l)H(Z\mid x_k,y_l)\\&=\sum_{k=1}^{K}\sum_{l=1}^{L}\sum_{m=1}^{M}p(x_k,y_l)p(z_m\mid x_k,y_l)I(z_m\mid x_k,y_l)\\&=-\sum_{k=1}^{K}\sum_{l=1}^{L}\sum_{m=1}^{M}p(x_k,y_l,z_m)\log p(z_m\mid x_k,y_l).\end{aligned}\tag{2.3.5}$$

其中的符号是易于理解的.

2.3.2 熵的性质

在概率空间 $(X, A_x, p(x))$ 中, 设 $A_x=\{x_1,x_2,\cdots,x_K\}$, X 的分布为 $\{p_k\}_{k=1}^{K}$, 则熵

$$H(X)=-\sum_{k=1}^{K}p(x_k)\log p(x_k)=-\sum_{k=1}^{K}p_k\log p_k\tag{2.3.6}$$

为 k 维概率向量 $\boldsymbol{p}=(p_1,p_2,\cdots,p_K)$($p_k\geqslant 0$, $\sum_{k=1}^{K}p_k=1$) 的函数, 可记为 $H_K(\boldsymbol{p})$, $H_K(\boldsymbol{p})$ ($=H(X)$) 具有如下性质.

1. 对称性

定理 2.3.1 设 $\boldsymbol{p}'$ 为将 $\boldsymbol{p}$ 的分量重新排列后得到的向量(如 $\boldsymbol{p}=(p_1,p_2,p_3)$, $\boldsymbol{p}'=(p_2,p_1,p_3)$), 则 $H_K(\boldsymbol{p}')=H_K(\boldsymbol{p})$.

证明 在 $H_K(\boldsymbol{p})$ 的表达式(2.3.6)中, 改变求和次序, 其值不变, 由此立得 $H_K(\boldsymbol{p}')=H_K(\boldsymbol{p})$. □

2. 确定性

定理 2.3.2 若 $\boldsymbol{p}=(p_1,p_2,\cdots,p_K)$ 的分量之一为 1, 其余为 0, 则 $H_K(\boldsymbol{p})=0$.

证明 由于

$$\lim_{x\to 0^+}x\log x=\lim_{x\to 0^+}\frac{\ln x}{\frac{1}{x}\ln 2}=\lim_{x\to 0^+}\frac{\frac{1}{x}}{-\frac{1}{x^2}\ln 2}=-\lim_{x\to 0^+}\frac{x}{\ln 2}=0,$$

故可设 $0\log 0=0$. 设 $p_i=1$, $\boldsymbol{p}$ 的其余分量为 0, 则

$$H_K(\boldsymbol{p})=\cdots-0\log 0-1\log 1-0\log 0-\cdots=-1\log 1=0.$$ □

3. 非负性

定理 2.3.3 $H_K(\boldsymbol{p}) \geqslant 0$.

证明 因为 $0 \leqslant p_k \leqslant 1, \log p_k \leqslant 0, -p_k \log p_k \geqslant 0$, 故得

$$H_K(\boldsymbol{p}) \geqslant 0. \qquad \square$$

4. 可扩展性

定理 2.3.4 当 $p_K > 0$ 时,有

$$\lim_{\varepsilon \to 0^+} H_{K+1}(p_1, p_2, \cdots, p_K - \varepsilon, \varepsilon) = H_K(p_1, p_2, \cdots, p_K). \tag{2.3.7}$$

证明 当 $\varepsilon > 0$ 充分小时, $p_K - \varepsilon > 0$, $p_1 + p_2 + \cdots + (p_K - \varepsilon) + \varepsilon = \sum_{k=1}^{K} p_k = 1$, $(p_1, p_2, \cdots, p_K - \varepsilon, \varepsilon)$ 为概率向量.

$$\begin{aligned} & H_{K+1}(p_1, p_2, \cdots, p_K - \varepsilon, \varepsilon) \\ = & -p_1 \log p_1 - p_2 \log p_2 - \cdots - (p_K - \varepsilon)\log(p_K - \varepsilon) - \varepsilon \log \varepsilon. \end{aligned}$$

由 $\lim_{\varepsilon \to 0^+} \varepsilon \log \varepsilon = 0, \lim_{\varepsilon \to 0^+}(p_K - \varepsilon)\log(p_K - \varepsilon) = p_K \log p_K$, 即得式(2.3.7). $\square$

5. 可加性

定理 2.3.5 设 $(XY, A_x \times A_y, p(x,y))$ 为 $(X, A_x, p(x))$ 与 $(Y, A_y, q(y))$ 的联合概率空间,其中 X 取值于 $A_x = \{x_1, x_2, \cdots, x_K\}$, 分布为 $\{p_k\}_{k=1}^{K}$, Y 取值于 $A_y = \{y_1, y_2, \cdots, y_L\}$, 分布为 $\{q_l\}_{l=1}^{L}$, $H(X,Y), H(X \mid Y), H(Y \mid X)$ 由定义 2.3.2 给出,则

$$H(X,Y) = H(X) + H(Y \mid X) = H(Y) + H(X \mid Y). \tag{2.3.8}$$

特别地,当 X, Y 相互独立时,有

$$H(X,Y) = H(X) + H(Y). \tag{2.3.9}$$

更一般地,有

$$H(X_1, X_2, \cdots, X_N) = \sum_{n=1}^{N} H(X_n \mid X_1, X_2, \cdots, X_{n-1}). \tag{2.3.10}$$

当 $X_1, X_2, \cdots, X_N$ 相互独立时,有

$$H(X_1, X_2, \cdots, X_N) = \sum_{n=1}^{N} H(X_n). \tag{2.3.11}$$

式(2.3.8)和式(2.3.10)表示的性质称为熵的强可加性,式(2.3.9)和式(2.3.11)表示的性质称为熵的可加性.

证明 只证明式(2.3.8)的第一式,其余类似.

由定义知

$$H(X) + H(Y \mid X) = -\sum_{k=1}^{K} p_k \log p_k - \sum_{k=1}^{K} \sum_{l=1}^{L} p(x_k, y_l) \log p(y_l \mid x_k). \tag{2.3.12}$$

注意

$$\sum_{l=1}^{L} p(x_k, y_l) = p_k,$$

$$\log p(y_l \mid x_k) = \log \frac{p(x_k, y_l)}{p_k} = \log p(x_k, y_l) - \log p_k.$$

式(2.3.12)成为

$$H(X) + H(Y \mid X) = -\sum_{k=1}^{K}\sum_{l=1}^{L} p(x_k, y_l)\log p_k - \sum_{k=1}^{K}\sum_{l=1}^{L} p(x_k, y_l)[\log p(x_k, y_l) - \log p_k]$$

$$= -\sum_{k=1}^{K}\sum_{l=1}^{L} p(x_k, y_l)\log p(x_k, y_l) = H(X, Y). \qquad \square$$

熵的强可加性与可加性有多种解释，以下以式(2.3.9)为例，说明熵的可加性的一种意义.

在定理 2.3.5 的假定下，若 X, Y 相互独立，则联合随机变量 XY 及其分布如下表：

XY	(x_1, y_1)	(x_1, y_2)	$\cdots$	(x_1, y_L)	$\cdots$	(x_K, y_L)
$p(x, y)$	$p_1 q_1$	$p_1 q_2$	$\cdots$	$p_1 q_L$	$\cdots$	$p_K q_L$

由 $H(X,Y)$ 及 $H_K(\boldsymbol{p})$ 定义有

$$H(X,Y) = H_{KL}(p_1 q_1, p_1 q_2, \cdots, p_K q_L),$$

由式(2.3.9)有

$$H_{KL}(p_1 q_1, p_1 q_2, \cdots, p_K q_L) = H_K(p_1, p_2, \cdots, p_K) + H_L(q_1, q_2, \cdots, q_L).$$

6. 极值性

定理 2.3.6 对任意 k 维概率向量 $\boldsymbol{p} = (p_1, p_2, \cdots, p_K)$($p_k \geqslant 0, \sum_{k=1}^{K} p_k = 1$) 有

$$H_K(\boldsymbol{p}) \leqslant H_K\left(\frac{1}{K}, \frac{1}{K}, \cdots, \frac{1}{K}\right) = -\sum_{k=1}^{K} \frac{1}{K}\log\frac{1}{K} = \log K,$$

即 $\max_{P}\{H_K(\boldsymbol{p})\} = H_K(\boldsymbol{p}_0)$，其中 $\boldsymbol{p}_0 = \left(\frac{1}{K}, \frac{1}{K}, \cdots, \frac{1}{K}\right)$ 为等概率向量.

证明 先证 $\ln x \leqslant x - 1 (x > 0)$.

设 $f(x) = \ln x - x + 1$，则 $f'(x) = \frac{1}{x} - 1$. 当 $0 < x < 1$ 时，$\frac{1}{x} > 1, f'(x) > 0, f(x)\nearrow$；当 $x \geqslant 1$ 时，$0 < \frac{1}{x} \leqslant 1, f'(x) \leqslant 0, f(x)\searrow$. 故 $x = 1$ 为极大值点，从而 $f(x) \leqslant f(1) = \ln 1 - 1 + 1 = 0 \ (x > 0)$.

下证对任意两个概率向量 $\boldsymbol{p} = (p_1, p_2, \cdots, p_K)$，$\boldsymbol{q} = (q_1, q_2, \cdots, q_K)$，有

$$H_K(\boldsymbol{p}) \leqslant -\sum_{k=1}^{K} p_k \log q_k. \tag{2.3.13}$$

事实上

$$H_K(\boldsymbol{p})+\sum_{k=1}^{K}p_k\log q_k=-\sum_{k=1}^{K}p_k\log p_k+\sum_{k=1}^{K}p_k\log q_k$$

$$=\sum_{k=1}^{K}p_k\log\frac{q_k}{p_k}\leqslant\sum_{k=1}^{K}p_k\left(\frac{q_k}{p_k}-1\right)\log e=\log e\sum_{k=1}^{K}(q_k-p_k)=(1-1)\log e=0.$$

令 $q_k=\frac{1}{K},k=1,2,\cdots,K$，则

$$H_K(\boldsymbol{p})\leqslant-\sum_{k=1}^{K}p_k\log\frac{1}{K}$$

$$=\log K\sum_{k=1}^{K}p_k=\log K=H_K\left(\frac{1}{K},\frac{1}{K},\cdots,\frac{1}{K}\right)=H_K(\boldsymbol{p}_0).$$

即有 $\max\limits_{P}\{H_K(\boldsymbol{p})\}=H_K(\boldsymbol{p}_0)$. □

定理 2.3.6 说明，当 K 确定时，在 X 的所有概率分布中，等概分布使 $H(X)$ 最大.

推论 2.3.1　对定义 2.3.1 及定义 2.3.2 中的熵与条件熵，有

$$0\leqslant H(X,Y)\leqslant H(X)+H(Y),$$

$$0\leqslant H(X\mid Y)\leqslant H(X),$$

$$0\leqslant H(Y\mid X)\leqslant H(Y), \tag{2.3.14}$$

$$0\leqslant H(X_n\mid X_s,X_{s+1},\cdots,X_{n-1})\leqslant H(X_n\mid X_m,X_{m+1},\cdots,X_{n-1}),$$

$$1\leqslant s\leqslant m\leqslant n-1. \tag{2.3.15}$$

证明　只证明式(2.3.14). $H(X,Y),H(X\mid Y),H(Y\mid X)$ 的非负性由定义直接得到.

注意

$$p(x_k,y_l)=p(x_k\mid y_l)q_l,\quad \sum_{l=1}^{L}p(x_k,y_l)=p_k,$$

$$\sum_{k=1}^{K}p(x_k,y_l)=q_l,\quad \log x=\log e\ln x\leqslant(x-1)\log e(x>0).$$

故

$$H(X,Y)-H(X)-H(Y)$$

$$=-\sum_{k=1}^{K}\sum_{l=1}^{L}p(x_k,y_l)\log p(x_k,y_l)+\sum_{k=1}^{K}p_k\log p_k+\sum_{l=1}^{L}q_l\log q_l$$

$$=-\sum_{k=1}^{K}\sum_{l=1}^{L}p(x_k,y_l)\log p(x_k,y_l)+\sum_{k=1}^{K}\sum_{l=1}^{L}p(x_k,y_l)\log p_k+\sum_{l=1}^{L}\sum_{k=1}^{K}p(x_k,y_l)\log q_l$$

$$=\sum_{k=1}^{K}\sum_{l=1}^{L}p(x_k,y_l)\log\frac{p_kq_l}{p(x_k,y_l)}\leqslant\log e\sum_{k=1}^{K}\sum_{l=1}^{L}p(x_k,y_l)\left[\frac{p_kq_l}{p(x_k,y_l)}-1\right]$$

$$=\log e\sum_{k=1}^{K}\sum_{l=1}^{L}[p_kq_l-p(x_k,y_l)]=\log e[1-1]=0.$$

故得式(2.3.14)的第一个不等式. 由式(2.3.8)得

$$H(X,Y)=H(Y)+H(X\mid Y)\leqslant H(X)+H(Y),$$

即得式(2.3.14)的第二个不等式.同理得式(2.3.14)的第三个不等式. □

由式(2.3.10)及式(2.3.15)得

$$H(X_1,X_2,\cdots,X_N)=\sum_{n=1}^{N}H(X_n\mid X_1,X_2,\cdots,X_{n-1})\leqslant\sum_{n=1}^{N}H(X_n).$$

7. 凹性

定理 2.3.7 设 $E=\{(p_1,p_2,\cdots,p_K):p_k\geqslant 0,\sum_{k=1}^{K}p_k=1\}$，$\boldsymbol{p}_1=(p_{11},p_{12},\cdots,p_{1K})$，$\boldsymbol{p}_2=(p_{21},p_{22},\cdots,p_{2K})\in E$，$\boldsymbol{p}_0=(p_{01},p_{02},\cdots,p_{0K})=\theta\boldsymbol{p}_1+(1-\theta)\boldsymbol{p}_2$，其中 $0\leqslant\theta\leqslant 1$.则

$$H_K(\boldsymbol{p}_0)\geqslant\theta H_K(\boldsymbol{p}_1)+(1-\theta)H_K(\boldsymbol{p}_2),\tag{2.3.16}$$

即 $H_K(\boldsymbol{p})$ 为 E 上的凹函数.

证明 由 $\ln\frac{1}{x}\leqslant\frac{1}{x}-1$，$-\ln x\leqslant\frac{1}{x}-1$，$\ln x\geqslant 1-\frac{1}{x}$ 知，$\log x\geqslant\left(1-\frac{1}{x}\right)\log e$ $(x>0)$.而 $\sum_{k=1}^{K}p_{1k}=1$，$\sum_{k=1}^{K}p_{2k}=1$，

$$\sum_{k=1}^{K}p_{0k}=\sum_{k=1}^{K}(\theta p_{1k}+(1-\theta)p_{2k})=\theta\sum_{k=1}^{K}p_{1k}+(1-\theta)\sum_{k=1}^{K}p_{2k}=\theta+(1-\theta)=1.$$

故有

$$\begin{aligned}
&H_K(\boldsymbol{p}_0)-\theta H_K(\boldsymbol{p}_1)-(1-\theta)H_K(\boldsymbol{p}_2)\\
&=-\sum_{k=1}^{K}(\theta p_{1k}+(1-\theta)p_{2k})\log(\theta p_{1k}+(1-\theta)p_{2k})+\theta\sum_{k=1}^{K}p_{1k}\log p_{1k}+(1-\theta)\sum_{k=1}^{K}p_{2k}\log p_{2k}\\
&=\theta\sum_{k=1}^{K}p_{1k}\log\frac{p_{1k}}{\theta p_{1k}+(1-\theta)p_{2k}}+(1-\theta)\sum_{k=1}^{K}p_{2k}\log\frac{p_{2k}}{\theta p_{1k}+(1-\theta)p_{2k}}\\
&\geqslant\log e\left\{\theta\sum_{k=1}^{K}p_{1k}\left[1-\frac{\theta p_{1k}+(1-\theta)p_{2k}}{p_{1k}}\right]+(1-\theta)\sum_{k=1}^{K}p_{2k}\left[1-\frac{\theta p_{1k}+(1-\theta)p_{2k}}{p_{2k}}\right]\right\}\\
&=\log e\left\{\theta\sum_{k=1}^{K}(p_{1k}-p_{0k})+(1-\theta)\sum_{k=1}^{K}(p_{2k}-p_{0k})\right\}=0.
\end{aligned}$$

□

2.3.3 离散平稳信源的极限熵

1. 平均每个随机变量的熵

对于由定义 2.1.1 给出的离散平稳信源，对每个 n 有 $H(X_n)\equiv-\sum_{k=1}^{K}p(x_k)\log p(x_k)$，故常取与每个 X_n 同分布的随机变量 X，将 X_n 的公共熵记为 $H(X)$.

为叙述方便起见，姑且称以上性质为离散平稳信源的概率关于随机向量的平移不变性，简称平移不变性.

现设 $\boldsymbol{X}=(X_1,X_2,\cdots,X_n,\cdots)$ 为定义 2.1.1 中的离散平稳信源，令 $\boldsymbol{X}_N=(X_1,$

$X_2,\cdots,X_N)$，则 $\boldsymbol{X}_N$ 的熵为

$$H(\boldsymbol{X}_N)=H(X_1,X_2,\cdots,X_N)=-\sum_{i_1,i_2,\cdots,i_N}p(x_{i_1},x_{i_2},\cdots,x_{i_N})\log p(x_{i_1},x_{i_2},\cdots,x_{i_N}).\tag{2.3.17}$$

其中 $i_j=1,2,\cdots,K,j=1,2,\cdots,N$．由平移不变性，在式(2.3.17)中将 $\boldsymbol{X}_N$ 换为 $\boldsymbol{X}_{L,N}$，其中 $L\geqslant 0$ 为任意整数，式(2.3.17)的值不变. 特别地，

$$H(\boldsymbol{X}_1)=H(X_1)=H(X_n),\quad n=1,2,\cdots.$$

令

$$H_N(\boldsymbol{X})=\frac{1}{N}H(\boldsymbol{X}_N),\tag{2.3.18}$$

表示在 $\boldsymbol{X}$ 中连续依次取 N 个随机变量，平均每个随机变量的熵.

2. 离散平稳信源的极限熵

定理 2.3.8　$H_N(\boldsymbol{X})$ 关于 N 单调递减且

$$\lim_{N\to\infty}H_N(\boldsymbol{X})=\lim_{N\to\infty}H(X_N\mid X_1,X_2,\cdots,X_{N-1}),\tag{2.3.19}$$

$H(X_N\mid X_1,X_2,\cdots,X_{N-1})$ 为条件熵.

证明　(1)证明 $H(X_N\mid X_1,X_2,\cdots,X_{N-1})$ 随 N 增大单调递减，有下界，从而 $\lim\limits_{N\to\infty}H(X_N\mid X_1,X_2,\cdots,X_{N-1})$ 存在.

由式(2.3.15)知

$$0\leqslant H(X_N\mid X_1,X_2,\cdots,X_{N-1})\leqslant H(X_N\mid X_2,X_3,\cdots,X_{N-1}).$$

由条件熵定义及离散平稳信源的概率关于随机向量的平移不变性知

$$\begin{aligned}&H(X_N\mid X_2,X_3,\cdots,X_{N-1})\\&=H(X_{N-1}\mid X_1,X_2,\cdots,X_{N-2})\leqslant H(X_{N-1}\mid X_2,X_3,\cdots,X_{N-2})\\&\leqslant\cdots\leqslant H(X_2\mid X_1)\leqslant H(X_2)=H(X_1).\end{aligned}\tag{2.3.20}$$

(2)证明 $H_N(\boldsymbol{X})\geqslant H(X_N\mid X_1,X_2,\cdots,X_{N-1})$.

$$H_N(\boldsymbol{X})=\frac{1}{N}H(\boldsymbol{X}_N)=\frac{1}{N}H(X_1,X_2,\cdots,X_N),$$

$$(\text{式}(2.3.10))=\frac{1}{N}[H(X_1)+H(X_2\mid X_1)+\cdots+H(X_N\mid X_1,X_2,\cdots,X_{N-1})],$$

$$\begin{aligned}(\text{式}(2.3.20))&\geqslant\frac{1}{N}[NH(X_N\mid X_1,X_2,\cdots,X_{N-1})]\\&=H(X_N\mid X_1,X_2,\cdots,X_{N-1}).\end{aligned}$$

(3)证明 $H_N(\boldsymbol{X})$ 关于 N 递减，有界，从而 $\lim\limits_{N\to\infty}H_N(\boldsymbol{X})$ 存在.

$$H_N(\boldsymbol{X})=\frac{1}{N}H(X_1,X_2,\cdots,X_N),$$

$$\begin{aligned}(\text{式}(2.3.10))=\frac{1}{N}[&H(X_1)+H(X_2\mid X_1)\\&+\cdots+H(X_{N-1}\mid X_1,X_2,\cdots,X_{N-2})+H(X_N\mid X_1,X_2,\cdots,X_{N-1})]\end{aligned}$$

$$= \frac{1}{N}[H(X_1, X_2, \cdots, X_{N-1}) + H(X_N \mid X_1, X_2, \cdots, X_{N-1})]$$

$$= \frac{1}{N}[(N-1)H_{N-1}(\boldsymbol{X}) + H(X_N \mid X_1, X_2, \cdots, X_{N-1})]$$

$$\leqslant \frac{N-1}{N}H_{N-1}(\boldsymbol{X}) + \frac{1}{N}H_N(\boldsymbol{X}).$$

故 $H_N(\boldsymbol{X}) \leqslant H_{N-1}(\boldsymbol{X})$，$H_N(\boldsymbol{X})$ 关于 N 递减. $H_N(\boldsymbol{X})$ 的非负性显然.

(4)证明式(2.3.19).

$$(L+M)H_{L+M}(\boldsymbol{X}) = H(X_1, X_2, \cdots, X_{L+M}),$$

$$\begin{aligned}
(\text{式}(2.3.10)) &= H(X_1) + H(X_2 \mid X_1) + \cdots + H(X_{L-1} \mid X_1, X_2, \cdots, X_{L-2}) \\
&\quad + H(X_L \mid X_1, X_2, \cdots, X_{L-1}) + \cdots + H(X_{L+M} \mid X_1, X_2, \cdots, X_{L+M-1}) \\
&= H(X_1, X_2, \cdots, X_{L-1}) + H(X_L \mid X_1, X_2, \cdots, X_{L-1}) \\
&\quad + \cdots + H(X_{L+M} \mid X_1, X_2, \cdots, X_{L+M-1}), \\
(\text{式}(2.3.20)) &\leqslant (L-1)H_{L-1}(\boldsymbol{X}) + (M+1)H(X_L \mid X_1, X_2, \cdots, X_{L-1}).
\end{aligned}$$

故有

$$H_{L+M}(\boldsymbol{X}) \leqslant \frac{L-1}{L+M}H_{L-1}(\boldsymbol{X}) + \frac{M+1}{L+M}H(X_L \mid X_1, X_2, \cdots, X_{L-1}).$$

固定 L，令 $M \to \infty$ 即得

$$\lim_{N\to\infty} H_N(\boldsymbol{X}) \leqslant H(X_L \mid X_1, X_2, \cdots, X_{L-1}) \leqslant H_L(\boldsymbol{X}).$$

再令 $L \to \infty$ 即得

$$\lim_{N\to\infty} H_N(\boldsymbol{X}) \leqslant \lim_{L\to\infty} H(X_L \mid X_1, X_2, \cdots, X_{L-1}) \leqslant \lim_{L\to\infty} H_L(\boldsymbol{X}).$$

式(2.3.19)成立. □

定义 2.3.3 设 $\boldsymbol{X} = (X_1, X_2, \cdots, X_n, \cdots)$ 为定义 2.1.1 中的离散平稳信源，$H_N(\boldsymbol{X})$ 由式(2.3.18)给出，记

$$H_\infty(\boldsymbol{X}) = \lim_{N\to\infty} H_N(\boldsymbol{X}),$$

称为 $\boldsymbol{X}$ 的熵率或极限熵.

3. 冗余度和相对冗余度

对于离散平稳信源 $\boldsymbol{X}$，由于 $H_\infty(\boldsymbol{X})$ 为 $H_N(\boldsymbol{X}) = \frac{1}{N}H(\boldsymbol{X}_N)$ 当 $N \to \infty$ 时的极限，而后者表示在 $\boldsymbol{X}$ 中连续依次取 N 个随机变量，平均每个随机变量的熵. 所以可将 $H_\infty(\boldsymbol{X})$ 理解为离散平稳信源 $\boldsymbol{X}$ 平均每个随机变量的熵，即平均每个随机变量携带的信息量. 由定理 2.3.6 知，对一个取值于符号集 $A_x = \{x_1, x_2, \cdots, x_K\}$ 的随机变量 X，当 X 等概分布时其熵 $\log K$ 最大，此时，X 携带的信息量最大. 那么，$\log K$ 与 $H_\infty(\boldsymbol{X})$ 的差可以反映从平均意义上来说信源 $\boldsymbol{X}$ 还有多少达到最大信息量的空间.

定义 2.3.4 称

$$\log K - H_\infty(\boldsymbol{X})$$

为信源 $\boldsymbol{X}$ 的冗余度;称

$$1-\frac{H_\infty(\boldsymbol{X})}{\log K}$$

为 $\boldsymbol{X}$ 的相对冗余度.

2.3.4 m 阶马尔可夫信源的极限熵

设对任意 $i\in\mathbf{Z}$, X_i 取值于 A_x 且与随机变量 X 同分布,分布由式(2.1.1)

$$\begin{matrix} X & x_1 & x_2 & \cdots & x_K \\ p(x) & p_1 & p_2 & \cdots & p_K \end{matrix}$$

给出,若 $\boldsymbol{X}=(\cdots,X_{-2},X_{-1},X_0,X_1,X_2,\cdots)$ 为一 m 阶马尔可夫信源,即 m -M 信源,则其极限熵有明确的表达式.

这里要注意一个问题:虽然上述 m 阶马尔可夫信源中随机变量的编号从负无穷变到正无穷,但其极限熵概念仍然由定义 2.3.3 给出,这就是说,令 $H_N(\boldsymbol{X})=\frac{1}{N}H(\boldsymbol{X}_N)=\frac{1}{N}H(X_1,X_2,\cdots,X_N)$,其中 $\boldsymbol{X}=(\cdots,X_{-2},X_{-1},X_0,X_1,X_2,\cdots)$,而 $\boldsymbol{X}_N=(X_1,X_2,\cdots,X_N)$,则此 m -M 信源的极限熵如果存在,仍为 $H_\infty(\boldsymbol{X})=\lim\limits_{N\to\infty}H_N(\boldsymbol{X})$,因此,极限熵为上述 m -M 信源中去掉随机变量 $\cdots,X_{-2},X_{-1},X_0$ 后得到的离散信源 $\boldsymbol{X}'=(X_1,X_2,\cdots)$ 的极限熵. 由于在 m -M 信源中,随机变量同分布但并不相互独立,所以 $\boldsymbol{X}'$ 是一个离散平稳信源,但不是无记忆信源. 由定理 2.3.8 知,$\boldsymbol{X}'$ 的极限熵存在,故 $\boldsymbol{X}$ 的极限熵存在而 $H_\infty(\boldsymbol{X})=\lim\limits_{N\to\infty}H_N(\boldsymbol{X})=H_\infty(\boldsymbol{X}')=\lim\limits_{N\to\infty}H_N(\boldsymbol{X}')$. 我们的目的是根据 m -M 信源的性质,给出该极限熵的明确的表达式.

定理 2.3.9 设 $\boldsymbol{X}=(\cdots,X_{-2},X_{-1},X_0,X_1,X_2,\cdots)$ 为 m -M 信源,则

$$H_\infty(\boldsymbol{X})=H(X_{m+1}\mid X_1,X_2,\cdots,X_m). \tag{2.3.21}$$

证明 由定理 2.3.8 知 $H_\infty(\boldsymbol{X})=\lim\limits_{N\to\infty}H_N(\boldsymbol{X})=\lim\limits_{N\to\infty}H(X_N\mid X_1,X_2,\cdots,X_{N-1})=\lim\limits_{N\to\infty}H(X_{N+1}\mid X_1,X_2,\cdots,X_N)$.

而当 $N\geqslant m$ 时,

$$\begin{aligned}
&H(X_{N+1}\mid X_1,X_2,\cdots,X_N)\\
&=-\sum_{i_1=1}^{K}\sum_{i_2=1}^{K}\cdots\sum_{i_{N+1}=1}^{K}p(x_{i_1},x_{i_2},\cdots,x_{i_{N+1}})\log p(x_{i_{N+1}}\mid x_{i_1},x_{i_2},\cdots,x_{i_N})\\
&=-\sum_{i_1=1}^{K}\sum_{i_2=1}^{K}\cdots\sum_{i_{N+1}=1}^{K}p(x_{i_1},x_{i_2},\cdots,x_{i_{N+1}})\log p(x_{i_{N+1}}\mid x_{i_{N-m+1}},x_{i_{N-m+2}},\cdots,x_{i_N})\\
&=-\sum_{i_{N-m+1}=1}^{K}\sum_{i_{N-m+2}=1}^{K}\cdots\sum_{i_{N+1}=1}^{K}\sum_{i_1=1}^{K}\sum_{i_2=1}^{K}\cdots\sum_{i_{N-m}=1}^{K}p(x_{i_1},x_{i_2},\cdots,x_{i_{N-m}},x_{i_{N-m+1}},\cdots,x_{i_N},x_{i_{N+1}})\\
&\quad\log p(x_{i_{N+1}}\mid x_{i_{N-m+1}},x_{i_{N-m+2}},\cdots,x_{i_N})\\
&=-\sum_{i_{N-m+1}=1}^{K}\sum_{i_{N-m+2}=1}^{K}\cdots\sum_{i_{N+1}=1}^{K}p(x_{i_{N-m+1}},\cdots,x_{i_N},x_{i_{N+1}})p(x_{i_{N+1}}\mid x_{i_{N-m+1}},x_{i_{N-m+2}},\cdots,x_{i_N})
\end{aligned}$$

$= H(X_{m+1} \mid X_1, X_2, \cdots, X_m)$

与 N 无关,即得式(2.3.21). □

注意 1:在上述 $H(X_{N+1} \mid X_1, X_2, \cdots, X_N)$ 的表达式中,第一个等式由其定义得到;第二个等式用到 $p(x_{i_{N+1}} \mid x_{i_1}, x_{i_2}, \cdots, x_{i_N}) = p(x_{i_{N+1}} \mid x_{i_{N-m+1}}, x_{i_{N-m+2}}, \cdots, x_{i_N})$,后者由 m-M 性得到;第三个等式成立是因为对有限和,交换求和顺序值不变;第四个等式由一个常用的概率性质得到,此性质为:对长度固定(有限)的信息的联合概率,让几个指标取遍指标集而作和,结果为不求和的指标对应的符号组成的信息的概率. 例如,

$$\sum_{i=1}^{K} p(x_i, x_j, x_k) = p(x_j, x_k), \quad \sum_{i=1}^{K}\sum_{j=1}^{K} p(x_i, x_j, x_k) = p(x_k).$$

故有

$$\sum_{i_1=1}^{K}\sum_{i_2=1}^{K}\cdots\sum_{i_{N-m}=1}^{K} p(x_{i_1}, x_{i_2}, \cdots, x_{i_{N-m}}, x_{i_{N-m+1}}, \cdots, x_{i_N}, x_{i_{N+1}}) = p(x_{i_{N-m+1}}, \cdots, x_{i_N}, x_{i_{N+1}}).$$

第五个等式由 $H(X_{m+1} \mid X_1, X_2, \cdots, X_m)$ 的定义直接得到,注意正如 $\sum_{i=1}^{K}\sum_{j=1}^{K} a_{ij} = \sum_{k=1}^{K}\sum_{l=1}^{K} a_{kl} = \sum_{i_{11}=1}^{K}\sum_{i_{26}=1}^{K} a_{i_{11}i_{26}}$ 一样,求和指标用什么符号表示,不会对和值造成影响.

注意 2:由本定理知,对于 m 阶马尔可夫信源来说,本来应该利用极限求的极限熵,不再需要利用极限来求.

2.3.5 离散平稳无记忆信源的极限熵

以下讨论离散平稳无记忆信源的极限熵.

定理 2.3.10 设 $\boldsymbol{X} = (X_1, X_2, \cdots, X_n, \cdots)$ 为离散平稳无记忆信源,则

$$H_\infty(\boldsymbol{X}) = \lim_{N\to\infty} H_N(\boldsymbol{X}) = H(X). \tag{2.3.22}$$

证明 当 $\boldsymbol{X}$ 为离散平稳无记忆信源时,由式(2.3.11),对 X 的 N 次扩展信源 X^N,有

$$\begin{aligned} H(X^N) &= H(X_1, X_2, \cdots, X_N) \\ &= \sum_{k=1}^{N} H(X_k) = NH(X_n) = NH(X_1) = NH(X), \end{aligned}$$

$N = 1, 2, \cdots$,故

$$H_N(\boldsymbol{X}) = \frac{1}{N} H(X_1, X_2, \cdots, X_N) = H(X),$$

$$H_\infty(\boldsymbol{X}) = \lim_{N\to\infty} H_N(\boldsymbol{X}) = H(X),$$

其中 X 为与每个 X_n 同分布的随机变量. □

因此有时将 $H(X)$ 称为离散平稳无记忆信源 $\boldsymbol{X}$ 的熵.

例 2.3.2 设一离散平稳无记忆信源发出符号 a, b, c, d 的概率分别为 0.1,0.2,0.3,0.4,现该信源发出符号序列 $\alpha_{20} = abdacbdaccbadbcaddbc$.

(1)计算 α_{20} 的自信息;

(2)求 $H_{\infty}(\boldsymbol{X})$.

解　设该信源为 $\boldsymbol{X}=(X_1,X_2,\cdots,X_n,\cdots)$，每个 X_n 彼此独立同分布，且 $P(X_n=a)=P(X_1=a)=p(a)=0.1,n=1,2,\cdots$ ，对 b,c,d 也有相应的等式.

(1)设 $\boldsymbol{X}_{20}=(X_1,X_2,\cdots,X_{20})$ ，则

$$P(\boldsymbol{X}_{20}=\alpha_{20})=P(X_1=a,X_2=b,\cdots,X_{20}=c)=p(\alpha_{20})$$
$$=p(a)p(b)\cdots p(c)\,,\quad I(\alpha_{20})=-\log p(\alpha_{20})\,.$$

具体计算与(2)的求解留作习题.

习　题　2

1. 设 $A_x=\{x_1,x_2,\cdots,x_K\}$ ，令 A_x 的子集全体构成的 σ 代数为 χ ，即 $\chi=\{\varnothing,\{x_1\},\{x_2\},\cdots,\{x_K\},\{x_1,x_2\},\cdots,\{x_1,x_2,x_3\},\cdots,A_x\}$. 又令

$$\mathfrak{F}=\{X^{-1}(B):B\in\chi\},$$

其中 $X^{-1}(B)=\{\omega:\omega\in\Omega,X(\omega)\in B\}$ ，证明 $\mathfrak{F}$ 为 σ 代数.

2. 任取常数 $c>1$ ，证明

$$(0,+\infty)=\bigcup_{m=-\infty}^{+\infty}[c^m,c^{m+1})\,.$$

3. 证明对离散平稳无记忆信源，由 X_n 独立同分布可以推出式(2.1.2)对任意 $N>0$ 成立.

4. 设 $(XYZ,A_x\times A_y\times A_z,p(x,y,z))$ 为 $(X,A_x,p(x))$，$(Y,A_y,q(y))$ 与 $(Z,A_z,r(z))$ 的联合概率空间，其中 X 取值于 $A_x=\{x_1,x_2,\cdots,x_K\}$ ，分布为 $\{p_k\}_{k=1}^{K}$ ，Y 取值于 $A_y=\{y_1,y_2,\cdots,y_L\}$ ，分布为 $\{q_l\}_{l=1}^{L}$ ，Z 取值于 $A_z=\{z_1,z_2,\cdots,z_M\}$ ，分布为 $\{r_m\}_{m=1}^{M}$. 分别写出 $I(x_k,y_l,z_m)$，$I(z_m\mid x_k,y_l)$，$I(x_k,y_l\mid z_m)$ 的定义.

5. 设一系统发出符号 a,b,c 的概率分别为 0.2，0.3，0.5，计算每个符号的自信息.

6. 在第 5 题的假定下，计算该系统发出的信息的熵.

7. 在第 3 题的假定下，分别写出 $H(X,Y\mid z_m)$，$H(Z\mid x_k,y_l)$ ，$H(Z\mid X,Y)$，$H(X,Y\mid Z)$ ，$H(X,Y,Z)$ 的定义.

8. 设 $\boldsymbol{X}=(X_1,X_2,\cdots,X_n,\cdots)$ 为平稳信源，证明

$$H(X_N\mid X_2,X_3,\cdots,X_{N-1})=H(X_{N-1}\mid X_1,X_2,\cdots,X_{N-2}).$$

9. 对 $N=3$ ，证明

$$H(X_1,X_2,\cdots,X_N)=\sum_{n=1}^{N}H(X_n\mid X_1,X_2,\cdots,X_{n-1}).$$

10. 对 $n=4,s=2,m=3$ ，证明

$$0\leqslant H(X_n\mid X_s,X_{s+1},\cdots,X_{n-1})\leqslant H(X_n\mid X_m,X_{m+1},\cdots,X_{n-1}).$$

11. 证明当随机变量 X,Y 相互独立时，有

$$H(X,Y)=H(X)+H(Y).$$

12. 完成例 2.3.1 的求解并计算 $\boldsymbol{X}$ 的冗余度与相对冗余度.

第3章 信源编码

对一个离散信源 $\boldsymbol{X}$，由其发出的信息可能十分复杂，不便于用计算机等工具进行存储、传输等处理，如声音信息、图像信息. 因此，需要将这些信息转换成易于处理的信息，特别是数字信息. 所谓数字化，指的就是这种转换. 编码就是这样的转换.

本章分 4 节. 3.1 节介绍编码定义及相关概念. 3.2 节介绍等长编码，首先介绍扩展编码、与信源概率特性无关的简单等长无错编码和分组等长编码. 接着针对离散平稳无记忆信源，介绍等长编码. 对后一种编码，为了提高编码效率，应将无用的信息排除而不予编码，为此，需要给出排除标准，因而引入 ε 典型序列的概念，非 ε 典型序列便是拟排除信息. 3.3 节主要针对离散平稳信源，介绍不等长编码. 不等长编码也可与扩展编码联合进行，但这种联合可能将非奇异码变为奇异码，消除这种隐患的最好方法是被扩展的码为即时码，即时码的存在定理是信息论中最重要的结果之一，该节对此加以介绍. 3.4 节介绍最佳码与近似最佳码. 本节中的香农第一编码定理，虽然没有提供构造最佳码的方法，但提供构造近似最佳码的方法. 最后，介绍构造最佳即时码的方法——霍夫曼编码.

3.1 编码定义及相关概念

编码理论是信息论的主要内容，经过无数学者半个多世纪的努力，编码理论取得了丰硕的成果. 本节介绍编码的概念.

1. 输出信息长度为 1 的信源的编码

编码最初的定义是将随机变量输出符号表示为适合处理的符号集中元素的序列.

定义 3.1.1 设 $A_x=\{x_1,x_2,\cdots,x_K\}$ 为一随机变量 X 的输出符号集，$A_c=\{c_1,c_2,\cdots,c_D\}$ 为适合处理的符号集，A_c 中元称为码元. 令

$$\mathfrak{C}=\{(c_{j_1},c_{j_2},\cdots,c_{j_n}):(c_{j_1},c_{j_2},\cdots,c_{j_n})\in A_c^n,\ n=1,2,\cdots\}.$$

$\mathfrak{C}$ 中元称为码字. 若存在 A_x 到 $\mathfrak{C}$ 的映射 T，即对任意 A_x 中元 x，都有 $\mathfrak{C}$ 中唯一确定的元 $T(x)$ 与其对应，则称 T 为随机变量 X 的一个编码. $T(X)=\{(c_{j_1},c_{j_2},\cdots,c_{j_n}):(c_{j_1},c_{j_2},\cdots,c_{j_n})=T(x_j),x_j\in A_x\}\subset\mathfrak{C}$ 称为码. 对码字 $(c_{j_1},c_{j_2},\cdots,c_{j_n})$，$n$ 称为码字长或码长. 为简单起见，常将码字 $(c_{j_1},c_{j_2},\cdots,c_{j_n})$ 记为 $c_{j_1}c_{j_2}\cdots c_{j_n}$，下同.

由于随机变量 X 可以看成输出一个符号的信息的信源，故上述 T 也称为输出信息长度为 1 的信源 X 的一个编码.

定义 3.1.1 中的编码 T 似乎仅与符号集 A_x 相关，与随机变量 X 的分布无关，但

在以后的不等长编码理论中将会看到，人们总是将出现概率大的符号（A_x 中元）编为长度小的码字，而将出现概率小的符号编为长度大的码字，这样才能达到节约存储空间和时间的目的. 因此，编码与 X 的分布密切相关，称 T 为 X 的编码是很有必要的. 然而，定义 3.1.1 中的编码事实上确对 A_x 中元进行，因此在不致引起混乱时又称 T 为 A_x 的编码. $T(X)$ 也可记为 $T(A_x)$.

2. 输出信息长度为 N 的信源编码

对于输出信息长度为 N 的信源，有如下定义.

定义 3.1.2 设 $\boldsymbol{X}_N=(X_1,X_2,\cdots,X_N)$，$X_n$ 取值于同一符号集 $A_x=\{x_1,x_2,\cdots,x_K\}$，$A_x^N=\{(x_{i_1},x_{i_2},\cdots,x_{i_N}):x_{i_j}\in A_x,\ j=1,2,\cdots,N\}$，即 A_x^N 为信源 $\boldsymbol{X}_N$ 输出信息的全体所组成的集合，A_c 及 $\mathfrak{C}$ 同定义 3.1.1 中符号. 若存在 A_x^N 到 $\mathfrak{C}$ 的映射 T，则称 T 为 $\boldsymbol{X}_N$ 的一个编码，$T(\boldsymbol{X}_N)=\{c_{j_1}c_{j_2}\cdots c_{j_n}:c_{j_1}c_{j_2}\cdots c_{j_n}=T(\alpha),\alpha\in A_x^N\}\subset\mathfrak{C}$ 称为码. 对码字 $c_{j_1}c_{j_2}\cdots c_{j_n}$，$n$ 称为码字长或码长. $T(\boldsymbol{X}_N)$ 又记为 $T(A_x^N)$.

若将 $\boldsymbol{X}_1$ 看成 X，则定义 3.1.1 为定义 3.1.2 当 $N=1$ 时的特殊情形. 与 $N=1$ 的情况一样，对任意正整数 N，对 $\boldsymbol{X}_N$ 的编码 T 与 $\boldsymbol{X}_N$ 的分布相关.

由于在编码理论中，为了提高编码效率，常常对出现概率极小的信息不予编码. 所以有如下定义.

定义 3.1.2′ 设 $\mathfrak{B}'_N$ 为 A_x^N 的子集，T 为 $\mathfrak{B}'_N$ 到 $\mathfrak{C}$ 的映射，则称 T 为 $\boldsymbol{X}_N$ 的一个编码. 其中有关符号见定义 3.1.2.

当 $N=1$ 时，$\mathfrak{B}'_1$ 为 A_x 的一个子集. 此时定义 3.1.2′表明，若 A_x 中的符号 x_k 出现概率极小时，可以不对其进行编码.

对以上定义，需要注意以下两点.

注意 1：映射为函数的推广. 二者最基本的区别是，函数的自变量与因变量（函数值）都是数，映射的自变量与因变量可以是任意集合中的元素，如定义 3.1.1 中，自变量取值于 A_x，值不一定是数，因变量取值于 $\mathfrak{C}$，值为 A_c 中元组成的序列；二者最本质的共同点是：对自变量取值集合中任一元素，都有因变量取值集合中“唯一确定的”元素与其对应，这一特点反映在如上定义中，表示输出信息的码字是唯一确定的.

注意 2：在映射或函数关系 $y=T(x)$ 中，y 称为 x 的象，x 称为 y 的原象，一个 x 只能有一个象 y，一个 y 却可以有许多原象. 针对如上定义，这一现象意味着不同的输出信息可能有相同的码字.

3. 非奇异编码与奇异编码

可以看出，T 为单射的情形是值得重视的. 所谓单射，即任一象只有一个原象的映射.

定义 3.1.3 在定义 3.1.1 和定义 3.1.2′的假定下，若 T 为单射，则称 T 为非奇异编码，$T(A_x)$（$T(A_x^N)$，$T(\mathfrak{B}'_N)$）为非奇异码. 否则，称 T 为奇异编码，$T(A_x)$（$T(A_x^N)$，$T(\mathfrak{B}'_N)$）为奇异码. $T(A_x)$，$T(A_x^N)$ 为非奇异码时，特称 T 为

无错编码.

对于非奇异编码,不同的输出信息有不同的码字,不会出现不同信息有同一码字的现象.

4. 等长编码与不等长编码

编码分为等长编码与不等长编码.

定义 3.1.4 在定义 3.1.1 和定义 3.1.2′的假定下,若 $T(A_x)(T(A_x^N), T(\mathfrak{B}'_N))$ 中元都有相同的长度,即任意长度相同的信息的码字长都相同,则称 T 为等长编码, $T(A_x)(T(A_x^N), T(\mathfrak{B}'_N))$ 为等长码. 否则,称 T 为不等长编码, $T(A_x)(T(A_x^N), T(\mathfrak{B}'_N))$ 为不等长码.

在与计算机有关的编码中, A_c 中元的个数 D (即码元数)为 2,4,8,16 的情形具有特殊重要的地位,相应的码分别称为二元码或二进制码,四进制码等. 对这些码,常将码字表为相应进制的数字. 例如,二元码的码元取为 0,1,码字(1,0),(1,1)等表为 10,11 等.

5. 关于信源 $\boldsymbol{X}=(X_1,X_2,\cdots,X_n,\cdots)$ 的编码

定义 3.1.5 设 $\boldsymbol{X}=(X_1,X_2,\cdots,X_n,\cdots)$ 为一离散信源,随机变量 X_n 取值于同一符号集 $A_x=\{x_1,x_2,\cdots,x_K\}$, A_c, $\mathfrak{C}$ 及同定义 3.1.1 中符号. 令

$$\mathfrak{B}=\{(x_{i_1},x_{i_2},\cdots,x_{i_m}):(x_{i_1},x_{i_2},\cdots,x_{i_m})\in A_x^m, m=1,2,\cdots\},$$

则 $\mathfrak{B}$ 为信源 $\boldsymbol{X}$ 输出信息的全体所组成的集合. 设 T 为 $\mathfrak{B}$ 的子集 $\mathfrak{B}'$ 到 $\mathfrak{C}$ 的映射,则称 T 为信源 $\boldsymbol{X}$ 的一个编码,称 $T(\mathfrak{B}')=\{c_{j_1}c_{j_2}\cdots c_{j_n}: c_{j_1}c_{j_2}\cdots c_{j_n}=T(\alpha),\alpha\in\mathfrak{B}'\}\subset\mathfrak{C}$ 为码.

可以容易地写出与定义 3.1.5 相应的非奇异编码,奇异编码概念.

定义 3.1.6 在定义 3.1.5 的假定下,若 T 为单射,则称 T 为 $\boldsymbol{X}$ 的非奇异编码, $T(\mathfrak{B}')$ 为非奇异码. 否则,称 T 为奇异编码, $T(\mathfrak{B}')$ 为奇异码. 特别地,当 $\mathfrak{B}'=\mathfrak{B}$ 时,若 $T(\mathfrak{B})$ 为非奇异码,则称 $T(\mathfrak{B})$ 为 $\boldsymbol{X}$ 的无错码或唯一可译码.

若 $T(\mathfrak{B})$ 为定义 3.1.6 中的非奇异码,则信源输出的任何一个长度有限的信息都有唯一的码字,且不同信息对应的码字也不同. 如此, $T(\mathfrak{B})$ 中的任一码字可以唯一地译为一条信源输出信息,这就是称其为无错码或唯一可译码的原因.

注意:唯一可译码的概念仅对信源 $\boldsymbol{X}=(X_1,X_2,\cdots,X_n,\cdots)$ 而言,长为 N 的信源 $\boldsymbol{X}_N=(X_1,X_2,\cdots,X_N)$ 的非奇异码不称唯一可译码.

关于等长编码与不等长编码,有如下定义.

定义 3.1.7 在定义 3.1.5 的假定下,若对 $\mathfrak{B}'$ 中长为 m 的元,相应的码字长皆为 $n=n(m)$ (n 为 m 的函数),则称编码 T 为等长编码,否则称为不等长编码.

按照定义 3.1.7,等长编码意味着相同长度的信息对应相同长度的码字,而不同长度的信息对应的码字长可以相同也可不同. 例如,当编码为等长编码时,假定长度为 3 的信息 (x_3,x_1,x_8) 对应的码字长为 8,则信息 (x_2,x_4,x_9) 对应的码字长也必须

为 8,而信息 (x_3,x_3) 对应的码字长不必为 8.

不等长编码的目的,是对任意正整数 N ,将 $\mathfrak{B}$ 中长为 N 的信息对应于 $\mathfrak{C}$ 中长度不同的码字.

3.2　扩展编码与简单等长无错编码

我们首先介绍最简单的编码方法,这种方法的编码思路是:以排列的方式机械地对每个信源输出符号或长度一定的信息给出码字,再用直接拼接的方式给出任意有限长信息的码字.直接拼接码字的编码称为扩展编码,本节首先加以介绍.接着介绍简单等长无错编码,即以排列的方式给出码字的编码,最后介绍将两种方式结合起来得到的分组等长编码.

3.2.1　扩展编码

无论是等长编码还是不等长编码,如果 T 使得信源 $\boldsymbol{X}$ 的输出信息与码字的对应没有规律,则这样的编码在应用中有许多不便.可以看出,一种理想的编码方法是:将信源符号集 $A_x=\{x_1,x_2,\cdots,x_K\}$ 中的每个符号编为 $\mathfrak{C}$ 中的码字,再利用拼接的方法得到 $\mathfrak{B}$ 中元的码字.推广之,将长度固定的信息编为 $\mathfrak{C}$ 中的码字,再利用拼接的方法得到其他码字.为此,需要介绍扩展编码的概念.

定义 3.2.1　设对信源 $\boldsymbol{X}_N=(X_1,X_2,\cdots,X_N)$ 的任一输出信息 $(x_{i_1},x_{i_2},\cdots,x_{i_N})\in A_x^N$,x_{i_n} 的码字由随机变量 X_n 的编码 T_n 得到,$n=1,2,\cdots,N$,将 $T_1(x_{i_1})T_2(x_{i_2})\cdots T_N(x_{i_N})$ 作为 $(x_{i_1},x_{i_2},\cdots,x_{i_N})$ 的码字,称为 $(x_{i_1},x_{i_2},\cdots,x_{i_N})$ 的 N 次扩展码字,这样得到的码字全体 $T(\boldsymbol{X}_N)$ 称为 $\boldsymbol{X}_N$ 的 N 次扩展码,相应的编码 T 称为 $\boldsymbol{X}_N$ 的 N 次扩展编码.其中 $T_1(x_{i_1})T_2(x_{i_2})\cdots T_N(x_{i_N})=(T_1(x_{i_1}),T_2(x_{i_2}),\cdots,T_N(x_{i_N}))$.

例如,设 $D=\{0,1\}$,由 X_1 的编码 T_1 得到的 x_3 的码字为 01,X_2 的编码 T_2 得到的 x_5 的码字为 011,则 (x_3,x_5) 的二次扩展码字为 01011.

设 $\boldsymbol{X}=(X_1,X_2,\cdots,X_n,\cdots)$ 为一离散平稳无记忆信源,X_n 取值于同一符号集 $A_x=\{x_1,x_2,\cdots,x_K\}$,$\boldsymbol{X}$ 中的随机变量 X_n 相互独立同分布,设 X_n 与 X 同分布.对任意正整数 N ,$\boldsymbol{X}_N=(X_1,X_2,\cdots,X_N)$ ($=X^N$,参看定义 2.1.4)为 X 的 N 次扩展信源.对 A_x 中元按照 X_n 与 X 的共同分布进行编码,得到 X_n 与 X 的共同编码,记此编码为 T. 则对 X^N 的任一输出 $(x_{i_1},x_{i_2},\cdots,x_{i_N})$,其 N 次扩展码字为 $T(x_{i_1})T(x_{i_2})\cdots T(x_{i_N})$.这样便得到了 X^N 的 N 次扩展编码,称为基于 T 的 X^N 的 N 次扩展编码,仍记为 T .取 N 为 1 到无穷的整数,就得到信源 $\boldsymbol{X}$ 的所有输出信息的码字,从而给出 $\boldsymbol{X}$ 的一个编码,称为基于 T 的 $\boldsymbol{X}$ 的扩展编码,仍记其为 T .故有

$$T(\boldsymbol{X})=\bigcup_{N=1}^{\infty}T(X^N),$$

其中 $T(\boldsymbol{X})$ 表示经此方法得到的 $\boldsymbol{X}$ 的码.

下列例子说明扩展码的构造方法.

例 3.2.1 设信源 $\boldsymbol{X}=(X_1,X_2)$，X_1,X_2 皆取值于符号集 $A_x=\{x_1,x_2,x_3,x_4,x_5\}$. 表 3.1 对 A_x 给出两个二元码,分别为随机变量 X_1 和 X_2 的码. 码 1 为等长非奇异码,码 2 为不等长非奇异码.

表 3.1

信源符号 x_k	码 1 ($T_1(X_1)$)	码 2 ($T_2(X_2)$)
x_1	000	0
x_2	001	1
x_3	010	10
x_4	011	11
x_5	100	100

信源 $\boldsymbol{X}$ 的输出的信息的集合为

$\mathfrak{B}=\{x_1x_1,x_1x_2,\cdots,x_1x_5,x_2x_1,\cdots,x_2x_5,\cdots,x_5x_1,\cdots,x_5x_5\}$(用 x_kx_j 表示 (x_k,x_j))，可由码 1 和码 2 得到 $\mathfrak{B}$ 中元的二次扩展码字,如 x_1x_1 的二次扩展码字为 0000,故得二次扩展码 $T(\mathfrak{B})=\{0000,0001,\cdots,000100,0010,\cdots,001100,\cdots,1000,\cdots,100100\}$.

若取 $T_1(X_1)=T_2(X_2)=T(A_x)$为码 2,则二次扩展码为 $T(\mathfrak{B})=\{00,01,\cdots,0100,10,\cdots,1100,\cdots,1000,100100\}$.

3.2.2 简单等长无错编码

以下针对输出长度固定的信源,介绍一种简单的等长无错编码方法.

设 $\boldsymbol{X}_N=(X_1,X_2,\cdots,X_N)$ 为一输出长度为 N 的离散信源，X_n 取值于同一符号集 $A_x=\{x_1,x_2,\cdots,x_K\}$. 又设编码所用的码元集合为 $A_c=\{c_1,c_2,\cdots,c_D\}$，$1<D\leqslant K$.

设码字长为 l，取 $l=\left\lceil\dfrac{N\log K}{\log D}\right\rceil$，其中$\lceil x\rceil$表示不小于 x 的最小整数,即$\lceil x\rceil$为整数且 $x\leqslant\lceil x\rceil<x+1$. 则

$$\frac{N\log K}{\log D}\leqslant l<\frac{N\log K}{\log D}+1,$$

$$N\log K\leqslant l\log D<N\log K+\log D,$$

$$K^N\leqslant D^l<K^ND.$$

注意码字共有 D^l 个而输出序列共有 K^N 个,因而 $\boldsymbol{X}_N$ 的每个输出序列 $(x_{i_1},x_{i_2},\cdots,x_{i_N})$ 都可有相应的码字,设 $(x_{i_1},x_{i_2},\cdots,x_{i_N})$ 的码字为 $c_{j_1}c_{j_2}\cdots c_{j_l}$. 显然对不同的输出序列可给出不同的码字,这样便得到 $\boldsymbol{X}_N$ 的一个等长无错编码 T.

例如,设 X 为取值于 $A_x=\{a,b,c\}$ 的随机变量,码元集 $A_c=\{0,1\}$，则 $N=1$，$K=3,D=2$，取 $l=\left\lceil\dfrac{\log 3}{\log 2}\right\rceil=\lceil 1.585\rceil=2$，码字共有 $2^2=4$ 个. 给出编码 T 如下:

$$T(a) = 00, \quad T(b) = 01, \quad T(c) = 10,$$

码字 11 多余未用. T 为 X 的一个等长无错编码.

3.2.3 分组等长编码

在对输出长度固定的信源,给出简单等长无错编码的基础上,可以利用扩展编码方法对任意离散信源 $\boldsymbol{X} = (X_1, X_2, \cdots, X_n, \cdots)$ 给出等长编码,称这种编码为分组等长编码. 以下以实例展示这种编码的过程.

设 $\boldsymbol{X} = (X_1, X_2, \cdots, X_n, \cdots)$ 为一离散信源, X_n 取值于同一符号集 $A_x = \{a, b, c\}$,又设编码所用的码元集合为 $A_c = \{0, 1\}$,要对 $\boldsymbol{X}$ 进行分组等长编码,该编码步骤如下.

第一步,取一正整数 N 作为分组长度. 例如,取 $N = 3$. 则 $\boldsymbol{X}$ 的任一输出序列必可分为若干个长为 N 的组最后至多接一个长为 $1, 2, \cdots, N-1$ 的组. 例如,

$$abcbabba = abc, bab, ba;$$
$$abcbcaabcbabc = abc, bca, abc, bab, c;$$
$$ccbabbaacbbaccb = ccb, abb, aac, bba, ccb.$$

第二步,对 $\boldsymbol{X}$ 输出长度为 $1, 2, \cdots, N$ 的序列分别进行等长编码.

例如, $N = 3$ 时, $\boldsymbol{X}$ 输出长度为 1 的序列为 a, b, c ,取

$$l_1 = \left\lceil \frac{1\log 3}{\log 2} \right\rceil = \lceil \log 3 \rceil = \lceil 1.585 \rceil = 2,$$

令

$$T(a) = 00, \quad T(b) = 01, \quad T(c) = 10.$$

$\boldsymbol{X}$ 输出长度为 2 的序列为 $aa, ab, ac, ba, bb, bc, ca, cb, cc$,取

$$l_2 = \left\lceil \frac{2\log 3}{\log 2} \right\rceil = \lceil 2\log 3 \rceil = \lceil 3.17 \rceil = 4,$$

令

$T(aa) = 0000$, $T(ab) = 0001$, $T(ac) = 0010$, $T(ba) = 0011$, $T(bb) = 0100$, $T(bc) = 0101$, $T(ca) = 0110$, $T(cb) = 0111$, $T(cc) = 1000$.

$\boldsymbol{X}$ 输出长度为 3 的序列为

$$aaa, aab, aac, aba, abb, abc, aca, acb, acc,$$
$$baa, bab, bac, bba, bbb, bbc, bca, bcb, bcc,$$
$$caa, cab, cac, cba, cbb, cbc, cca, ccb, ccc.$$

取

$$l_3 = \left\lceil \frac{3\log 3}{\log 2} \right\rceil = \lceil 3\log 3 \rceil = \lceil 4.755 \rceil = 5,$$

令

$T(aaa) = 00000$, $T(aab) = 00001$, $T(aac) = 00010$, $T(aba) = 00011$, $T(abb) = 00100$, $T(abc) = 00101$, $T(aca) = 00110$, $T(acb) = 00111$, $T(acc) = 01000$,

$T(baa) = 01001$, $T(bab) = 01010$, $T(bac) = 01011$, $T(bba) = 01100$,
$T(bbb) = 01101$, $T(bbc) = 01110$, $T(bca) = 01111$, $T(bcb) = 10000$,
$T(bcc) = 10001$, $T(caa) = 10010$, $T(cab) = 10011$, $T(cac) = 10100$,
$T(cba) = 10101$, $T(cbb) = 10110$, $T(cbc) = 10111$, $T(cca) = 11000$,
$T(ccb) = 11001$, $T(ccc) = 11010$.

第三步,对 $\boldsymbol{X}$ 的任一输出序列 α ,分组后每组对应的码字尾首相接,便得 α 的码字.

例如,序列 $aabacbbacc$ 按 $N = 3$ 分为 aab, acb, bac, c 四组,其码字为

$$T(aabacbbacc) = 00001,00111,01011,10,$$

其中,码字中的逗号是为方便区别而加.

可以看出,对于长度相同的信息,按照分组等长编码给出的码字长度也相同,所以分组等长编码确实是一种等长编码.

注意:无论是简单等长无错编码,还是分组等长编码,尽管方法简单,但编码过程中完全没有考虑信源的概率特性,即与信源符号和信息的概率无关.如此,无论信息有用、用处不大还是无用,这类编码都同等对待,这就会造成极大的浪费.

3.3 离散平稳无记忆信源的等长编码

离散平稳无记忆信源是最重要的离散信源,所以,关于这种信源的编码最受重视,相关编码理论也最为丰富.下面介绍关于离散平稳无记忆信源编码理论中最受推崇的等长编码定理.

3.3.1 典型序列与渐进等分割性

1. ε 典型序列

3.2.3 小节中介绍的方法虽然简单易行,但在许多情况下有严重的缺陷:浪费码字.例如,要用二元码对英文单词进行编码,按照 3.2.3 小节的方法,对 aaaaa,bbbbb 等字母组合都应进行编码,但英文中不存在这些单词,因此有大量的码字无用.为避免类似的浪费,应对一些无用的信息不予编码,等长编码定理就是有关这方面的结果.为叙述该定理,需先介绍典型序列与渐进等分割性的概念与结果.

设 $\boldsymbol{X} = (X_1, X_2, \cdots, X_n, \cdots)$ 为一离散平稳无记忆信源, X_n 取值于同一符号集 $A_x = \{x_1, x_2, \cdots, x_K\}$, X_n 与随机变量 X 同分布,分布为 $\{p_k\}_{k=1}^{K}$.故有

$$H_\infty(\boldsymbol{X}) = H(X). \tag{3.3.1}$$

设 $\boldsymbol{X}_N = (X_1, X_2, \cdots, X_N)$, $\alpha = (x_{i_1}, x_{i_2}, \cdots, x_{i_N}) \in A_x^N$ 为 $\boldsymbol{X}_N$ 的输出序列,由 $\boldsymbol{X}$ 的平稳性及 X_n 的同分布性知

$$p(\alpha) = p(x_{i_1}, x_{i_2}, \cdots, x_{i_N}) = p(x_{i_1})p(x_{i_2})\cdots p(x_{i_N}),$$

又记

$$I(\alpha) = -\log p(\alpha) = \sum_{l=1}^{N} I(x_{i_l}) = -\sum_{l=1}^{N} \log p(x_{i_l}) .$$

定义 3.3.1　$\forall \varepsilon > 0$，若

$$\left| \frac{I(\alpha)}{N} - H(X) \right| < \varepsilon , \tag{3.3.2}$$

则称 α 为 ε 典型序列. 否则，若

$$\left| \frac{I(\alpha)}{N} - H(X) \right| \geqslant \varepsilon , \tag{3.3.3}$$

则称 α 为非 ε 典型序列.

设 A_x^N 中 ε 典型序列全体构成的集合为 $T_{\varepsilon N}$，非 ε 典型序列全体构成的集合为 $\overline{T_{\varepsilon N}}$，则 $T_{\varepsilon N} \cap \overline{T_{\varepsilon N}} = \varnothing$，$T_{\varepsilon N} \cup \overline{T_{\varepsilon N}} = A_x^N$. 设 $T_{\varepsilon N}$ 中元的个数为 $\| T_{\varepsilon N} \|$，$\overline{T_{\varepsilon N}}$ 中元的个数为 $\| \overline{T_{\varepsilon N}} \|$，则 $\| T_{\varepsilon N} \| + \| \overline{T_{\varepsilon N}} \| = K^N$.

为了给出 $T_{\varepsilon N}$ 具有的一些性质，需要下面的引理.

引理 3.3.1　设(A_x，$\mathfrak{F}$，P)为概率空间，其中 $A_x = \{x_1, x_2, \cdots, x_K\}$，$\mathfrak{F}$ 为 A_x 的子集全体构成的 σ 代数，$P(\{x_k\}) = p(x_k) = p_k$，$k = 1, 2, \cdots, K$，对任意 $E \in \mathfrak{F}$，$P(E) = \sum_{k: x_k \in E} p_k$. 按定义 1.2.6 的方法作乘积概率空间($A_x^N$，$\mathfrak{F}^N$，$P^N$)，仍记 P^N 为 P. 则对任意 $G \in \mathfrak{F}^N$ 有

$$P(G) = \sum_{i_1, i_2, \cdots i_N : (x_{i_1}, x_{i_2}, \cdots, x_{i_N}) \in G} p_{i_1} p_{i_2} \cdots p_{i_N} . \tag{3.3.4}$$

证明　由乘积概率空间的定义直接得式(3.3.4).

注意乘积概率空间对独立性的描述.

2. 关于 ε 典型序列的个数和概率的估计

在引理 3.3.1 的假定下有如下定理.

定理 3.3.1　设 $\boldsymbol{X} = (X_1, X_2, \cdots, X_n, \cdots)$ 为一离散平稳无记忆信源，X_n 取值于同一符号集 $A_x = \{x_1, x_2, \cdots, x_K\}$，分布与随机变量 X 相同，为 $\{p_k\}_{k=1}^K$. 则 $\forall \varepsilon > 0$，$\delta > 0$，当 N 充分大时有

(1) $P(T_{\varepsilon N}) > 1 - \delta, P(\overline{T_{\varepsilon N}}) \leqslant \delta$；

(2)若 $\alpha = (x_{i_1}, x_{i_2}, \cdots, x_{i_N}) \in T_{\varepsilon N}$，则

$$2^{-N[H(X)+\varepsilon]} < p(\alpha) = p_{i_1} p_{i_2} \cdots p_{i_N} < 2^{-N[H(X)-\varepsilon]} ; \tag{3.3.5}$$

(3)

$$(1-\delta) 2^{N[H(X)-\varepsilon]} \leqslant \| T_{\varepsilon N} \| \leqslant 2^{N[H(X)+\varepsilon]} . \tag{3.3.6}$$

证明　(1)设 α 的分量 x_{i_l} $(l = 1, 2, \cdots, N)$ 中有 N_k 个 $x_k (k = 1, 2, \cdots, K)$，则单点集 $\{\alpha\}$ 作为引理 3.3.1 中 $\mathfrak{F}^N$ 的元素，由式(3.3.4)有

$$P(\{(x_{i_1}, x_{i_2}, \cdots, x_{i_N})\}) \triangleq p(\alpha) = \prod_{k=1}^{K} p_k{}^{N_k} . \tag{3.3.7}$$

再回到 $\alpha = (x_{i_1}, x_{i_2}, \cdots, x_{i_N})$ 的自信息定义中(参看定义 2.2.2)，$p(\alpha) = p(x_{i_1}, x_{i_2}, \cdots,$

$x_{i_N}) = p(x_{i_1})p(x_{i_2})\cdots p(x_{i_N}) = p_{i_1}p_{i_2}\cdots p_{i_N}$ 与式(3.3.7)的 $p(\alpha)$ 是同一数,故

$$I(\alpha) = -\log p(\alpha) = -\log\prod_{k=1}^{K} p_k^{N_k} = -\sum_{k=1}^{K} N_k \log p_k ,$$

$$H(X) = -\sum_{k=1}^{K} p_k \log p_k ,$$

$$\left|\frac{I(\alpha)}{N} - H(X)\right| = \left|\sum_{k=1}^{K}\left[\frac{N_k}{N} - p_k\right]\log p_k\right| \leqslant \sum_{k=1}^{K}\left|\frac{N_k}{N} - p_k\right| |\log p_k| .$$

对于每个 k ,将 $\alpha = (x_{i_1}, x_{i_2}, \cdots, x_{i_N})$ 看成一个 N 重伯努利试验, A 表示一重试验中出现 x_k , $\overline{A}$ 表示不出现 x_k . 注意 N_k 为 α 的分量 x_{i_l} $(l = 1, 2, \cdots, N)$ 中 x_k 的个数,即 N 重伯努利试验 α 中 A 成功的次数. 由伯努利大数定律, $\forall \varepsilon > 0, \delta > 0$, $\exists M_k$,当 $N > M_k$ 时,

$$P\left(\left|\frac{N_k}{N} - p(x_k)\right| \geqslant \frac{\varepsilon}{K |\log p(x_k)|}\right) < \frac{\delta}{K} . \tag{3.3.8}$$

式(3.3.8)的意义为 $P(E_k) < \frac{\delta}{K}$,其中

$$E_k = \left\{\alpha : \alpha = (x_{i_1}, x_{i_2}, \cdots, x_{i_N}) \text{ 的分量中间有 } N_k \text{ 个 } x_k ,\ \left|\frac{N_k}{N} - p(x_k)\right| \geqslant \frac{\varepsilon}{K |\log p(x_k)|}\right\} ,$$

注意 $p(x_k) = p_k$.

当 N 大于每个 M_k $(k = 1, 2, \cdots, K)$ 时,

$$P\left(\bigcup_{k=1}^{K} E_k\right) \geqslant \sum_{k=1}^{K} P(E_k) < \sum_{k=1}^{K}\frac{\delta}{K} = \delta,$$

$$P\left(\overline{\bigcup_{k=1}^{K} E_k}\right) = P\left(\bigcap_{k=1}^{K}\overline{E_k}\right) = 1 - P\left(\bigcup_{k=1}^{K} E_k\right) > 1 - \delta.$$

令 $E = \bigcap_{k=1}^{K}\overline{E_k}$,则 $\alpha \in E$ 时对任何 k 同时有

$$\left|\frac{N_k}{N} - p(x_k)\right| < \frac{\varepsilon}{K |\log p(x_k)|},$$

从而得

$$\left|\frac{I(\alpha)}{N} - H(X)\right| \leqslant \sum_{k=1}^{K}\left|\frac{N_k}{N} - p_k\right| |\log p_k| < \sum_{k=1}^{K}\frac{\varepsilon}{K |\log p_k|} |\log p_k| = \sum_{k=1}^{K}\frac{\varepsilon}{K} = \varepsilon,$$

即 $\alpha \in T_{\varepsilon N}$,由此知 $E \subset T_{\varepsilon N}$. 故

$$P(T_{\varepsilon N}) \geqslant P(E) > 1 - \delta, \quad P(\overline{T_{\varepsilon N}}) = 1 - P(T_{\varepsilon N}) < \delta .$$

(2)设 $\alpha \in T_{\varepsilon N}$,则

$$\left|\frac{I(\alpha)}{N} - H(X)\right| < \varepsilon , \quad N[H(X) - \varepsilon] < I(\alpha) < N[H(X) + \varepsilon] ,$$

即

$$N[H(X) - \varepsilon] < -\log p(\alpha) < N[H(X) + \varepsilon],$$

$$2^{N[H(X)-\varepsilon]} < \frac{1}{p(\alpha)} < 2^{N[H(X)+\varepsilon]}.$$

(2)成立.

(3)由式(3.3.4),

$$1=\sum_{\alpha\in X^N}p(\alpha)\geqslant\sum_{\alpha\in T_{\varepsilon N}}p(\alpha)\geqslant\sum_{\alpha\in T_{\varepsilon N}}2^{-N[H(X)+\varepsilon]}=\|T_{\varepsilon N}\|2^{-N[H(X)+\varepsilon]}.$$

得(3)中后一不等式.又当 N 充分大时,

$$1-\delta<P(T_{\varepsilon N})=\sum_{\alpha\in T_{\varepsilon N}}p(\alpha)\leqslant\|T_{\varepsilon N}\|\max_{\alpha\in T_{\varepsilon N}}p(\alpha)\leqslant\|T_{\varepsilon N}\|2^{-N[H(X)-\varepsilon]}.$$

得(3)中前一不等式. □

定理 3.3.1 的证明用到几个不同的概率,必须清楚它们分别是哪个概率空间上的概率,不然会导致混乱.

定理 3.3.1(1)表明,对任意小的 $\varepsilon>0$,可将信源 $\boldsymbol{X}$ 输出的长为 N 的信息(即 A_x^N 中元)分为两类,第一类构成 ε 典型序列集 $T_{\varepsilon N}$,对 $\alpha=(x_{i_1},x_{i_2},\cdots,x_{i_N})\in T_{\varepsilon N}$,每个符号的平均信息量 $\dfrac{I(\alpha)}{N}=\dfrac{1}{N}\sum\limits_{l=1}^{N}I(x_{i_l})$ 与信源 $\boldsymbol{X}$ 的极限熵 $H_\infty(\boldsymbol{X})=H(X)$ 相差小于 ε,对充分小的 $\delta>0$,这类信息出现的概率当 N 充分大时有关系 $1\geqslant P(T_{\varepsilon N})>1-\delta$,因而充分接近1;第二类构成非 ε 典型序列集 $\overline{T_{\varepsilon N}}$,对 $\alpha\in\overline{T_{\varepsilon N}}$,每个符号的平均信息量与 $H(X)$ 相差大于 ε,出现的概率当 N 充分大时充分小.离散平稳无记忆信源的这一性质为其等长编码提供了很好的方法:只要 N 充分大,可以只对 A_x^N 中那些使得 $\dfrac{I(\alpha)}{N}$ 接近 $H(X)$ 的 α 进行编码,或更明确地,只对 ε 典型序列集 $T_{\varepsilon N}$ 中元进行编码,即取定义 3.1.2 中的 $\mathfrak{W}'$ 为 $T_{\varepsilon N}$.这就提高了编码的效率.

定理 3.3.1(2)表示的性质称为渐近等分割性.(2)表明,在 $T_{\varepsilon N}$ 中,α 的概率 $p(\alpha)$ 接近 $2^{-NH(X)}$,也就是说,无论 α 为 $T_{\varepsilon N}$ 中哪一元,其概率都是渐近等同的(约等于 $2^{-NH(X)}$).

定理 3.3.1(3)是对 $T_{\varepsilon N}$ 中元的个数的估计.(3)表明,$T_{\varepsilon N}$ 中元的个数接近于 $2^{NH(X)}$,与 $\boldsymbol{X}$ 输出的长为 N 的信息总个数(即 A_x^N 中元的个数 K^N)相差约 $K^N-2^{NH(X)}$.

由此可以看出,对离散平稳无记忆信源 $\boldsymbol{X}$ 来说,其极限熵 $H_\infty(\boldsymbol{X})=H(X)$ 在 $\boldsymbol{X}$ 的等长编码中起着十分重要的作用.

3. 离散平稳无记忆信源的渐近等分割性

有时又将如下定理表示的性质称为离散平稳无记忆信源的渐近等分割性.

定理 3.3.2 设 $\boldsymbol{X}=(X_1,X_2,\cdots,X_n,\cdots)$ 为一离散平稳无记忆信源,X_n 取值于同一符号集 $A_x=\{x_1,x_2,\cdots,x_K\}$ 且与随机变量 X 同分布,分布为 $\{p_k\}_{k=1}^K$,$(A_x^N,\mathfrak{F}^N,P)$ 为引理 3.3.1 中的概率空间,$\alpha=(x_{i_1},x_{i_2},\cdots,x_{i_N})\in A_x^N$,则

$$\lim_{N\to\infty}\frac{I(\alpha)}{N}\overset{P}{=}H_\infty(\boldsymbol{X})=H(X).\tag{3.3.9}$$

证明 本定理是定理 3.3.1(1)的直接结果.

$H_\infty(\boldsymbol{X}) = H(X)$ 前面已得出.

定理 3.3.1(1)的第二式为 $P(\overline{T_{\varepsilon N}}) \leqslant \delta$，即 $p\left(\left|\frac{I(\alpha)}{N} - H(X)\right| \geqslant \varepsilon\right) \leqslant \delta$，而 $\forall \varepsilon > 0, \delta > 0$，当 N 充分大时有 $p\left(\left|\frac{I(\alpha)}{N} - H(X)\right| \geqslant \varepsilon\right) \leqslant \delta$，则是 $\frac{I(\alpha)}{N}$ 当 $N \to \infty$ 时概率收敛于 $H(X)$ 的定义，故 $\lim\limits_{N\to\infty} \frac{I(\alpha)}{N} \overset{P}{=} H(X)$. 即得式(3.3.9). □

3.3.2 等长编码定理

1. 等长编码定理

以下给出等长编码定理，该定理指出，在编码所用的码元数，码字长，信息长和信源极限熵之间满足一定关系时，可以对一些信息不予编码，这对设计等长编码方法，提高编码效率具有重要的参考意义.

定理 3.3.3(等长编码定理) 设 $\boldsymbol{X} = (X_1, X_2, \cdots, X_n, \cdots)$ 为一离散平稳无记忆信源，X_n 取值于同一符号集 $A_x = \{x_1, x_2, \cdots, x_K\}$ 且与随机变量 X 同分布，分布为 $\{p_k\}_{k=1}^K$. 又设编码所用的码元集合为 $A_x = \{c_1, c_2, \cdots, c_D\}$，信源 $\boldsymbol{X}$ 输出的长为 N 的信息全体为 A_x^N. 则对 $\forall \varepsilon > 0$，只要 N 充分大，当

$$L\log D \geqslant N[H(X) + \varepsilon] \tag{3.3.10}$$

时，存在 A_x^N 的码字长为 L 的几乎无错等长编码. 其中 $H(X) = -\sum_{k=1}^K p_k \log p_k = H_\infty(\boldsymbol{X})$.

首先说明什么是 A_x^N 的几乎无错等长编码. 回顾无错编码概念得知，若 T 为 A_x^N 的无错等长编码，则 A_x^N 与 $T(A_x^N)$ 一一对应，$T(A_x^N)$ 中元的长度相同. T 为 A_x^N 的几乎无错等长编码，意即 T 为 A_x^N 的一个子集 $\mathfrak{B}'_N$ 的无错等长编码，而 A_x^N 中元几乎都在 $\mathfrak{B}'_N$ 中($A_x^N \setminus \mathfrak{B}'_N$ 的概率充分小). 此时，虽然对 $A_x^N \setminus \mathfrak{B}'_N$ 中元不予编码，但这些元出现的概率很小.

证明 对给定 $\varepsilon > 0$，由定理 3.3.1(3)，当 N 充分大时有

$$\| T_{\varepsilon N} \| \leqslant 2^{N[H(X)+\varepsilon]}.$$

由本定理条件知

$$\| T_{\varepsilon N} \| \leqslant 2^{N[H(X)+\varepsilon]} \leqslant 2^{L\log D} = D^L, \tag{3.3.11}$$

而 D^L 为长为 L 的码字个数. 式(3.3.11)说明，$T_{\varepsilon N}$ 中元素的个数不超过长为 L 的码字个数，故对 $\mathfrak{B}'_{\mathrm{N}} = T_{\varepsilon N}$ 中元进行码字长为 L 的无错等长编码是可行的，设 T 为这样的编码. 由于 $T_{\varepsilon N} \cap \overline{T_{\varepsilon N}} = \varnothing$，$T_{\varepsilon N} \cup \overline{T_{\varepsilon N}} = A_x^N$，故不予编码的信息都在 $\overline{T_{\varepsilon N}} = A_x^N \setminus \mathfrak{B}'_{\mathrm{N}}$ 中. 又由定理 3.3.1(1)，任给 $\delta > 0$，只要 N 充分大，就有 $P(\overline{T_{\varepsilon N}}) < \delta$，即 $A_x^N \setminus \mathfrak{B}'_{\mathrm{N}}$ 中元出现的概率可充分小，T 为 A_x^N 的几乎无错等长编码. □

从定理 3.3.3 可以看出，为确定其中的码字长 L，可取一个小的 $\varepsilon > 0$，此时 $N[H(X) + \varepsilon]$ 确定，由式(3.3.10)即可确定 L. 显然，当码元数 D 小时，码字长 L 就

必须大;反之,D 大时,L 就可小.还可以看出,在 N 确定的情况下,信源的极限熵 $H_\infty(\boldsymbol{X}) = H(X)$ 起着决定码元数和码字长的关键作用.由于 $H(X)$ 表示分布的不确定性,因此,分布不确定性大的信源,码元数或码字长就需大.反之,码元数或码字长就可小.

在 $H(X)$ 确定且信息输出长度 N 小时,似乎 D 和 L 可以小,但注意定理 3.3.1 及定理 3.3.3 都要求 N 充分大,所以对于小的 N,尽管小的 D 与 L 可使式(3.3.10)成立,如此得到的等长码还是可能产生大的问题.

2. 编码效率与冗余度

看来,有必要利用 L,N,D,$H(X)$ 评价一个编码的好坏,于是引入如下定义.

定义 3.3.2　对长为 N 的信息,以码元数为 D,码字长为 L 的等长码进行编码,称 $R = \frac{L}{N}\log D$ 为编码信息率,$E = \frac{H(X)}{R} = \frac{NH(X)}{L\log D}$ 为编码效率,$\eta = 1 - E$ 为冗余度.

下面解释一下这些概念的含义.

$R = \frac{L}{N}\log D$ 中,若对数底数为 2,D 也为 2,则 $R = \frac{L}{N}$,注意每条信息含有 N 个符号,对其编出的码字含有 L 个符号,$R = \frac{L}{N}$ 表示平均每个信息符号需要码元的个数.例如,$N = 2$,$L = 4$ 时,$R = \frac{L}{N} = 2$.说明平均每个信息符号需要两个码元表示,信息符号与码元相比以一当二,称 $R = \frac{L}{N}$ 为编码信息率是合适的.若对数底数为 2,D 为 4,则 $R = \frac{2L}{N}$,设 $N = 2$,$L = 4$ 时,$R = \frac{2L}{N} = 4$.说明平均每个信息符号需要 4 个码元表示,信息符号与码元相比以一当四,称 $R = \frac{2L}{N}$ 为编码信息率也是合适的.

显然,要使式(3.3.10)成立,必须有 $R \geqslant H(X)$,故 X 的熵是编码信息率的下限.当 $R = \max\{H(X)\} = \log K$ 时,由 $\log K = \frac{L}{N}\log D$ 得 $K^N = D^L$,此时长为 N 的信息的数量等于码元数为 D 长为 L 的码字数量,可实现 A_x^N 的无错等长编码.

由定理 3.3.1(3)知当 N 充分大时 $T_{\varepsilon N}$ 中元的个数 $\| T_{\varepsilon N} \|$ 接近于 $2^{NH(X)}$,$\log \| T_{\varepsilon N} \|$ 接近于 $NH(X)$,故 E 接近于 $\frac{\log \| T_{\varepsilon N} \|}{\log D^L}$,$E$ 大致为取了对数以后 ε 典型序列数目与码字数目的比值.若后者比前者小很多,$T_{\varepsilon N}$ 中许多元都不能编码,更不用说 A_x^N 中其他元了,编码的有效性得不到保证,此时 E 远大于 1;若后者远大于前者,$T_{\varepsilon N}$ 中元全部编码以后也只使用了一小部分码字,大量的码字浪费,这种编码也是不好的,此时 E 远小于 1;若二者很接近,$T_{\varepsilon N}$ 中元基本都能编码,码字即使有剩余

也不会很多,编码是有效的,此时 E 接近于 1. 可见称 E 为编码效率是合理的.

冗余度 $\eta = 1 - E$ 表明 E 与 1 的差距,E 远小于 1,大量的码字浪费,冗余度大,此时 $\eta = 1 - E$ 确实大,冗余度的定义是合理的.

3. 等长编码定理的意义

至此,关于离散平稳无记忆信源的等长编码,按照上面的理论,可以给出实现几乎无错等长编码的方法:对 $\forall \varepsilon > 0, \delta > 0$,只要 N 充分大,当 $L\log D \geqslant N[H(X)+\varepsilon]$ 时,仅对 A_x^N 中属于 $T_{\varepsilon N}$ 的信息进行编码,对属于 $\overline{T_{\varepsilon N}}$ 的信息不予编码,就可获得 A_x^N 的几乎无错等长编码. 但有一个十分重要的问题一直悬着,没有解决:对属于 $\overline{T_{\varepsilon N}}$ 的信息不予编码有什么意义? 我们的目的是对"无用的"信息不予编码,难道 $\overline{T_{\varepsilon N}}$ 中的信息就是"无用的"信息吗?

下面利用具体例子讨论这个问题.

对英文单词来说,are 是有用的,aaa 是无用的. 现在假定对 $\varepsilon > 0, \delta > 0$,已经取到 N,使 $L\log D \geqslant N[H(X) + \varepsilon]$,我们看从要考察的信息就是单词的角度,明显不算单词而无用的 aa…a(N 个 a)是不是属于 $\overline{T_{\varepsilon N}}$.

为了方便说明问题,假定取值于 26 个小写英文字母构成的集合、产生英文单词的离散信源 $\boldsymbol{X} = (X_1, X_2, \cdots, X_n, \cdots)$ 是离散平稳无记忆信源(实际上不是,因为英文单词前后字母常常有联系,随机变量 X_n 不是相互独立的,参看定义 2.1.4 后的注意),X_n 与 X 同分布,设 $\alpha = \mathrm{aa\cdots a}$($N$ 个 a),则因为

$$I(\alpha) = -\log p(\alpha) = -\log p(\mathrm{aa\cdots a}) = -\log p(\mathrm{a})p(\mathrm{a})\cdots p(\mathrm{a})$$
$$= -\log p(\mathrm{a})^N = -N\log p(\mathrm{a}),$$

$$\begin{aligned}\left|\frac{I(\alpha)}{N} - H(X)\right| &= \left|\frac{-N\log p(\mathrm{a})}{N} - H(X)\right| \\ &= \left|-\log p(\mathrm{a}) + p(\mathrm{a})\log p(\mathrm{a}) + p(\mathrm{b})\log p(\mathrm{b}) + \cdots + p(\mathrm{z})\log p(\mathrm{z})\right| \\ &= \left|(p(\mathrm{a}) - 1)\log p(\mathrm{a}) + p(\mathrm{b})\log p(\mathrm{b}) + \cdots + p(\mathrm{z})\log p(\mathrm{z})\right|\end{aligned}$$

是一个与 N 无关的常数,当 ε 小于等于它时

$$\left|\frac{I(\alpha)}{N} - H(X)\right| \geqslant \varepsilon,$$

所以,$\alpha = \mathrm{aa\cdots a}$($N$ 个 a) 属于 $\overline{T_{\varepsilon N}}$.

如此看来,认为属于 $\overline{T_{\varepsilon N}}$ 的信息是无用的,从而不对其进行编码的策略是正确的.

等长编码定理在理论上是成功的,但在应用中存在如下问题:

(1)该定理只是定性地指出 $\forall \varepsilon > 0, \delta > 0$,只要 N 充分大,当 $L\log D \geqslant N[H(X) + \varepsilon]$ 时,仅对 A_x^N 中属于 $T_{\varepsilon N}$ 的信息进行编码,就可获得 A_x^N 的几乎无错等长编码. 定理中没有确定 ε, δ 与 N 的量化关系,故对给定的 ε 和 δ,不知道 N 要大到什么程度才合适.

(2)信源 $\boldsymbol{X} = (X_1, X_2, \cdots, X_n, \cdots)$ 输出的信息理论上可以是任意长的,而以上提到的 N 即使能够确定,也只能解决长度大于等于 N 的信息的编码中 D 与 L 的选取问题,对于长度小于 N 的信息的编码,还需另行研究.

3.4　离散平稳信源的不等长编码

本节讨论离散平稳信源的不等长编码，这些信源可以是有记忆的，也可以是无记忆的.

由定义 3.1.7 知道，不等长编码是将等长的信息编为不等长的码字. 与等长编码一样，不等长编码中也有一系列理论问题需要解决，这些问题有：如何通过信源符号的非奇异码得到信源的一个唯一可译码，这种码的存在问题，优劣选择问题，等等.

设 $\boldsymbol{X}=(X_1,X_2,\cdots,X_n,\cdots)$ 为一离散平稳信源，X_n 与 X 取值于同一符号集 $A_x=\{x_1,x_2,\cdots,x_K\}$ 且同分布，分布为 $\{p_k\}_{k=1}^K$. 又设 $A_c=\{c_1,c_2,\cdots,c_D\}$ 为码元集合. 令

$$\mathfrak{B}=\{(x_{i_1},x_{i_2},\cdots,x_{i_m}):(x_{i_1},x_{i_2},\cdots,x_{i_m})\in A_x^m,\ m=1,2,\cdots\},$$

$$\mathfrak{C}=\{(c_{j_1},c_{j_2},\cdots,c_{j_n}):(c_{j_1},c_{j_2},\cdots,c_{j_n})\in A_c^n,\ n=1,2,\cdots\},$$

则 $\mathfrak{B}$ 为信源 $\boldsymbol{X}$ 输出信息的全体所组成的集合，$\mathfrak{C}$ 为可供选择的码字全体构成的集合.

回顾定义 3.1.5，编码 T 为 $\mathfrak{B}$ 的子集 $\mathfrak{B}'$ 到 $\mathfrak{C}$ 的映射，因为作为编码的统一定义，当时考虑了等长编码时，不一定对 $\mathfrak{B}$ 中元都予编码的情况. 但在以下介绍的不等长编码理论与方法中，不涉及一部分信息不予编码的问题，故设 $\mathfrak{B}=\mathfrak{B}'$.

将 $\mathfrak{B}$ 与 $\mathfrak{C}$ 中元明确写出，即有

$$\mathfrak{B}=\{x_1,x_2,\cdots,x_K,x_1x_1,\cdots,x_ix_j,\cdots,x_Kx_K,x_1x_1x_1,\cdots,x_ix_jx_k,\cdots,$$
$$x_Kx_Kx_K,\cdots,x_1x_1\cdots x_1,\cdots,x_{i_1}x_{i_2}\cdots x_{i_m},\cdots x_Kx_K\cdots x_K,\cdots\},$$

$$\mathfrak{C}=\{c_1,c_2,\cdots,c_D,c_1c_1,\cdots,c_ic_j,\cdots,c_Dc_D,c_1c_1c_1,\cdots,c_ic_jc_k,\cdots,$$
$$c_Dc_Dc_D,\cdots,c_1c_1\cdots c_1,\cdots,c_{j_1}c_{j_2}\cdots c_{j_n},\cdots c_Dc_D\cdots c_D,\cdots\},$$

其中 $(x_{i_1},x_{i_2},\cdots,x_{i_m})$ 记为 $x_{i_1}x_{i_2}\cdots x_{i_m}$ ，$(c_{j_1},c_{j_2},\cdots,c_{j_n})$ 记为 $c_{j_1}c_{j_2}\cdots c_{j_n}$.

不等长编码的目的，是对任意正整数 N ，将 $\mathfrak{B}$ 中长为 N 的信息编为 $\mathfrak{C}$ 中长度不同的码字. 如果某种对应没有规律，则这样的编码不便应用. 可以看出，理想的结果应该是：将信源符号集 $A_x=\{x_1,x_2,\cdots,x_K\}$ 中的每个符号编为 $\mathfrak{C}$ 中长度不同的码字，再利用扩展编码方法得到 $\mathfrak{B}$ 中所有信息的码字. 更理想的结果是：A_x 的一个非奇异编码，经扩展编码得到信源 $\boldsymbol{X}$ 的一个唯一可译码. 但从以下例子可以看到，这样理想的结果不是总能得到的.

例 3.4.1　设 $\boldsymbol{X}$ 同上，$A_x=\{x_1,x_2,x_3,x_4\}$ ，$A_c=\{0,1\}$ ，对 A_x 的编码由下表给出：

信源符号	x_1	x_2	x_3	x_4
码字	0	10	00	01

该码是非奇异码，但 $x_1x_2x_3$ 与 $x_1x_2x_1x_1$ 的扩展码字都是 01000，所以由该码得到的扩展码是奇异码，从而一定不能构成 $\boldsymbol{X}$ 的唯一可译码.

经过研究发现，对任意信源符号集 $A_x=\{x_1,x_2,\cdots,x_K\}$ 与码元集 $A_c=\{c_1,c_2,$

$\cdots,c_D\}$,从一种称为即时码或前缀码的码可以得到前述理想的结果.

3.4.1 即时码的定义

定义 3.4.1 设信源符号集为 $A_x=\{x_1,x_2,\cdots,x_K\}$,码元集为 $A_c=\{c_1,c_2,\cdots,c_D\}$,$\mathfrak{C}=\{(c_{j_1},c_{j_2},\cdots,c_{j_n}):(c_{j_1},c_{j_2},\cdots,c_{j_n})\in A_c^n,n=1,2,\cdots\}$,$T$ 为 A_x 的取值于 $\mathfrak{C}$ 的编码,若存在 x_i,x_j,x_j 的码字为 x_i 的码字后接一些其他码元,即 $T(x_j)=T(x_i)c_k\cdots c_l$,则称 x_i 的码字 $T(x_i)$ 为 x_j 的码字 $T(x_j)$ 的前缀.

定义 3.4.2 在定义 3.4.1 的假定下,若 A_x 中任何元的码字,都不是其他元的码字的前缀,则称码 $T(A_x)$为 A_x 的即时码或前缀码.

可以看出,当 $T(A_x)$不是即时码时,存在 x_i,x_j,使得 $T(x_j)=T(x_i)c_k\cdots c_l$,此时译码装置(即译码器)若收到 $T(x_i)$,不能立即判断它是 x_i 的码字还是 x_j 的码字 $T(x_j)$ 的前缀,因而不能立即译出 x_i. 相反若 $T(A_x)$为即时码,则译码器一收到 $T(x_i)$,就能立即知道它是 x_i 的码字,与别的码字无关,从而能立即译出 x_i. 这就是即时码名称的由来.

定理 3.4.1 即时码必为非奇异码.

证明 反证. 设 $x_i,x_j\in A_x$,$i,j=1,2,\cdots,K,i\neq j$,而二者的码字相同,即 $T(x_i)=T(x_j)$. 注意一个码字是自身的前缀(如 0101 是 0101 的前缀),故二码字彼此互为前缀,与即时码定义 3.4.2 矛盾. □

定理 3.4.2 设 $\boldsymbol{X}=(X_1,X_2,\cdots,X_n,\cdots)$ 为一离散平稳信源,X_n 与 X 取值于同一符号集 $A_x=\{x_1,x_2,\cdots,x_K\}$ 且同分布. 又设 $A_c=\{c_1,c_2,\cdots,c_D\}$ 为码元集合. X 的即时码 $T(X)$(即 A_x 的即时码 $T(A_x)$)的所有扩展码之并 $\mathfrak{C}*$ 构成信源 $\boldsymbol{X}$ 的一个唯一可译码.

证明 首先对所涉及的概念作一些回顾与说明.

(1) $\boldsymbol{X}$ 的扩展码:$\boldsymbol{X}$ 的任一输出信息 α 必为某一 A_x^m 中元素,设 $\alpha=x_{i_1}x_{i_2}\cdots x_{i_m}$. 则对 A_x 的编码 T,由扩展编码定义知,α 的扩展码字(仍记为 $T(\alpha)$)为 $T(\alpha)=T(x_{i_1})T(x_{i_2})\cdots T(x_{i_m})$,$\alpha$ 遍取 A_x^m 中元,$m=1,2,\cdots$,即得 $\mathfrak{C}*$,故可称 $\mathfrak{C}*$ 为 $\boldsymbol{X}$ 的扩展码.

(2) $\boldsymbol{X}$ 的唯一可译码:$\boldsymbol{X}$ 的某一码为唯一可译码,则对 $\boldsymbol{X}$ 的任两不同的输出信息,该码中对应的码字也不同. 或换言之,若该码中两个码字相同,则它们必为同一输出信息的码字.

因此,定理的证明归结为证明如下事实:设 $u=u_1u_2\cdots u_m\in A_x^m$,$v=v_1v_2\cdots v_n\in A_x^n$,对应的扩展码字分别记为 $T(u),T(v)$,若 $T(u)=T(v)$,则必有 $m=n$,$u=v$.

以下证明此事实.

由扩展码定义知 $T(u)=T(u_1)T(u_2)\cdots T(u_m)$,$T(v)=T(v_1)T(v_2)\cdots T(v_n)$ 皆为 $\mathfrak{C}*$ 中元. 考查码字 $T(u_1)$ 与 $T(v_1)$,不妨设 $T(u_1)$ 长小于 $T(v_1)$ 长,则由于 $T(u)=T(v)$,$T(u_1)$ 必为 $T(v_1)$ 的前缀,与 $T(A_x)$为即时码的定义矛盾. 因此 $T(u_1)$ 长与 $T(v_1)$ 长相等,这又推出 $T(u_1)=T(v_1)$,由 $T(A_x)$的非奇异性知

$u_1=v_1$. 对 $T(u_2)$ 与 $T(v_2)$ 进行同样的分析，得 $u_2=v_2$. 以此类推，得知 $m=n$，$u_i=v_i$，$i=1,2,\cdots,n$，即 $u=v$，故知 $\mathfrak{C}*$ 构成信源 $\boldsymbol{X}$ 的唯一可译码. □

定理 3.4.2 提供了离散平稳信源 $\boldsymbol{X}$ 的一种不等长编码方法：只要对 A_x 给出即时码 $T(A_x)$，就可利用扩展编码方法直接得到 $\boldsymbol{X}$ 的一个唯一可译码.

细心的读者会提出这样的问题：任一 $\boldsymbol{X}$ 的唯一可译码，是否皆可由 A_x 的即时码通过扩展编码而得到？这一问题的讨论超出本书的范畴. 我们仅指出：该问题的回答是否定的. 本书中，关于不等长信源编码，仅限于介绍与即时码相关的理论与方法.

以下开始讨论对 A_x 如何构造即时码 $T(A_x)$. 利用码树进行构造是一个很好的方法.

3.4.2 码树与即时码的构造

设随机变量 X 取值于符号集 $A_x=\{x_1,x_2,\cdots,x_K\}$，其分布为 $\{p_k\}_{k=1}^K$，$A_c=\{c_1,c_2,\cdots,c_D\}$ 为码元集合，现要对 X 的输出符号 $x_1,x_2,\cdots,x_K$ 进行编码.

为了方便地将 X（或等价地，A_x）的码字写出，引入称为码树的图形. 以下将以 $D=2$ 为例介绍码树.

在平面上取一点 A，称为码树的根，从 A 向下引出 2 条线，称为一级树枝，左边一条称为一级 0 树枝，右边一条称为一级 1 树枝，2 条一级树枝的下方端点 A_0（一级 0 树枝的端点，符号对应容易辨别，以下不需再提哪个端点是哪条树枝的端点）和 A_1 称为一级节点，分别表示长为 1 的码字 0 和 1，索性令 $A_0=0$，$A_1=1$；分别从 A_0 和 A_1 向下引 2 条线，称为二级树枝，分别称为二级 0 树枝和 1 树枝，这 4 条二级树枝的下方端点 A_{00}，A_{01}，A_{10}，A_{11} 称为二级节点，分别表示长为 2 的码字 00,01,10,11，记 A_{00}，A_{01}，A_{10}，A_{11} 为 00,01,10,11；以此类推，对任意正整数 n，得 2^n 条 n 级 0 树枝和 1 树枝，2^n 个 n 级节点 $A_{00\cdots0}$，$A_{00\cdots1}$，$\cdots$，$A_{11\cdots1}$，即长为 n 的码字 00…0,00…1,…,11…1.

若上述步骤到 n 步为止，得到的图形称为 n 级整树. 若上述步骤虽达到 n 步，但从一些节点并没有引出树枝，得到的图形称为非整树. 整树与非整树都称码树(图 3.1).

可以看出，任一长度有限的码字都可表为码树的节点，既然编码就是选取码字，因而编码可以转化为构造码树和选取节点. 等长编码是对等长的信息，在码树的同级节点中选取节点作为它们的码字，而不等长编码是在不同级节点中选取码字.

在一个码树中，不再引出树枝的节点称为终端节点，其他节点称为中间节点. 如果节点 C 是经由节点 B 引出的树枝(可经过几个中间环节)得到的，则称 C 与 B 关联，C 为 B 的下级关联节点，B 为 C 的上级关联节点，否则称 C 与 B 不关联. 可以看出，所有终端节点彼此都不关联. 从树根到一个终端节点由各节树枝连接而成的路线统称为一条树枝. $D=2$ 的码树称为二元码树，若从节点引出的树枝为 D 条，则得 D 元码树. 码树为编码提供了很好的模型，许多编码的理论和方法都通过码树讨论.

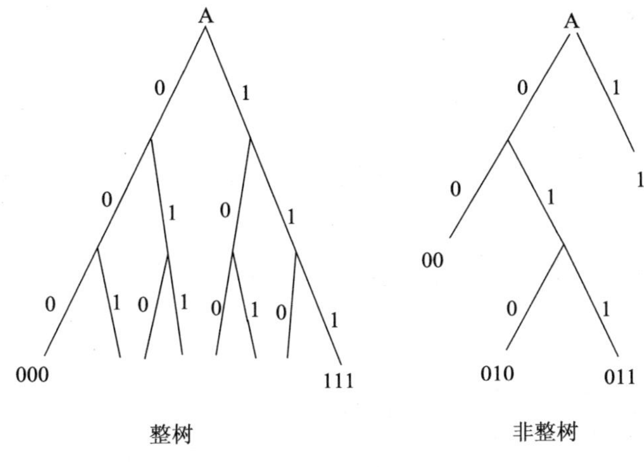

图 3.1

明显地，对于符号集 $A_x=\{x_1,x_2,\cdots,x_K\}$，当 $K=2^n$ 时取 n 级整数的所有终端节点，就得到 A_x 的等长码.

显然，在一个码树中，任一上级关联节点都是其下级关联节点的前缀. 既然在即时码中，A_x 中任何元的码字，都不是其他元的码字的前缀，所以，由于终端节点没有下级关联节点，故只要全取终端节点，就可得到即时码. 非整树的不同级终端节点构成的码，就是不等长的即时码. 当然，为使 A_x 中每个元都有码字，终端节点的个数必须超过 K.

3.4.3 即时码的存在定理

对于任一给定的随机变量，Kraft 于 1949 年建立了如下的即时码存在定理.

定理 3.4.3(即时码的存在定理) 设随机变量 X 取值于符号集 $A_x=\{x_1,x_2,\cdots,x_K\}$，其分布为 $\{p_k\}_{k=1}^K$，$A_c=\{c_1,c_2,\cdots,c_D\}$ 为码元集合，现要对 X 的输出符号 $x_1,x_2,\cdots,x_K$ 进行不等长编码. 则当且仅当相应于 x_k 的码字长 l_k，$k=1,2,\cdots,K$，满足 Kraft 不等式

$$\sum_{k=1}^{K}D^{-l_k}\leqslant 1 \tag{3.4.1}$$

时，存在 X 的即时码.

证明 必要性. 设 $T(A_x)$为 X 的一个即时码，x_k 的码字 $T(x_k)$ 的长为 l_k. 由即时码的定义，$T(x_k)$ 为与码 $T(A_x)$相应的码树中 l_k 级的终端节点，$k=1,2,\cdots,K$. 该码树共有 $l=\max\limits_{1\leqslant k\leqslant K}l_k$ 级. 不妨设 $l_k<l,1\leqslant k\leqslant K'<K,l_j=l,K'<j\leqslant K$. 若码树为整树，则终端节点共有 D^l 个. 现该树不一定是整树，对于指标 $k,1\leqslant k\leqslant K'$，在第 l_k 级终结节点 $T(x_k)$ 处不再引出树枝，从 l_k 级节点到 l 级节点，差 $l-l_k$ 节，所以相对于 l 级整树，该树至少少了 D^{l-l_k} 个 l 级节点. 总之，该树比 l 级整树至少少了 $\sum\limits_{k=1}^{K'}D^{l-l_k}$ 个 l 级节点. 而 l 级整树共有 D^l 个 l 级节点，其中 $K-K'$ 个为码字 $T(x_j)$，

$K' < j \leqslant K$. 故应有

$$\sum_{k=1}^{K'} D^{l-l_k} + (K - K') = \sum_{k=1}^{K'} D^{l-l_k} + \sum_{k=K'+1}^{K} D^{l-l} = \sum_{k=1}^{K} D^{l-l_k} \leqslant D^l .$$

即得式(3.4.1).

充分性的证明较为复杂.设(3.4.1)成立,要证存在 X 的一个即时码 $T(A_x)$,使 x_k 的码字 $T(x_k)$ 的长为 l_k . 不妨设 $l_1 \leqslant l_2 \leqslant \cdots \leqslant l_K = l$. 由式(3.4.1)知,对任意正整数 $m \leqslant K-1$,都有 $\sum_{i=1}^{m+1} D^{-l_i} \leqslant 1$,故有 $D^{-l_{m+1}} \leqslant 1 - \sum_{i=1}^{m} D^{-l_i}$,从而

$$D^{l_n} - \sum_{i=1}^{m} D^{l_n - l_i} \geqslant D^{l_n - l_{m+1}}$$

对任意 $n = 1,2,\cdots,K$ 成立,其中等号仅当 $m = K-1$ 时才可能成立,其余情形不等号严格成立.

现作一个 $l_K = l$ 级整树,故其 l_n 级节点共有 $D^{l_n}(n=1,2,\cdots,K)$ 个. 取一个 l_1 级节点作为 x_1 的码字 $T(x_1)$,同时去掉由该节点引出的树枝,由此导致 $D^{l_2-l_1}$ 个 l_2 级节点被去掉. 一般地,导致 $D^{l_n-l_1}$ 个 l_n 级节点被去掉, $n=2,3,\cdots,K$,该整树还剩 $D^{l_n} - D^{l_n-l_1} = D^{l_n}(1-D^{-l_1}) \geqslant 1$ 个 l_n 级节点. 在剩余的 l_2 级节点中,取其一作为 x_2 的码字 $T(x_2)$,同时去掉由该节点引出的树枝,这样又有 $D^{l_n-l_2}$ 个 l_n 级节点被去掉, $n = 3,4,\cdots,K$,该整树还剩 $D^{l_n} - D^{l_n-l_1} - D^{l_n-l_2} = D^{l_n} - \sum_{i=1}^{2} D^{l_n-l_i}$ 个 l_n 级节点. 由上面不等式知,当 $n \geqslant 3$ 时,

$$D^{l_n} - \sum_{i=1}^{2} D^{l_n-l_i} > D^{l_n-l_3} \geqslant 1 ,$$

故存在 l_3 级节点可供选作 x_3 的码字 $T(x_3)$. 以此类推,对任意正整数 $m = 1,2,\cdots,K-1$,若 x_m 的码字 $T(x_m)$ 已选定,由于当 $n \geqslant m+1$ 时,

$$D^{l_n} - \sum_{i=1}^{m} D^{l_n-l_i} \geqslant D^{l_n-l_{m+1}} \geqslant 1 .$$

故存在 l_{m+1} 级节点可供选作 x_{m+1} 的码字 $T(x_{m+1})$. 从而得 X 的即时码 $\{T(x_k)\}_{k=1}^{K} = T(A_x)$. □

可以看出,每个 l_k 越大,则 $\sum_{k=1}^{K} D^{-l_k}$ 越小,由于 l_k 大即码字长,相反码字短,而编码理论的主要研究内容之一是如何缩短码字长度. 所以,编码时应尽量使 l_k 小,即使得 $\sum_{k=1}^{K} D^{-l_k}$ 大. 但由以上定理知 $\sum_{k=1}^{K} D^{-l_k}$ 不能大于 1,故最好的情形是使得 $\sum_{k=1}^{K} D^{-l_k} = 1$. 然而,显然这在一般情况下是做不到的.

3.4.4 离散平稳信源的不等长编码举例及存在问题

下面用实例说明,如何通过码树产生的原符号集的即时码,得到离散平稳无记忆信源的一个唯一可译码.

例 3.4.2 设 $\boldsymbol{X}=(X_1,X_2,\cdots,X_n,\cdots)$ 为一离散平稳信源，X_n 与 X 取值于上述符号集 $A_x=\{x_1,x_2,x_3,x_4\}$ 且同分布，分布如下表所示：

信源符号 x_k	x_1	x_2	x_3	x_4
相应概率 p_k	1/2	1/3	1/12	1/12

取 $A_c=\{0,1\}$，此时 $D=2$. 作出下列码树，如图 3.2 所示.

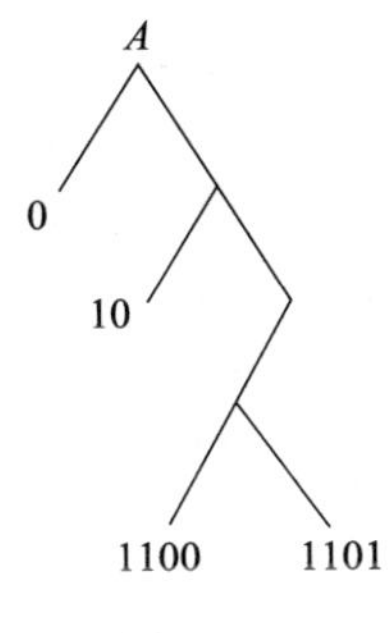

图 3.2

依次取四个终端节点 0,10,1100,1101，则得由下表给出的 A_x 的即时码：

信源符号 x_k	相应概率 p_k	码字 $T(x_k)$	码字长 l_k
x_1	1/2	0	1
x_2	1/3	10	2
x_3	1/12	1100	4
x_4	1/12	1101	4

显然，

$$\sum_{k=1}^{4}2^{-l_k}=2^{-1}+2^{-2}+2^{-4}+2^{-4}=\frac{7}{8}<1,$$

故 $T(X)=\{0,10,1100,1101\}$ 满足定理 3.4.3 条件.

$\boldsymbol{X}$ 的长为 2 的输出信息为 $x_1x_1,x_1x_2,x_1x_3,\cdots,x_4x_4$，共 16 个. 根据扩展编码方法，立即得到相应的码字 00,010,01100,…,11011101. 同理可以得到 $\boldsymbol{X}$ 所有长为 3 的输出信息的码字，以至 $\boldsymbol{X}$ 长为任意正整数 N 的输出信息的码字.

对于同一随机变量，可以有多种即时码，从而对任一离散平稳信源，都有多种唯一可译码.

例 3.4.2 中，$\sum_{k=1}^{4}2^{-l_k}=\frac{7}{8}<1$. 在例 3.4.2 条件下，读者试构造使 $\sum_{k=1}^{4}2^{-l_k}=1$ 的 A_x 的即时码.

仔细考察上例的编码，可以发现：

(1) 在利用码树构造 X 的即时码时，随意性很大. 例 3.4.2 中的 $T(X_1)=T(X)=\{0,10,1100,1101\}$，是大致根据发生概率大的符号(信息)码字短一点，概率小的符号(信息)码字长一点的原则给出的.

(2)虽然每个信源符号的概率已经给出，$T(X_1)$ 已经根据概率大的符号(信息)码字短一点,概率小的符号(信息)码字长一点的编码原则得到,但在利用 $T(X_1)$ 通过扩展编码方法给出 $\boldsymbol{X}$ 长为 2 的输出信息的码字时,却无法知道这些码字也遵循编码原则.这是因为 $\boldsymbol{X}$ 仅仅是离散平稳信源,不一定是离散平稳无记忆信源,其中的随机变量 X_n 仅仅是同分布的,并不一定相互独立,所以从每个符号 x_n 的概率,完全不能知道信息 $x_1x_1, x_1x_2, x_1x_3, \cdots, x_4x_4$ 的概率.例如,尽管 $p(x_1)$ 最大,但 $p(x_1, x_1)$ 可能为 0,比 $p(x_4, x_4)$ 小.如此,即使 $T(X_1) = T(X) = \{0,10,1100,1101\}$ 是不错的码,但利用 $T(X_1)$ 通过扩展编码方法给出的 $T(X_1, X_2)$ 却是很差的码,即彻底破坏了编码原则的码.同样的情况对利用 $T(X_1)$ 通过扩展编码方法给出的 $T(\boldsymbol{X}_N) = T(X_1, X_2, \cdots, X_N)$ 都可能发生.

3.5　最佳码与近似最佳码

不等长编码理论的目的之一是寻求在平均意义下码字长尽可能小的码,即寻求所谓最佳码或近似最佳码.

3.5.1　平均码长

为构造最佳码或近似最佳码,首先介绍平均码长的概念.

定义 3.5.1　设 X 为一随机变量,取值于符号集 $A_x = \{x_1, x_2, \cdots, x_K\}$,分布为 $\{p_k\}_{k=1}^K$,$T(A_x)$(也可记为 $T(X)$)$=\{T(x_k)\}_{k=1}^K$)为 X 的一个非奇异码,x_k 的码字 $T(x_k)$ 的长为 l_k.由 $T(x_k)$ 与 x_k 的一一对应性,$T(x_k)$ 与 x_k 出现的概率是相等的,即 $p(T(x_k)) = p(x_k) = p_k$.称

$$\overline{L} = \sum_{k=1}^{K} p_k l_k \tag{3.5.1}$$

为码 $T(A_x)$的平均码长.

对于一个确定的随机变量 X,其符号集 A_x 与分布 $\{p_k\}_{k=1}^K$ 便确定,即使如此,也有多种编码方法.不同的编码方法对应的平均码长也不一定相同.

对输出长度为 N 的信源,平均码长的定义如下.

定义 3.5.2　设对任意正整数 N,$\boldsymbol{X}_N = (X_1, X_2, \cdots, X_N)$,$X_n$ 取值于同一符号集 $A_x = \{x_1, x_2, \cdots, x_K\}$.若 $T(\boldsymbol{X}_N)$ 为 $\boldsymbol{X}_N$ 的一个非奇异码,码字 $T(\alpha_i)$ 的长为 l_i',则称

$$\overline{L}_N = \sum_{i=1}^{K^N} p(\alpha_i) l_i' \tag{3.5.2}$$

为 $T(\boldsymbol{X}_N)$ 的平均码长,其中 $p(\alpha_i)$ 为 $\boldsymbol{X}_N$ 取值 α_i 的概率,

$$\begin{aligned} \alpha_1 &= (x_1, x_1, \cdots x_1, x_1), \\ \alpha_2 &= (x_1, x_1, \cdots x_1, x_2), \cdots, \\ \alpha_{K^N} &= (x_K, x_K, \cdots x_K, x_K). \end{aligned} \tag{3.5.3}$$

对一般的离散信源，$\overline{L}_N$ 的计算是困难的，但在 $\boldsymbol{X}=(X_1,X_2,\cdots,X_n,\cdots)$ 为离散平稳无记忆信源及扩展编码的情形，$\overline{L}_N$ 却可由 $\overline{L}$ 得到. 以下对此进行讨论.

设 $\boldsymbol{X}=(X_1,X_2,\cdots,X_n,\cdots)$ 为一离散平稳无记忆信源，X_n 取值于同一符号集 $A_x=\{x_1,x_2,\cdots,x_K\}$. 由前知，$X_n$ 相互独立同分布，设 X_n 与 X 同分布，分布为 $\{p_k\}_{k=1}^K$，即 $P(X_n=x_k)=P(X=x_k)=p(x_k)=p_k$.

对 X，选取适当的编码 T，经过扩展编码方法，可由 T 得到 $\boldsymbol{X}$ 的唯一可译码，如取 T 为即时编码. 由所有 X_n 及 X 的相互独立同分布性，对任意正整数 N，$\boldsymbol{X}_N=(X_1,X_2,\cdots,X_N)$ ($=X^N$，参看定义 2.1.4)为 X 的 N 次扩展信源，基于 T 得到的 $\boldsymbol{X}$ 与 $\boldsymbol{X}_N$ 的扩展编码仍记为 T.

对 $\boldsymbol{X}_N=(X_1,X_2,\cdots,X_N)$ 的输出信息 $\alpha=(x_{i_1},x_{i_2},\cdots,x_{i_N})\in A_x^N$，

$$\begin{aligned}p(\alpha)&=P(\boldsymbol{X}_N=\alpha)=P(X_1=x_{i_1},X_2=x_{i_2},\cdots,X_N=x_{i_N})\\&=p(x_{i_1},x_{i_2},\cdots,x_{i_N})=p(x_{i_1})p(x_{i_2})\cdots p(x_{i_N})=p_{i_1}p_{i_2}\cdots p_{i_N}.\end{aligned}\tag{3.5.4}$$

由扩展编码方法知，对 α 的码字 $T(\alpha)$ 有

$$T(\alpha)=T(x_{i_1})T(x_{i_2})\cdots T(x_{i_N}),$$

故其码长 $l'=\sum_{j=1}^{N}l_{i_j}$，其中 l_{i_j} 为 x_{i_j} 的码字 $T(x_{i_j})$ 的长.

设 $\alpha_1,\alpha_2,\cdots,\alpha_{K^N}$ 由式(3.5.3)给出，则有

$$\overline{L}_N=\sum_{i=1}^{K^N}p(\alpha_i)l'_i=\sum_{i_1,i_2,\cdots,i_N=1}^{K}p_{i_1}p_{i_2}\cdots p_{i_N}\sum_{j=1}^{N}l_{i_j},\tag{3.5.5}$$

其中 l'_i 为码字 $T(\alpha_i)$ 的长.

为计算 $T(\boldsymbol{X}_N)$ 为扩展码时的 $\overline{L}_N$，给出如下定理.

定理 3.5.1 对任何正整数 K,N，下述恒等式成立：

$$\sum_{i_1,i_2,\cdots,i_N=1}^{K}p_{i_1}p_{i_2}\cdots p_{i_N}\sum_{j=1}^{N}l_{i_j}=N\left(\sum_{k=1}^{K}p_k\right)^{N-1}\left(\sum_{k=1}^{K}p_kl_k\right).\tag{3.5.6}$$

证明 对 N 使用归纳法. 易知 $\overline{L}_1=\overline{L}$，设式(3.5.6)对 N 成立，则

$$\begin{aligned}&\sum_{i_1,i_2,\cdots,i_N,i_{N+1}=1}^{K}p_{i_1}p_{i_2}\cdots p_{i_N}p_{i_{N+1}}\sum_{j=1}^{N+1}l_{i_j}=\sum_{i_1,i_2,\cdots,i_N=1}^{K}p_{i_1}p_{i_2}\cdots p_{i_N}\sum_{i_{N+1}=1}^{K}p_{i_{N+1}}\left(\sum_{j=1}^{N}l_{i_j}+l_{i_{N+1}}\right)\\&=\left(\sum_{i_1,i_2,\cdots,i_N=1}^{K}p_{i_1}p_{i_2}\cdots p_{i_N}\sum_{j=1}^{N}l_{i_j}\right)\sum_{k=1}^{K}p_k+\sum_{i_1,i_2,\cdots,i_N=1}^{K}p_{i_1}p_{i_2}\cdots p_{i_N}\sum_{k=1}^{K}p_kl_k\\&=N\left(\sum_{k=1}^{K}p_k\right)^{N-1}\left(\sum_{k=1}^{K}p_kl_k\right)\sum_{k=1}^{K}p_k+\left(\sum_{k=1}^{K}p_k\right)^{N}\sum_{k=1}^{K}p_kl_k\\&=(N+1)\left(\sum_{k=1}^{K}p_k\right)^{N}\left(\sum_{k=1}^{K}p_kl_k\right).\end{aligned}$$

□

注意到 $\{p_k\}_{k=1}^K$ 为分布时，$\sum_{k=1}^{K}p_k=1$，故由定理 3.5.1 知

$$\overline{L}_N=N\overline{L}.\tag{3.5.7}$$

因此,若编码 T 对 X 来说使 $\overline{L}$ 最小,则对 $\boldsymbol{X}$ 输出的长度为 N 的信息,其扩展码的平均长度 $\overline{L}_N$ 也最小;若 T 又使 $T(\boldsymbol{X})$ 是唯一可译码,则 T 是一种十分理想的编码.

3.5.2　最佳码

下面给出最佳码的定义.

定义 3.5.3　设 X 为一随机变量,取值于符号集 $A_x=\{x_1,x_2,\cdots,x_K\}$,分布为 $\{p_k\}_{k=1}^{K}$,T 为 X 的编码,$A_c=\{c_1,c_2,\cdots,c_D\}$ 为码元集合,$\overline{L}$ 为由式(3.5.1)定义的平均码长.若对确定的 A_c,在 X 的所有无错编码中,T 使 $\overline{L}$ 最小,则称 $T(X)$ 为 X 的最佳码或紧致码.

定义 3.5.4　设 $\boldsymbol{X}=(X_1,X_2,\cdots,X_n,\cdots)$ 为一离散信源,X_n 取值于同一符号集 $A_x=\{x_1,x_2,\cdots,x_K\}$,$\boldsymbol{X}_N=(X_1,X_2,\cdots,X_N)$,$T$ 为 $\boldsymbol{X}_N$ 的编码,$A_c=\{c_1,c_2,\cdots,c_D\}$ 为码元集合,$\overline{L}_N$ 为由式(3.5.2)定义的平均码长.若对确定的 A_c,在 $\boldsymbol{X}_N$ 的所有无错编码中,T 使 $\overline{L}_N$ 最小,则称 $T(\boldsymbol{X}_N)$ 为 $\boldsymbol{X}_N$ 的最佳码或紧致码.

特别注意:定义 3.5.4 中的最佳编码 T 是直接对 $\boldsymbol{X}_N$ 的每个输出序列 $\alpha_1,\alpha_2,\cdots,\alpha_{K^N}$ 进行编码,即使当 $\boldsymbol{X}$ 为离散平稳无记忆信源时,这里的 T 也不一定是由 X(与每个 X_n 同分布,见前)的编码通过扩展编码方法得到的.例如,设 $A_c=\{0,1\}$,T 为 $\boldsymbol{X}_N$ 的最佳编码,则 α_1 的码字 $T(\alpha_1)$ 完全可能是 0,然而,对于 X 的任一编码 T',x_1 的码字至少为 0 或 1,从而通过 T' 得到的 $\boldsymbol{X}_N$ 的扩展编码,$\alpha_1=(x_1,x_1,\cdots,x_1,x_1)$ 的码字至少应为 00…0 或 11…1.由 T' 得到的 $\boldsymbol{X}_N$ 的扩展码,直观上其平均码长比 $\boldsymbol{X}_N$ 的最佳码的平均码长大.

若在某一类编码中,编码 T 使 $\overline{L}$ 最小,则可称 T 为该类编码中的最佳编码,如在所有即时编码中,T 使 $\overline{L}$ 最小,则称 T 为最佳即时编码.

3.5.3　离散平稳无记忆信源的近似最佳即时码

对于离散平稳无记忆信源长度为 N 的输出信息,如何得到其最佳或近似最佳即时码?对此,香农作了深入的研究,给出了受到广泛推崇的结果.

定理 3.5.2(香农第一编码定理)　设 $\boldsymbol{X}=(X_1,X_2,\cdots,X_n,\cdots)$ 为一离散平稳无记忆信源,X_n 取值于同一符号集 $A_x=\{x_1,x_2,\cdots,x_K\}$,$X_n$ 与 X 同分布,分布为 $\{p_k\}_{k=1}^{K}$.则对任意正整数 N,存在 $\boldsymbol{X}_N$ 的即时编码 T,成立

$$\frac{H(X)}{\log D}+\frac{1}{N}>\frac{\overline{L}_N}{N}\geqslant\frac{H(X)}{\log D},\tag{3.5.8}$$

$$\lim_{N\to\infty}\frac{\overline{L}_N}{N}=\frac{H(X)}{\log D}.\tag{3.5.9}$$

其中 $\overline{L}_N$ 由式(3.5.2)定义,码元集合为 $A_c=\{c_1,c_2,\cdots,c_D\}$,对数与定义 $H(X)$ 时的对数底数相同.

证明 首先证明式(3.5.8)对 $N=1$ 成立. 此时式(3.5.8)成为

$$\frac{H(X)}{\log D}+1>\overline{L}\geqslant\frac{H(X)}{\log D}. \tag{3.5.10}$$

先证对 X 的任意即时编码 T,式(3.5.10)右方不等式都成立,即

$$H(X)-\overline{L}\log D\leqslant 0. \tag{3.5.11}$$

由 $H(X)$ 定义及式(3.5.1)知

$$\begin{aligned}H(X)-\overline{L}\log D&=-\sum_{k=1}^{K}p_k\log p_k-\log D\sum_{k=1}^{K}p_k l_k\\&=-\sum_{k=1}^{K}p_k\log p_k+\sum_{k=1}^{K}p_k\log D^{-l_k}=\sum_{k=1}^{K}p_k\log\frac{D^{-l_k}}{p_k}\\&\leqslant\log\sum_{k=1}^{K}p_k\frac{D^{-l_k}}{p_k}=\log\sum_{k=1}^{K}D^{-l_k}.\end{aligned} \tag{3.5.12}$$

上述不等号由定理 1.3.1 詹森不等式得到. 由定理 3.4.3,对 X 的任意即时码 $T(X)$,都有 $\sum_{k=1}^{K}D^{-l_k}\leqslant 1$,由此即得 $H(X)-\overline{L}\log D\leqslant 0$.

再证可选取即时码 $T(X)$,使式(3.5.10)左方不等式也成立.

取 $l_k=\lceil -\log_D p_k\rceil$,其中 $\lceil a\rceil$ 表示大于等于 a 的最小整数. 则

$$-\log_D p_k\leqslant l_k<-\log_D p_k+1,$$

即 $p_k\geqslant D^{-l_k}>p_kD^{-1}$, $D^{-l_k}\leqslant p_k<D^{1-l_k}$,故有

$$\sum_{k=1}^{K}D^{-l_k}\leqslant\sum_{k=1}^{K}p_k=1.$$

由即时码的存在定理(定理 3.4.3),存在 X 的即时码 $T(X)$,使 x_k 的码字长为 l_k. 此时有

$$\begin{aligned}-H(X)&=\sum_{k=1}^{K}p_k\log p_k\\&<\sum_{k=1}^{K}p_k\log D^{1-l_k}=\sum_{k=1}^{K}p_k(1-l_k)\log D=(1-\overline{L})\log D.\end{aligned}$$

由此即得式(3.5.10)左方不等式.

对任意正整数 N,可得 $\boldsymbol{X}_N$ 的密度阵

$$\begin{matrix}\boldsymbol{X}_N & \alpha_1 & \alpha_2 & \cdots & \alpha_{K^N}\\ p(\alpha) & p(\alpha_1) & p(\alpha_2) & \cdots & p(\alpha_{K^N})\end{matrix}$$

其中 $\alpha_i(i=1,2,\cdots,K^N)$ 由式(3.5.3)定义.

由式(2.3.11)有

$$H(\boldsymbol{X}_N)=NH(X)=-N\sum_{k=1}^{K}p_k\log p_k. \tag{3.5.13}$$

以 $\boldsymbol{X}_N$ 代替 X,$p(\alpha_i)$ 代替 p_k,直接用 $A_c=\{c_1,c_2,\cdots,c_D\}$ 对 $\alpha_i(i=1,2,\cdots,$

K^N)进行编码,取 $l'_k=\lceil -\log_D p(\alpha_k)\rceil$,由以上证明知存在 $\boldsymbol{X}_N$ 的编码 T,$T(\alpha_k)$ 的长为 l'_k,满足

$$\frac{H(\boldsymbol{X}_N)}{\log D}+1>\overline{L}_N\geqslant\frac{H(\boldsymbol{X}_N)}{\log D},$$

由式(3.5.13)即可得式(3.5.8).式(3.5.9)由式(3.5.8)直接得到. □

当信源满足所述条件时,由香农第一编码定理知道,对 $\boldsymbol{X}_N$,存在平均码长令人满意的即时码,可称其为近似最佳即时码,这是该定理最重要的意义所在.

这是因为对 $N=1$,由本定理证明的前半部分知,对 X 的任意即时码 $T(X)$,都有 $\frac{H(X)}{\log D}\leqslant\overline{L}$,即 $\frac{H(X)}{\log D}$ 是 X 的任意即时码 $T(X)$ 对应的平均码长 $\overline{L}$ 的下限.故当等号成立时,$T(X)$ 必为最佳即时码.而定理 3.5.2 证明中所述,取 $l_k=\lceil -\log_D p_k\rceil$ 的即时码,对应的 $\overline{L}$ 的上限仅比下限 $\frac{H(X)}{\log D}$ 多 1.所以该码即使不是最佳即时码,也是比较理想的,可认为是近似最佳即时码.

对任意正整数 N,注意到 $\overline{L}_N$ 为 $\boldsymbol{X}_N$ 的输出序列的平均码长,而 $\boldsymbol{X}_N$ 的输出序列 α 含有符号集 $A_x=\{x_1,x_2,\cdots,x_K\}$ 中 N 个符号,故 $\frac{\overline{L}_N}{N}$ 为每个符号的平均码长.式(3.5.8)表明,当 N 充分大时,定理 3.5.2 证明中所述取 $l'_k=\lceil -\log_D p(\alpha_k)\rceil$,对 $\boldsymbol{X}_N$ 的输出序列 $\alpha_1,\alpha_2,\cdots,\alpha_{K^N}$ 直接进行的即时编码,得到的每个符号的平均码长 $\frac{\overline{L}_N}{N}$ 属于长度仅为 $\frac{1}{N}$ 的区间 $\left[\frac{H(X)}{\log D},\frac{H(X)}{\log D}+\frac{1}{N}\right)$,注意到 $\frac{H(X)}{\log D}$ 是对 $\boldsymbol{X}_N$ 的任意即时码所得 $\frac{\overline{L}_N}{N}$ 的下限,所以,定理 3.5.2 证明中,取 $l'_k=\lceil -\log_D p(\alpha_k)\rceil$ 得到的 $\boldsymbol{X}_N$ 的即时码是近似最佳的.

再次提起注意:定理 3.5.2 的证明实际上提供了如何得到定理中所述编码的方法:对 $N=1$,取 x_k 的码字长 $l_k=\lceil -\log_D p_k\rceil$,可以利用码树给出 X 的即时码;对任意 N,取 α_k 的码字长 $l'_k=\lceil -\log_D p(\alpha_k)\rceil$,再利用码树给出 $\boldsymbol{X}_N$ 的即时码.

但是,由此方法得到的码尽管是很好的码,一般来说却不是最佳即时码.只在极特殊的情况下,如 $-\log_D p_k$ 为正整数,此方法得到的码才是最佳即时码.因为若 $-\log_D p_k$ 为正整数,取 $l_k=-\log_D p_k$,则一方面,

$$p_k=D^{-l_k},\quad \sum_{k=1}^{K}D^{-l_k}=\sum_{k=1}^{K}p_k=1.$$

另一方面,

$$\begin{aligned}H(X)-\overline{L}\log D&=-\sum_{k=1}^{K}p_k\log p_k-\sum_{k=1}^{K}p_k l_k\log D\\&=-\sum_{k=1}^{K}p_k\log p_k+\sum_{k=1}^{K}p_k\log_D p_k\log D\end{aligned}$$

$$=-\sum_{k=1}^{K}p_k\log p_k+\sum_{k=1}^{K}p_k\log p_k=0.$$

$\overline{L}$ 达到其下界 $\dfrac{H(X)}{\log D}$，因而 $T(X)$ 为最佳即时码. 对 $T(\boldsymbol{X}_N)$ 也可给出类似的讨论.

早在定义 3.3.2 中，就出现 $\dfrac{H(X)}{\log D}$，在现在的环境下，仍可利用该数给出编码效率和剩余度的定义.

定义 3.5.5　在定理 3.5.2 的假定下，设 T 为对 $\boldsymbol{X}_N$ 的输出序列 $\alpha_1,\alpha_2,\cdots,\alpha_{K^N}$ 直接进行的编码，称 $R=\dfrac{\overline{L}}{N}\log D$ 为编码信息率，$E=\dfrac{H(X)}{\dfrac{\overline{L}_N}{N}\log D}=\dfrac{NH(X)}{\overline{L}_N\log D}$ 为编码效率，$\eta=1-E$ 为冗余度.

$N=1$ 时可认为 $X=\boldsymbol{X}_1$，因而对 X，编码效率为 $E=\dfrac{H(X)}{\overline{L}\log D}$，编码剩余度为 $\eta=1-E$.

注意：在定理 3.5.2 中，$\boldsymbol{X}_i$ 与 $\boldsymbol{X}_j$ 的编码可能没有任何关系，特别地，$\boldsymbol{X}_N$ 的编码不是由 X（$X=\boldsymbol{X}_1$）的编码经过扩展编码方法得到的. 如此，一方面增加了编码的工作量；另一方面，设 Λ 为信源 $\boldsymbol{X}=(X_1,X_2,\cdots,X_n,\cdots)$ 长度不超过 M 的输出序列全体，$\bigcup\limits_{N=1}^{M}T(\boldsymbol{X}_N)$ 并不一定构成 Λ 的非奇异码，因为 $T(\boldsymbol{X}_i)$ 与 $T(\boldsymbol{X}_j)$ $(i,j=1,2,\cdots,M,i\neq j)$ 中的码字有可能出现相同的现象.

下面给出例子，说明定理 3.5.2 的应用.

例 3.5.1　设 $\boldsymbol{X}=(X_1,X_2,\cdots,X_n,\cdots)$ 为一离散平稳无记忆信源，X_n 取值于同一符号集 $A_x=\{x_1,x_2,x_3,x_4\}$，X_n 与 X 同分布，X 的分布由下列密度阵给出：

X	x_1	x_2	x_3	x_4
$p(x)$	1/8	1/4	1/4	3/8

现利用码元 0,1 对 $\boldsymbol{X}_1=X,\boldsymbol{X}_2=(X_1,X_2)=X^2$（符号参见第 2 章最后）进行编码，并计算相应的编码效率.

解　首先对 X 进行编码.

取 $l_k=\lceil -\log_D p_k\rceil$，此时 $D=2$，则 $l_1=\lceil -\log_2 p_1\rceil=\left\lceil -\log_2\dfrac{1}{8}\right\rceil=3$，$l_2=\lceil -\log_2 p_2\rceil=\left\lceil -\log_2\dfrac{1}{4}\right\rceil=2=l_3$，$l_4=\lceil -\log_2 p_4\rceil=\left\lceil -\log_2\dfrac{3}{8}\right\rceil=\left\lceil \log_2\dfrac{8}{3}\right\rceil$，因为 $2<\dfrac{8}{3}<4$，$1<\log_2\dfrac{8}{3}<2$，故 $l_4=\left\lceil \log_2\dfrac{8}{3}\right\rceil=2$.

令 $T(x_1)=000,T(x_2)=01,T(x_3)=10,T(x_4)=11$，得 $\boldsymbol{X}_1=X$ 的编码 T，平均码长为

$$\overline{L}_1=\frac{1}{8}l_1+\frac{1}{4}l_2+\frac{1}{4}l_3+\frac{3}{8}l_4=\frac{3}{8}+\frac{2}{4}+\frac{2}{4}+\frac{6}{8}=2\,\frac{1}{8},$$

又

$$H(X) = -\frac{1}{8}\log_2\frac{1}{8} - \frac{1}{4}\log_2\frac{1}{4} - \frac{1}{4}\log_2\frac{1}{4} - \frac{3}{8}\log_2\frac{3}{8} \approx 1.906.$$

相应的编码效率为

$$E_1 = \frac{H(X)}{\overline{L}_1\log_2 2} = \frac{1.906}{\frac{17}{8}} = 0.897,$$

冗余度为 0.103.

其次对 X^2 进行编码. X^2 的输出序列为

$\alpha_1 = x_1x_1$, $\alpha_2 = x_1x_2$, $\alpha_3 = x_1x_3$, $\alpha_4 = x_1x_4$, $\alpha_5 = x_2x_1$, $\alpha_6 = x_2x_2$,

$\alpha_7 = x_2x_3$, $\alpha_8 = x_2x_4$, $\alpha_9 = x_3x_1$, $\alpha_{10} = x_3x_2$, $\alpha_{11} = x_3x_3$, $\alpha_{12} = x_3x_4$,

$\alpha_{13} = x_4x_1$, $\alpha_{14} = x_4x_2$, $\alpha_{15} = x_4x_3$, $\alpha_{16} = x_4x_4$.

相应概率为

$$p(\alpha_1) = 1/64,\ p(\alpha_2) = 1/32,\ p(\alpha_3) = 1/32,\ p(\alpha_4) = 3/64,$$
$$p(\alpha_5) = 1/32,\ p(\alpha_6) = 1/16,\ p(\alpha_7) = 1/16,\ p(\alpha_8) = 3/32,$$
$$p(\alpha_9) = 1/32,\ p(\alpha_{10}) = 1/16,\ p(\alpha_{11}) = 1/16,\ p(\alpha_{12}) = 3/32,$$
$$p(\alpha_{13}) = 3/64,\ p(\alpha_{14}) = 3/32,\ p(\alpha_{15}) = 3/32,\ p(\alpha_{16}) = 9/64.$$

取 $l'_k = \lceil -\log_2 p(\alpha_k) \rceil$,得

$l'_1 = 6$, $l'_2 = 5$, $l'_3 = 5$, $l'_4 = \lceil 4.15 \rceil = 5$, $l'_5 = 5$, $l'_6 = 4$, $l'_7 = 4$,

$l'_8 = \lceil 3.415 \rceil = 4$, $l'_9 = 5$, $l'_{10} = 4$, $l'_{11} = 4$, $l'_{12} = \lceil 3.415 \rceil = 4$,

$l'_{13} = \lceil 4.15 \rceil = 5$, $l'_{14} = \lceil 3.415 \rceil = 4$, $l'_{15} = \lceil 3.415 \rceil = 4$, $l'_{16} = \lceil 2.83 \rceil = 3$.

以下根据上述码字长构造码树、确定码字从而得到 X^2 的编码 T,然后计算平均码长、编码效率和冗余度的工作,请读者补充完成.

注意:对 X^2,还可根据上题对 X 进行的编码,利用扩展编码方法得出其扩展码,进而计算平均码长、编码效率和冗余度. 对 X^2 的这两种编码方法,比较平均码长,可以知道哪种方法更好. 一般来说,扩展码不是最佳码,但扩展码结构简单,有优越之处. 特别地,对任意正整数 N,可立即得到 X^N 的扩展码,$M \neq N$ 时,X^M 的扩展码与 X^N 的扩展码不相交,而对 X^N 和 X^M 直接编码却需构筑不同的码树,两个码是否有重复的码字也不可知.

世事难周全,X 的很好的码,通过扩展编码方法得出的 X^N 的扩展码却不一定是 X^N 好的码,但 $M \neq N$ 时,X^M 的扩展码与 X^N 的扩展码不相交,因而利用 X 的码,通过扩展编码方法可以得出 $\boldsymbol{X} = (X_1, X_2, \cdots, X_n, \cdots)$ 的非奇异码即唯一可译码;对每个 X^N,可以通过定理 3.5.2(香农第一编码定理)证明中提供的方法得到很好的码,但全体这样的码的并,却难以构成 $\boldsymbol{X} = (X_1, X_2, \cdots, X_n, \cdots)$ 的非奇异码. 这一现象对离散平稳无记忆信源 $\boldsymbol{X} = (X_1, X_2, \cdots, X_n, \cdots)$ 会出现,对以后介绍的所有近似最佳即时码和最佳即时码,不论 $\boldsymbol{X} = (X_1, X_2, \cdots, X_n, \cdots)$ 是否为离散平稳无记忆信源,同样都会出现.

3.5.4 一般离散平稳信源的近似最佳即时码

利用定理 3.5.2,可以给出一般离散平稳信源的近似最佳即时码.

定理 3.5.3 设 $\boldsymbol{X}=(X_1,X_2,\cdots,X_n,\cdots)$ 为一离散平稳信源,X_n 取值于同一符号集 $A_x=\{x_1,x_2,\cdots,x_K\}$,$X_n$ 与 X 同分布,分布为 $\{p_k\}_{k=1}^{K}$.则当正整数 N 充分大时,存在 $\boldsymbol{X}_N$ 的即时编码 T,使 $\frac{\overline{L}_N}{N}$ 接近于 $\frac{H_\infty(\boldsymbol{X})}{\log D}$,特别有

$$\lim_{N\to\infty}\frac{\overline{L}_N}{N}=\frac{H_\infty(\boldsymbol{X})}{\log D}. \tag{3.5.14}$$

证明 对 $N=1$,由定理 3.5.2 证明的开始部分知,存在 X 的即时码 $T(X)$,使

$$\frac{H(X)}{\log D}+1>\overline{L}\geqslant\frac{H(X)}{\log D}, \tag{3.5.15}$$

其中,对于 $A_x=\{x_1,x_2,\cdots,x_k\}$ 中的符号 x_k,其码字 $T(x_k)$ 的长取为 $l_k=\lceil-\log_D p_k\rceil$.

对任意正整数 N,可得 $\boldsymbol{X}_N$ 的密度阵

$$\begin{matrix}\boldsymbol{X}_N & \alpha_1 & \alpha_2 & \cdots & \alpha_{K^N}\\ p(\alpha) & p(\alpha_1) & p(\alpha_2) & \cdots & p(\alpha_{K^N})\end{matrix}$$

其中 $\alpha_i(i=1,2,\cdots,K^N)$ 由式(3.5.3)定义.

以 $\boldsymbol{X}_N$ 代替 X,$p(\alpha_i)$ 代替 p_k,直接用 $A_c=\{c_1,c_2,\cdots,c_D\}$ 对 $\alpha_i(i=1,2,\cdots,K^N)$ 进行编码,取 $l'_k=\lceil-\log_D p(\alpha_k)\rceil$,由以上证明知存在 $\boldsymbol{X}_N$ 的即时码 $T(\boldsymbol{X}_N)$,$T(\alpha_k)$ 的长为 l'_k,满足

$$\frac{H(\boldsymbol{X}_N)}{\log D}+1>\overline{L}_N\geqslant\frac{H(\boldsymbol{X}_N)}{\log D}, \tag{3.5.16}$$

其中 $\overline{L}_N=\sum_{i=1}^{K^N}p(\alpha_i)l'_i$.故

$$\frac{H(\boldsymbol{X}_N)}{N\log D}+\frac{1}{N}>\frac{\overline{L}_N}{N}\geqslant\frac{H(\boldsymbol{X}_N)}{N\log D}. \tag{3.5.17}$$

由于 $H_N(\boldsymbol{X})=\frac{1}{N}H(\boldsymbol{X}_N)$,$H_\infty(\boldsymbol{X})=\lim_{N\to\infty}H_N(\boldsymbol{X})=\lim_{N\to\infty}\frac{1}{N}H(\boldsymbol{X}_N)$,式(3.5.17)中令 $N\to\infty$ 即得式(3.5.14). □

注意 1:正像式(3.5.15)右边 $\frac{H(X)}{\log D}$ 是 X 的任意即时码的平均码长 $\overline{L}$ 的下限一样,式(3.5.16)中,$\frac{H(\boldsymbol{X}_N)}{\log D}$ 是 $\boldsymbol{X}_N$ 的任意即时码的平均码长 $\overline{L}_N$ 的下限,式(3.5.17)右边 $\frac{H(\boldsymbol{X}_N)}{N\log D}$ 是 $\frac{\overline{L}_N}{N}$ 的下限.由于取 $l'_k=\lceil-\log_D p(\alpha_k)\rceil$ 时得到的 $\boldsymbol{X}_N$ 的即时码,当 $N\to\infty$ 时 $\frac{\overline{L}_N}{N}$ 的极限是 $\frac{H(\boldsymbol{X}_N)}{N\log D}$ 的极限 $\frac{H_\infty(\boldsymbol{X})}{\log D}$,这就是说,当 N 充分大时,$\frac{\overline{L}_N}{N}$ 充分靠近上述下限,所以此时的 $T(\boldsymbol{X}_N)$ 为 $\boldsymbol{X}_N$ 的近似最佳即时码.

注意 2:由于本定理的证明没有涉及 $\boldsymbol{X}=(X_1,X_2,\cdots,X_n,\cdots)$ 中随机变量的独立性,所以,上述 T 对一般离散平稳信源是有效的.

注意 3:与定理 3.5.2 一样,定理 3.5.3 中所述对 $\boldsymbol{X}_N$ 的编码不是扩展编码,故当 $M\neq N$ 时,对 X^N 和 X^M 编码需构筑不同的码树,两个码是否有重复的码字也不可知. 例 3.5.1 后面的注意适用于现在的情形.

3.5.5 m 阶马尔可夫信源的近似最佳即时码

对于 m 阶马尔可夫信源,容易给出下列结果.

定理 3.5.4 设 $\boldsymbol{X}=(\cdots,X_{-2},X_{-1},X_0,X_1,X_2,\cdots)$ 为一 m 阶马尔可夫信源, X_n 取值于同一符号集 $A_x=\{x_1,x_2,\cdots,x_K\}$, X_n 与 X 同分布,分布为 $\{p_k\}_{k=1}^K$. 则当正整数 N 充分大时,存在 $\boldsymbol{X}_N$ 的即时编码 T,使 $\frac{\overline{L_N}}{N}$ 接近于 $\frac{H(X_{m+1}\mid X_1,X_2,\cdots,X_m)}{\log D}$,特别有

$$\lim_{N\to\infty}\frac{\overline{L_N}}{N}=\frac{H(X_{m+1}\mid X_1,X_2,\cdots,X_m)}{\log D}.$$

由于对 m 阶马尔可夫信源有 $H_\infty(\boldsymbol{X})=H(X_{m+1}\mid X_1,X_2,\cdots,X_m)$,本定理的结果由定理 3.4.4 直接得到.

本定理中的 T 为 m 阶马尔可夫信源的近似最佳即时编码.

注意对一般的离散平稳信源, $\frac{H_\infty(\boldsymbol{X})}{\log D}$ 是不易得到的,但对 m 阶马尔可夫信源而言, $\frac{H_\infty(\boldsymbol{X})}{\log D}=\frac{H(X_{m+1}\mid X_1,X_2,\cdots,X_m)}{\log D}$,后者的计算可以由式(1.2.19)和式(1.2.20)特别是式(1.2.20)得到(式(1.2.19)可由式(1.2.20)得到),而式(1.2.20)中的条件概率可由统计方法得到.

3.5.6 霍夫曼码

由 3.5.5 小节知道,对于离散平稳信源,由定理 3.5.2,定理 3.5.4 中的编码方法一般来说得不到最佳即时码. 霍夫曼于 1952 年提出一种编码方法,由此方法,可以得到离散平稳信源的最佳即时码.

1. 霍夫曼编码的理论基础

霍夫曼的方法建立在如下两个定理的基础上. 在给出这两个定理之前,再一次对所述编码问题作一些回顾与分析,以使线条清晰,问题简化.

设 $\boldsymbol{X}=(X_1,X_2,\cdots,X_n,\cdots)$ 为一离散平稳信源, X_n 取值于同一符号集 $A_x=\{x_1,x_2,\cdots,x_K\}$, X_n 与 X 同分布,分布为 $\{p_k\}_{k=1}^K$,即有 X 的密度阵

$$\begin{matrix} X & x_1 & x_2 & \cdots & x_K \\ p(x) & p_1 & p_2 & \cdots & p_K \end{matrix} \tag{3.5.18}$$

对任意正整数 N，设

$$\alpha_1=(x_1,x_1,\cdots,x_1,x_1),$$
$$\alpha_2=(x_1,x_1,\cdots,x_1,x_2),\cdots,$$
$$\alpha_{K^N}=(x_K,x_K,\cdots,x_K,x_K),$$

则 $\{\alpha_1,\alpha_2,\cdots,\alpha_{K^N}\}=A_x^N$. 故可得 $\boldsymbol{X}_N$ 的密度阵

$$\begin{matrix}\boldsymbol{X}_N & \alpha_1 & \alpha_2 & \cdots & \alpha_{K^N}\\ p(\alpha) & p(\alpha_1) & p(\alpha_2) & \cdots & p(\alpha_{K^N})\end{matrix}$$

因此，X 及其分布与 $\boldsymbol{X}_N$ 及其分布在结构上是相同的，对 X 的编码方法，完全可以直接用于 $\boldsymbol{X}_N$. 当然，这样的码一定不是扩展码.

如此，以下仅对 X 进行讨论. 为简单起见，设码元集合为$\{0,1\}$，即所涉及的码为二元码，由此得到的理论与方法很容易推广到码元集合含任意有限个元素的情形.

在介绍第一个定理之前，先给出如下引理.

引理 3.5.1　设随机变量 X 取值于符号集 $A_x=\{x_1,x_2,\cdots,x_K\}$，分布为 $\{p_k\}_{k=1}^K$. 则对 X 的任意最佳二元即时码 $T(X)$，当 $p_i>p_j$ 时，必有 $l_i\leqslant l_j$，其中 l_i 为 x_i 的码字 $T(x_i)$ 的长，$i,j=1,2,\cdots,K,i\neq j$.

证明　若不然，对 $p_i>p_j$，有 $l_i>l_j$，$T'(X)$ 为将 $T(X)$ 中码字 $T(x_i)$ 与 $T(x_j)$ 对调而其余码字不变的码，则 $T'(X)$ 仍为即时码，而对 $T(X)$ 与 $T'(X)$ 的平均码长 $\overline{L}$ 与 $\overline{L'}$ 有

$$\overline{L}-\overline{L'}=p_il_i+p_jl_j-p_il_j-p_jl_i=(p_i-p_j)(l_i-l_j)>0.$$

$T'(X)$ 比 $T(X)$ 更好，与 $T(X)$ 为最佳即时码的假设矛盾. □

引理 3.5.1 没有说明当 $T(X)$ 为最佳二元即时码且 $p_i\geqslant p_j$ 时，是否必有 $l_i\leqslant l_j$. 事实上，下例所反映的现象表明，当 $T(X)$ 为最佳二元即时码且 $p_i=p_j$ 时，可能有 $l_i>l_j$.

例 3.5.2　设随机变量 X 取值于符号集 $A_x=\{x_1,x_2,\cdots,x_9\}$，分布为 $\{p_k\}_{k=1}^9$，且 $p_1=p_2=p_3>p_4=p_5>p_6=p_7=p_8=p_9$，$T(X)$ 为最佳二元即时码，l_k 为 x_k 的码字 $T(x_k)$ 的长，$k=1,2,\cdots,9$.

由引理 3.5.1 知 $l_1,l_2,l_3\leqslant l_4,l_5\leqslant l_6,l_7,l_8,l_9$，但由该引理不能确定 l_1,l_2,l_3 之间，l_4,l_5 之间，以及 l_6,l_7,l_8,l_9 之间的大小关系. 实际上，若对上述最佳即时码 $T(X)$ 有 $l_1<l_2$，$T'(X)$ 为将 $T(X)$ 中码字 $T(x_1)$ 与 $T(x_2)$ 对调而其余码字不变的码，则 $T'(X)$ 仍为即时码，而对 $T(X)$ 与 $T'(X)$ 的平均码长 $\overline{L}$ 与 $\overline{L'}$ 有

$$\overline{L}-\overline{L'}=p_1l_1+p_2l_2-p_1l_2-p_2l_1=(p_1-p_2)(l_1-l_2)=0.$$

$T'(X)$ 与 $T(X)$ 有相同的平均码长，故亦为最佳即时码. 而对 $T'(X)$ 来说，$l'_1=l_2>l'_2=l_1$，其中 l'_k 为 $T'(x_k)$ 的长，$k=1,2,\cdots,9$.

同理，将 $T(X)$ 中码字 $T(x_1)$ 与 $T(x_3)$ 对调而其余码字不变，也可得到最佳即时码. 对调 $T(x_4)$ 与 $T(x_5)$，或在码字 $T(x_6),T(x_7),T(x_8),T(x_9)$ 之间交换位置，也可得到最佳即时码.

本例说明,在引理 3.5.1 的假定下,对于任一最佳即时码 $T(X)$,即使 $p_1 \geqslant p_2 \geqslant \cdots \geqslant p_K$,但 $l_1 \leqslant l_2 \leqslant \cdots \leqslant l_K$ 可能并不成立,然而通过交换码字次序并重新编号,总可找到最佳即时码使 $l_1 \leqslant l_2 \leqslant \cdots \leqslant l_K$ 成立.

以下介绍第一个定理.

定理 3.5.5 设随机变量 X 取值于符号集 $A_x = \{x_1, x_2, \cdots, x_K\}$,分布为 $\{p_k\}_{k=1}^{K}$. 则对 X 的任意最佳二元即时码 $T(X)$,存在发生概率最小的两个符号 x_i, x_j,码字 $T(x_i)$ 与 $T(x_j)$ 的长 l_i 与 l_j 相等. 此外,若长度相同的码字有两个或两个以上时,其中必有两个码字仅最后一位码符号不同.

证明 根据引理 3.5.1 及例 3.5.2,为使叙述简便,不妨设 $p_1 \geqslant p_2 \geqslant \cdots \geqslant p_K$ 且 $l_1 \leqslant l_2 \leqslant \cdots \leqslant l_K$.

要证明 $l_{K-1} = l_K$,因为此时 x_{K-1}, x_K 为发生概率最小的两个符号.

反证,若不然,$l_1 \leqslant l_2 \leqslant \cdots \leqslant l_{K-1} < l_K$,则 $T(x_K)$ 为表示码 $T(X)$ 的码树中唯一的最下一个终端节点(l_K 级). 这就是说,从 $T(x_K)$ 的第 l_{K-1} 级上级关联节点(设为 B)处仅引出以 $T(x_K)$ 为终端节点的这"一条"树枝. 那么,此树中将 B 取为 x_K 的码字,去掉 B 引出的树枝,其他终端结点不变,这样得到的码树表示的码 $T'(X)$ 显然比原来的码具有更小的平均码长,因为此时对 $T(X)$ 与 $T'(X)$ 的平均码长 $\overline{L}$ 与 $\overline{L'}$ 有

$$\overline{L} - \overline{L'} = p_K l_K - p_K l_{K-1} = p_K(l_K - l_{K-1}) > 0.$$

与 $T(X)$ 为最佳即时码的假设矛盾. 从而必有 $l_{K-1} = l_K$.

最后,长度相同的码字有两个或两个以上时,若任何两个的差别不仅在最后一位,则去掉最后一个码字母也可得到互不相同的码字,这样得到的码仍为即时码,但平均码长减小,也与 $T(X)$ 为最佳即时码的假设矛盾. □

为了介绍下一定理,先介绍缩减信源的概念.

定义 3.5.6 设信源 X(仅含一个随机变量 X 的信源)取值于符号集 $A_x = \{x_1, x_2, \cdots, x_K\}$,分布为 $\{p_k\}_{k=1}^{K}$,信源 X' 取值于符号集 $A'_x = \{x'_1, x'_2, \cdots, x'_{K-1}\}$,分布为 $\{p'_k\}_{k=1}^{K-1}$,其中 $x'_k = x_k, k = 1, 2, \cdots, K-2, x'_{K-1} = \{x_{K-1}, x_K\}, p'_k = p_k, k = 1, 2, \cdots, K-2, p'_{K-1} = p_{K-1} + p_K$,则称 X' 为 X 的缩减信源.

定理 3.5.6 设信源 X(仅含一个随机变量 X 的信源)取值于符号集 $A_x = \{x_1, x_2, \cdots, x_K\}$,分布为 $\{p_k\}_{k=1}^{K}, p_1 \geqslant p_2 \geqslant \cdots \geqslant p_K$, X' 为 X 的缩减信源,即 X' 取值于 $A'_x = \{x_1, x_2, \cdots, x_{K-2}, \{x_{K-1}, x_K\}\}$,分布为 $\{p_1, \cdots, p_{K-2}, p_{K-1} + p_K\}$. 设 $T(X')$ 为 X' 的最佳二元即时码. 则 $T(X) = \{T(x_1), T(x_2), \cdots, T(x_{K-2}), T(\alpha)0, T(\alpha)1\}$ 为 X 的最佳二元即时码,其中 $T(x_k)$ 为 $T(X')$ 中 x_k 的码字, $k = 1, 2, \cdots, K-2, \alpha = \{x_{K-1}, x_K\}$, $T(\alpha)$ 为 $T(X')$ 中 α 的码字, $T(\alpha)0, T(\alpha)1$ 分别表示码字 $T(\alpha)$ 最末一位后添加码符号 0,1 得到的码字.

证明 设对于 $T(X')$,码长为 $l'_k, k = 1, 2, \cdots, K-1$,平均码长为 $\overline{L'}$,对于 $T(X)$,码长为 $l_k, k = 1, 2, \cdots, K$,平均码长为 $\overline{L}$,则

$$\begin{cases} l_k = l'_k, & k = 1, 2, \cdots, K-2, \\ l_k = l'_{K-1} + 1, & k = K-1, K, \end{cases}$$

$$\overline{L}=\sum_{k=1}^{K}p_kl_k=\sum_{k=1}^{K-2}p_kl'_k+(l'_{K-1}+1)(p_{K-1}+p_K)$$
$$=\overline{L'}+p_{K-1}+p_K.$$

以下用反证法证明 $T(X)$ 为最佳即时码. 假设 $T(X)$ 不是最佳即时码，$T^0(X)$ 为最佳即时码,其平均码长为 $\overline{L^0}$ ，l_k^0 为 x_k 的码字 $T^0(x_k)$ 的长. 则由定理 3.5.5 可设 $l_{K-1}^0=l_k^0$,故

$$\overline{L^0}=\sum_{k=1}^{K}p_kl_k^0=\sum_{k=1}^{K-2}p_kl^0_k+(l^0_{K-1})(p_{K-1}+p_K)$$
$$=\sum_{k=1}^{K-2}p_kl^0_k+(l^0_{K-1}-1)(p_{K-1}+p_K)+p_{K-1}+p_K$$
$$=\overline{L''}+p_{K-1}+p_K<\overline{L}=\overline{L'}+p_{K-1}+p_K.$$

由于 $T^0(X)$ 为即时码,故由定理 3.4.3 知对码长 $l_1^0,l_2^0,\cdots,l_{K-2}^0,l_{K-1}^0,l_{K-1}^0$ 有

$$\sum_{k=1}^{K-2}2^{-l_k^0}+2^{l_{K-1}^0}+2^{-l_{K-1}^0}\leqslant 1,$$

此不等式又为

$$\sum_{k=1}^{K-2}2^{-l_k^0}+2^{-(l_{K-1}^0-1)}\leqslant 1,$$

故又由定理 3.4.3 知对缩减信源 X' ,存在码长为 $l_1^0,l_2^0,\cdots,l_{K-2}^0,l_{K-1}^0-1$ 的即时码 $T''(X')$,其平均码长 $\overline{L''}$ 即 $\sum_{k=1}^{K-2}p_kl^0_k+(l^0_{K-1}-1)(p_{K-1}+p_K)$. 但由上式知 $\overline{L''}<\overline{L'}$,与 $T(X')$ 为 X' 的最佳即时码的事实矛盾. □

再次注意:例 3.5.1 后面的注意适用于现在的情形.

2. 霍夫曼编码方法

由定理 3.5.5 及定理 3.5.6,可以得到霍夫曼编码方法,以下用实例对该方法加以介绍.

例 3.5.3 设信源 X 取值于符号集 $A_x=\{x_1,x_2,x_3,x_4,x_5\}$，分布见表 3.2 第二行.

霍夫曼编码方法步骤如下：

(1)首先为发生概率最小的原符号 x_4,x_5 分配最后一位码符号 0,1,见表 3.2 第三行；

(2)合并发生概率最小的原符号 x_4,x_5 ,以构造缩减信源,见表 3.3；

(3)按概率大小重新排列缩减信源符号,构造缩减信源 X' ,见表 3.4 第二、三行.

用 X' 代替 X ,重复以上步骤(1)～(3),对 X' 的缩减信源 X'' 做同样的处理,以此类推,最后可得每个原符号的编码,依次为 00,01,11,100,101(表 3.5～表 3.8).

表 3.2

原符号	x_1	x_2	x_3	x_4	x_5
概率	0.3	0.25	0.2	0.15	0.1
分配码符号				0	1

表 3.3

原符号	x_1	x_2	x_3	x_4	x_5
缩减信源符号	x_1	x_2	x_3	$\{x_4, x_5\}$	
概率	0.3	0.25	0.2	0.25	

表 3.4

原符号	x_1	x_2	x_4	x_5	x_3
缩减信源符号	x'_1	x'_2	$x'_3=\{x_4, x_5\}$		x'_4
概率	0.3	0.25	0.25		0.2
分配码符号			0		1
原符号已有码符号			00	01	1

表 3.5

原符号	x_1	x_2	x_3	x_4	x_5
缩减信源符号	x'_1	x'_2	$\{x'_3, x'_4\}=\{x_3, x_4, x_5\}$		
概率	0.3	0.25	0.45		

表 3.6

原符号	x_3	x_4	x_5	x_1	x_2
缩减信源符号	$x''_1=\{x_3, x_4, x_5\}$			x''_2	x''_3
概率	0.45			0.3	0.25
分配码符号				0	1
原符号已有码符号	1	00	01	0	1

表 3.7

原符号	x_3	x_4	x_5	x_1	x_2
缩减信源符号	$x''_1=\{x_3, x_4, x_5\}$			$\{x''_2, x''_3\}=\{x_1, x_2\}$	
概率	0.45			0.55	

表 3.8

原符号	x_1	x_2	x_3	x_4	x_5
缩减信源符号	$x'''_1=\{x_1, x_2\}$		$x'''_2=\{x_3, x_4, x_5\}$		
概率	0.55		0.45		
分配码符号	0		1		
原符号码字	00	01	11	100	101

将以上各表综合为一个简表，得表 3.9.

表 3.9

信源X	概率	缩减信源						码字
		X'	概率	X''	概率	X'''	概率	
x_1	0.3	x_1'	0.3	x_1''	0.45	x_1'''	0.55	00
x_2	0.25	x_2'	0.25	x_2''	0.3	x_2'''	0.45	01
x_3	0.2	x_3'	0.25	x_3''	0.25			11
x_4	0.15	x_4'	0.2					100
x_5	0.1							101

习　题　3

1. 写出与定义 3.1.4 相应的非奇异编码、奇异编码概念.

2. 设信源 $\boldsymbol{X}=(X_1,X_2,X_3)$，符号集 $A_x=\{x_1,x_2,x_3,x_4\}$，设计一种三次扩展编码，使其成为 $\boldsymbol{X}$ 的等长编码.

3. 设随机变量 X,Y 相互独立同分布，均取值于$\{2,3,4,5,6\}$，分布由下列密度阵给出：

$$\begin{matrix} X & 2 & 3 & 4 & 5 & 6 \\ p(x) & 0.1 & 0.1 & 0.3 & 0.2 & 0.3 \end{matrix}$$

(1)求 $X=2$ 的自信息和 X 的熵；

(2)求 X,Y 的联合熵；

(3)利用码元 a,b,c 给出 X 的一种等长非奇异编码.

4. 完成例 3.5.1 的编码和计算.

5. 设随机变量 X,Y,Z 相互独立同分布，取值于 $\{a,b,c\}$，分布由下列密度阵给出：

$$\begin{matrix} X & a & b & c \\ p(x) & 0.6 & 0.2 & 0.2 \end{matrix}$$

(1)利用码元 0,1，给出 X 的即时码；

(2)利用扩展编码方法，给出 $\boldsymbol{X}=(X,Y,Z)$ 的编码.

6. 设随机变量 X_1,X_2 相互独立同分布，取值于 $\{a,b,c\}$，分布由下列密度阵给出：

$$\begin{matrix} X & a & b & c \\ p(x) & 0.3 & 0.2 & 0.5 \end{matrix}$$

(1)对码符号 0,1，利用霍夫曼编码方法给出 $\boldsymbol{X}=(X_1,X_2)$ 的最佳即时码；

(2)对所编码计算平均码长.

第 4 章　离散信道及其数量关系

信道即信息的传输通道.根据现在采用的信息传输方式的普遍规律,信道往往特指将由信源编码器得到的数字信息,传输到接收端的通道.信道的物质形态有电线、光缆、空间介质等.但作为数学分支的信息论,并不考虑信道的物质形态,而只关注信道所涉及的数字(或符号)关系.

本章分 3 节.4.1 节介绍离散信道的数学模型.4.2 节介绍互信息,包括互信息的概念,互信息的性质.4.3 节介绍信道容量,由于宽带就是容量大的信道,所以信道容量是重要的概念,该节除给出信道容量的概念外,还对信道容量的计算进行讨论.

4.1　信道的数学模型

设 $A_c=\{c_1,c_2,\cdots,c_D\}$ 为信源编码所用的码元集合,$A_e=\{e_1,e_2,\cdots,e_G\}$ 为信道输出的符号集合(在最常见的情形,$A_c=A_e$).当来自信源编码器的符号 $c_i\in A_c$ 进入信道,经过信道的传输,若没有干扰和意外,信道的输出端应唯一地收到某符号 $e_j\in A_e$.然而,由于信道的多样性和复杂性,接收端并不能保证收到 e_j,而是以概率 $p(e_j\mid c_i)$ 收到 e_j.可见,信道所涉及的数学对象有:作为输入取值于某一集合的随机变量 X,作为输出取值于某一集合的随机变量 Y,X 取某值的条件下 Y 取某值的条件概率.

因此,参照信源的数学模型,信道完全可以用第 1 章所介绍的联合概率空间来描述.

1. 输入输出信息长度为 1 的信道(单符号信道)的数学模型

定义 4.1.1　设 $(X, A_x, p(x))$ 与 $(Y, A_y, q(y))$ 为概率空间,则称联合概率空间 $(XY, A_x\times A_y, p(x,y))$ 为一信道,其中 A_x, A_y 分别为随机变量 X, Y 取值的集合.

为与一般的联合概率空间相区别,上述信道常记为 $(X, p(y\mid x), Y)$,其中 $p(y\mid x)$ 表示联合概率空间 $(XY, A_x\times A_y, p(x,y))$ 中 X 取值 x 的条件下 Y 取值 y 的条件概率.

注意上述信道输入和输出的信息都只由一个符号构成,故称为单符号信道.

注意:由以上对信道的介绍看出,输入信道的是经过编码以后的信息,即以码字形式表示的信息,且一般来说是由数字符号组成的信息.那么,在符号的使用上就应该和表示信源时采用的符号有所区别,如随机变量 X,Y 取值的集合不再用 A_x,A_y 来表示.但以后将会看到,有许多结构与公式是信源与信道通用的,不同的符号表示将带来诸多不便.因此,在信道的描述中我们仍采用与信源情形相同的符号,希望不会引起混乱.

正像本书多处所述,在信息论中,离散型随机变量的情形是最重要的,以下即针对这种情形进行讨论.

设 $A_x = \{x_1, x_2, \cdots, x_K\}$, $A_y = \{y_1, y_2, \cdots, y_L\}$,二离散型随机变量 X,Y 分别取值于 A_x , A_y ,密度阵如下:

$$\begin{matrix} X & x_1 & x_2 & \cdots & x_K \\ p(x) & p_1 & p_2 & \cdots & p_K \end{matrix} \qquad \begin{matrix} Y & y_1 & y_2 & \cdots & y_L \\ q(y) & q_1 & q_2 & \cdots & q_L \end{matrix}$$

在实际问题中, $p(y_j \mid x_i), i = 1,2,\cdots,K, j = 1,2,\cdots,L$,可由统计方法得到,故得矩阵

$$\boldsymbol{P} = \begin{bmatrix} p(y_1 \mid x_1) & \cdots & p(y_L \mid x_1) \\ \vdots & & \vdots \\ p(y_1 \mid x_K) & \cdots & p(y_L \mid x_K) \end{bmatrix}, \tag{4.1.1}$$

称其为信道(X , $p(y \mid x)$, Y)的转移概率矩阵.称此时的(X , $p(y \mid x)$, Y)为输入输出为 1 的信道.

对于这种信道,以下关系成立:

$$p(x_k, y_l) = p_k p(y_l \mid x_k),$$
$$\sum_{l=1}^{L} p(y_l \mid x_k) = 1, \quad k = 1,2,\cdots,K,$$
$$\sum_{l=1}^{L} p(x_k, y_l) = \sum_{l=1}^{L} p_k p(y_l \mid x_k) = p_k.$$

令

$$p(x_k \mid y_l) = \frac{p(x_k, y_l)}{q_l},$$

则有

$$\sum_{k=1}^{K} p(x_k \mid y_l) = 1,$$
$$\sum_{k=1}^{K} p(x_k, y_l) = \sum_{k=1}^{K} p_k p(y_l \mid x_k) = q_l, \quad l = 1,2,\cdots,L.$$

由最后等式得

$$\begin{bmatrix} q_1 \\ q_2 \\ \vdots \\ q_L \end{bmatrix} = \boldsymbol{P}^{\mathrm{T}} \begin{bmatrix} p_1 \\ p_2 \\ \vdots \\ p_K \end{bmatrix}. \tag{4.1.2}$$

例 4.1.1(二进制对称信道) 设随机变量 X,Y 皆取值于 $A_x = \{0,1\}$,即有 $x_1 = y_1 = 0, x_2 = y_2 = 1$,又转移概率为

$$p(y_1 \mid x_1) = p(0 \mid 0) = \bar{p}, \quad p(y_1 \mid x_2) = p(0 \mid 1) = p,$$
$$p(y_2 \mid x_1) = p(1 \mid 0) = p, \quad p(y_2 \mid x_2) = p(1 \mid 1) = \bar{p},$$

其中 $p \geqslant 0, \bar{p} \geqslant 0, p + \bar{p} = 1$. 故得转移概率矩阵

$$\boldsymbol{P} = \begin{bmatrix} \bar{p} & p \\ p & \bar{p} \end{bmatrix}.$$

此信道(X , $p(y \mid x)$, Y)称为二进制对称信道. 当输入端输入符号 0 时,输出端并不一定收到 0,而是以概率 $\bar{p}$ 收到 0,以概率 p 收到 1,若 p 比 $\bar{p}$ 大,输出端收到 1 的可能性反而比收到 0 的可能性大.

2. 输入输出信息长度为 N 的信道的数学模型

在上述关于信道(X , $p(y \mid x)$, Y)的一般性描述中, X , Y 为随机变量,在第 1 章中曾经提到,随机变量的概念可以推广,如随机向量也可看成随机变量. 根据这一说明,可以得到输入和输出长度为同一正整数的信道的数学模型.

设 $\boldsymbol{X}_N = (X_1, X_2, \cdots, X_N)$,随机变量 X_n 取值于同一符号集 $A_x = \{x_1, x_2, \cdots, x_K\}$, $\boldsymbol{Y}_N = (Y_1, Y_2, \cdots, Y_N)$,随机变量 Y_n 取值于同一符号集 $A_y = \{y_1, y_2, \cdots, y_L\}$,则称联合概率空间($\boldsymbol{X}_N\boldsymbol{Y}_N$, $A_x^N \times A_y^N$, $p(x,y)$) 为输入和输出序列长度皆为 N 的信道,记为($\boldsymbol{X}_N$, $p(y \mid x)$, $\boldsymbol{Y}_N$),其中 x, y 分别表示形如 $(x_{i_1}, x_{i_2}, \cdots, x_{i_N})$, $(y_{j_1}, y_{j_2}, \cdots, y_{j_N})$ 的序列, $p(x,y) = p(x)p(y \mid x)$. 注意每个 $(X_n, p_n(y \mid x), Y_n)$ 为单符号信道, $n = 1, 2, \cdots, N$.

注意 1:对于任意正整数 $n \leqslant N$,可得联合概率空间 $(X_nY_n$, $A_x \times A_y$, $p_n(x, y))$,即可得信道 $(X_n, p_n(y \mid x), Y_n)$, $p_n(x,y) = p_n(x)p_n(y \mid x)$,其中 $x \in A_x$, $y \in A_y$,下标 n 表示有关概率与随机变量 X_n, Y_n 的序号 n 相关. 例如, $p_n(x,y) = P(X_n = x, Y_n = y)$. $(X_n, p_n(y \mid x), Y_n)$ 为单符号信道, $n = 1, 2, \cdots, N$.

注意 2: 对 $x = (x_{i_1}, x_{i_2}, \cdots, x_{i_N}) \in A_x^N = \{ (x_{i_1}, x_{i_2}, \cdots, x_{i_N}) : x_{i_j} \in A_x , j = 1, 2, \cdots, N \}$,

$$y = (y_{j_1}, y_{j_2}, \cdots, y_{j_N}) \in A_y^N = \{ (y_{i_1}, y_{i_2}, \cdots, y_{i_N}) : y_{i_j} \in A_y , j = 1, 2, \cdots, N\}.$$

联合概率 $p(x,y) = p(y \mid x)p(x)$ 也与每个 n 相关, $1 \leqslant n \leqslant N$,仅为记法简单未附以下标.

3. 离散信道的数学模型

然而,在实际问题中,一个信道并不是仅能传送某一长度的信息,不能传送别的长度的信息. 回顾第 2 章中对信源的数学描述,就遇到过类似的问题,当时的处理方法是:信源 $\boldsymbol{X} = (X_1, X_2, \cdots, X_n, \cdots)$ (也表为 $\{ (X_1X_2\cdots X_N, A_x^N, p(u_1, u_2, \cdots, u_N)) \}_{N=1}^{\infty}$)的输出信息为所有可能的长度有限的序列. 尽管这种处理方法在逻辑上有一些瑕疵,还是带来了许多方便,并且没有引起大的混乱. 基于同样的想法,以下给出可以传送任意长度信息的信道的数学描述.

定义 4.1.2 设 $\boldsymbol{X}=(X_1,X_2,\cdots,X_n,\cdots)$ 为一随机序列，X_n 取值于同一符号集 $A_x=\{x_1,x_2,\cdots,x_K\}$，设 $\boldsymbol{Y}=(Y_1,Y_2,\cdots,Y_n,\cdots)$ 为一另一随机序列，Y_n 取值于同一符号集 $A_y=\{y_1,y_2,\cdots,y_L\}$，用 $(\boldsymbol{X},p(y\mid x),\boldsymbol{Y})$ 表示序列 $\{(\boldsymbol{X}_N,p(y\mid x),\boldsymbol{Y}_N)\}_{N=1}^{\infty}$，称其为一离散信道.

注意：同以前一样约定 $\boldsymbol{X},\boldsymbol{Y}$ 的输出序列之集并不是由长度无穷的输出序列组成，而分别是集合 $\bigcup\limits_{N=1}^{\infty}A_x^N$，$\bigcup\limits_{N=1}^{\infty}A_y^N$. 对信道 $(\boldsymbol{X},p(y\mid x),\boldsymbol{Y})$，若输入为 $x=(x_{i_1},x_{i_2},\cdots,x_{i_N})$，则以概率 $p(y\mid x)$ 输出 $y=(y_{j_1},y_{j_2},\cdots,y_{j_N})$，$N=1,2,\cdots$.

4. 离散平稳、离散无记忆和离散平稳无记忆信道

对于离散信源，有离散平稳、离散无记忆和离散平稳无记忆信源的概念，对于离散信道 $(\boldsymbol{X},p(y\mid x),\boldsymbol{Y})$，也可给出如下定义.

定义 4.1.3 对任意正整数 N，任意输入序列 $x=(x_{i_1},x_{i_2},\cdots,x_{i_N})$，信道 $(\boldsymbol{X},p(y\mid x),\boldsymbol{Y})$ 以概率 $p(y\mid x)$ 输出 $y=(y_{j_1},y_{j_2},\cdots,y_{j_N})$，若有

$$p(y\mid x)=p(y_{j_1},y_{j_2},\cdots,y_{j_N}\mid x_{i_1},x_{i_2},\cdots,x_{i_N})=\prod_{n=1}^{N}p_n(y_{j_n}\mid x_{i_n}),\qquad(4.1.3)$$

则称 $(\boldsymbol{X},p(y\mid x),\boldsymbol{Y})$ 为离散无记忆信道. 其中 $p_n(y_{j_n}\mid x_{i_n})=P(Y_n=y_{j_n}\mid X_n=x_{i_n})$.

定义 4.1.4 若对任何正整数 m,n，及 $x_k\in A_x$，$y_j\in A_y$，有

$$P(Y_m=y_j\mid X_m=x_k)=P(Y_n=y_j\mid X_n=x_k),\qquad(4.1.4)$$

则称 $(\boldsymbol{X},p(y\mid x),\boldsymbol{Y})$ 为离散平稳信道.

对于离散平稳信道，式(4.1.4)中值与 n 无关，故可记为 $p(y_j\mid x_k)$. 离散平稳信道的条件概率仅与输入内容有关，而与输入信息的时间先后无关. 既是平稳又是无记忆的离散信道自然称为离散平稳无记忆信道. 对此信道有

$$p(y\mid x)=p(y_{j_1},y_{j_2},\cdots,y_{j_N}\mid x_{i_1},x_{i_2},\cdots,x_{i_N})=\prod_{n=1}^{N}p(y_{j_n}\mid x_{i_n}).\qquad(4.1.5)$$

由第 2 章知，若 $\boldsymbol{X}=(X_1,X_2,\cdots,X_n,\cdots)$ 为一离散平稳无记忆信源，则 X_n 相互独立同分布，设 X_n 与 X 同分布，故 $p_n(x_k)=P(X_n=x_k)=p(x_k)$ 与 n 无关；若 $(\boldsymbol{X},p(y\mid x),\boldsymbol{Y})$ 为一离散平稳无记忆信道，$P(Y_n=y_j\mid X_n=x_k)=p(y_j\mid x_k)$ 与 n 无关. 故若信源与信道皆为离散平稳无记忆时，

$$p(x_k,y_l)=p(x_k)p(y_l\mid x_k),\quad p(y_l)=\sum_{k=1}^{K}p(x_k)p(y_l\mid x_k)$$

也与 n 无关，其中 $p(y_l)$ 为 y_l 出现的概率(以前曾记此概率为 $q(y_l)$). 由此可知，Y_n 也是同分布的，设 Y_n 与随机变量 Y 同分布.

4.2 互 信 息

在第 2 章中，给出了事件的自信息和随机变量的平均自信息——信息熵的概念，

由后者可以知道信源包含的信息量的多少. 信息熵在信源编码中起了重要作用. 以下介绍的互信息特别是平均互信息，同样可以用来对信道的量化，由此可以得到信道容量的概念，在信道编码中也起重要作用.

4.2.1　互信息的概念

1. 事件之间的互信息

定义 4.2.1　设 $(XY, A_x \times A_y, p(x,y))$ 为 $(X, A_x, p(x))$ 与 $(Y, A_y, q(y))$ 的联合概率空间，其中 X 取值于 $A_x = \{x_1, x_2, \cdots, x_K\}$，分布为 $\{p_k\}_{k=1}^K$，Y 取值于 $A_y = \{y_1, y_2, \cdots, y_L\}$，分布为 $\{q_l\}_{l=1}^L$. 设 $p(x_k, y_l)$ 由式(1.2.12)定义，则称

$$I(x_k; y_l) = \log \frac{p(x_k, y_l)}{p_k q_l} = \log \frac{p(x_k \mid y_l)}{p_k} = \log \frac{p(y_l \mid x_k)}{q_l} \tag{4.2.1}$$

为事件 $X = x_k$ 与 $Y = y_l$ 之间的互信息量或互信息，$k = 1, 2, \cdots, K, l = 1, 2, \cdots, L$. 当对数底数为 2 时，单位为比特；底数为 e 时，单位为奈特；底数为 10 时，单位为哈特.

显然有 $I(x_k; y_l) = I(y_l; x_k)$，$k = 1, 2, \cdots, K, l = 1, 2, \cdots, L$.

为了明确事件互信息的意义，给出如下定理.

定理 4.2.1

$$\begin{aligned} I(x_k; y_l) &= I(x_k) - I(x_k \mid y_l) = I(y_l) - I(y_l \mid x_k) \\ &= I(x_k) + I(y_l) - I(x_k, y_l), \end{aligned} \tag{4.2.2}$$

其中 $I(x_k), I(y_l), I(x_k \mid y_l), I(y_l \mid x_k), I(x_k, y_l)$ 分别为第 2 章中定义的事件的自信息、条件自信息和联合自信息.

证明　由 $I(x_k) = -\log p_k$，$I(y_l) = -\log q_l$，$I(x_k \mid y_l) = -\log p(x_k \mid y_l)$，$I(y_l \mid x_k) = -\log p(y_l \mid x_k)$，$I(x_k, y_l) = -\log p(x_k, y_l)$，直接计算即得. □

因此可以说：事件之间的互信息量为原有自信息量去掉条件自信息量所剩余的信息量.

在概率空间为两个以上时，可以进一步给出如下定义.

定义 4.2.2　$(XYZ, A_x \times A_y \times A_z, p(x,y,z))$ 为 $(X, A_x, p(x))$，$(Y, A_y, q(y))$，$(Z, A_z, r(z))$ 的联合概率空间，其中 X 取值于 $A_x = \{x_1, x_2, \cdots, x_K\}$，分布为 $\{p_k\}_{k=1}^K$，Y 取值于 $A_y = \{y_1, y_2, \cdots, y_L\}$，分布为 $\{q_l\}_{l=1}^L$，Z 取值于 $A_z = \{z_1, z_2, \cdots, z_M\}$，分布为 $\{r_m\}_{m=1}^M$. 则称

$$I(x_k; y_l, z_m) = \log \frac{p(x_k, y_l, z_m)}{p_k p(y_l, z_m)} \tag{4.2.3}$$

为联合事件 $(Y = y_l, Z = z_m)$ 与事件 $X = x_k$ 之间的互信息. 称

$$I(x_k; y_l \mid z_m) = \log \frac{p(x_k, y_l \mid z_m)}{p(x_k \mid z_m) p(y_l \mid z_m)} \tag{4.2.4}$$

为已知事件 $Z = z_m$ 的条件下事件 $X = x_k$ 与 $Y = y_l$ 之间的互信息. 称

$$I(x_k;y_l;z_m)=\log\frac{p(x_k,y_l)p(y_l,z_m)p(z_m,x_k)}{p_kq_lr_mp(x_k,y_l,z_m)} \tag{4.2.5}$$

为事件 $X=x_k$，$Y=y_l$，$Z=z_m$ 之间的互信息.

对于更多概率空间联合的情形，有

$$I(u_1,u_2,\cdots,u_m;v_1,v_2,\cdots,v_n)=\log\frac{p(u_1,u_2,\cdots,u_m,v_1,v_2,\cdots,v_n)}{p(u_1,u_2,\cdots,u_m)p(v_1,v_2,\cdots,v_n)}, \tag{4.2.6}$$

$$\begin{aligned}&I(u_n;u_{n-1}\mid u_1,u_2,\cdots,u_{n-2})\\&=\log\frac{p(u_n,u_{n-1}\mid u_1,u_2,\cdots,u_{n-2})}{p(u_n\mid u_1,u_2,\cdots,u_{n-2})p(u_{n-1}\mid u_1,u_2,\cdots,u_{n-2})},\end{aligned} \tag{4.2.7}$$

其中 u_i 属于有限集 $A_{u,i}$，$(U_i,A_{u,i},p(u_i))$ 为概率空间，v_j 属于有限集 $A_{v,j}$，$(V_j,A_{v,j},p(v_j))$ 为概率空间. 注意为记法简单起见省去 p 的下标.

除了定理 4.2.1 所示的性质外，各种互信息之间还有许多复杂的关系，全部罗列没有必要，仅指出

$$\begin{aligned}I(x_k;y_l,z_m)&=I(y_l,z_m;x_k)=I(x_k;y_l)+I(x_k;z_m\mid y_l)\\&=I(y_l;x_k)+I(z_m;x_k\mid y_l).\end{aligned} \tag{4.2.8}$$

这些关系的验证并不困难，只需由定义即可直接推出这些关系.

2. 事件与随机变量之间的互信息

除了事件之间的互信息，事件与随机变量之间的互信息有时也是需要的.

定义 4.2.3

$$I(X=x_k;Y)=I(x_k;Y)=\sum_{l=1}^{L}p(y_l\mid x_k)I(x_k;y_l),$$

$$I(X;Y=y_l)=I(X;y_l)=\sum_{k=1}^{K}p(x_k\mid y_l)I(x_k;y_l). \tag{4.2.9}$$

分别称为事件 $X=x_k$ 与随机变量 Y，随机变量 X 与事件 $Y=y_l$ 之间的互信息.

3. 随机变量之间的互信息

以下给出随机变量之间的互信息.

定义 4.2.4 在定义 4.2.1 的假定下，称

$$I(X;Y)=\sum_{k=1}^{K}p_kI(x_k;Y)=\sum_{l=1}^{L}q_lI(X;y_l)=\sum_{k=1}^{K}\sum_{l=1}^{L}p(x_k,y_l)I(x_k;y_l) \tag{4.2.10}$$

为随机变量 X,Y 之间的互信息. 在定义 4.2.2 的假定下，称

$$I(X;Y,Z)=\sum_{k=1}^{K}\sum_{l=1}^{L}\sum_{m=1}^{M}p(x_k,y_l,z_m)I(x_k;y_l,z_m) \tag{4.2.11}$$

为随机变量 $X,(Y,Z)$ 之间的联合互信息. 称

$$I(X;Y \mid Z) = \sum_{k=1}^{K}\sum_{l=1}^{L}\sum_{m=1}^{M} p(x_k, y_l, z_m) I(x_k; y_l \mid z_m) \tag{4.2.12}$$

为已知随机变量 Z 的条件下随机变量 X,Y 之间的条件互信息. 称

$$I(X;Y;Z) = \sum_{k=1}^{K}\sum_{l=1}^{L}\sum_{m=1}^{M} p(x_k, y_l, z_m) I(x_k; y_l; z_m) \tag{4.2.13}$$

为随机变量 X,Y,Z 之间的互信息.

同理可定义联合互信息

$$\begin{aligned} &I(U_1, U_2, \cdots, U_m; V_1, V_2, \cdots, V_n) \\ &= \sum_{u_1}\sum_{u_2}\cdots\sum_{u_m}\sum_{v_1}\sum_{v_2}\cdots\sum_{v_n} p(u_1, u_2, \cdots, u_m, v_1, v_2, \cdots, v_n) I(u_1, u_2, \cdots, u_m; v_1, v_2, \cdots, v_n). \end{aligned} \tag{4.2.14}$$

条件互信息

$$\begin{aligned} &I(U_n; U_{n-1} \mid U_1, U_2, \cdots, U_{n-2}) \\ &= \sum_{u_1}\sum_{u_2}\cdots\sum_{u_n} p(u_1, u_2, \cdots, u_n) I(u_n; u_{n-1} \mid u_1, u_2, \cdots, u_{n-2}). \end{aligned} \tag{4.2.15}$$

4. 随机变量之间的互信息及熵的关系

关于随机变量之间的互信息及熵的关系,有

定理 4.2.2

(1)

$$\begin{aligned} I(X;Y) &= H(X) - H(X \mid Y) = H(Y) - H(Y \mid X) \\ &= I(Y;X) = H(X) + H(Y) - H(X,Y). \end{aligned} \tag{4.2.16}$$

(2)

$$\begin{aligned} I(X;Y,Z) &= H(X) - H(X \mid Y,Z) \\ &= H(Y,Z) - H(Y,Z \mid X) \\ &= I(Y,Z;X) = H(X) + H(Y,Z) - H(X,Y,Z) \\ &= I(X;Y) + I(X;Z \mid Y) \\ &= I(X;Z) + I(X;Y \mid Z). \end{aligned} \tag{4.2.17}$$

(3)

$$\begin{aligned} I(X;Y \mid Z) &= H(X \mid Z) - H(X \mid Y,Z) \\ &= H(Y \mid Z) - H(Y \mid X,Z) \\ &= H(X \mid Z) - H(X,Y \mid Z) + H(Y \mid Z) \\ &= H(X,Z) + H(Y,Z) - H(X,Y,Z) - H(Z). \end{aligned} \tag{4.2.18}$$

(4)

$$\begin{aligned} I(X;Y;Z) &= I(X;Y) - I(X;Y \mid Z) \\ &= I(Y;Z) - I(Y;Z \mid X) \\ &= I(Z;X) - I(Z;X \mid Y). \end{aligned} \tag{4.2.19}$$

(5)

$$\begin{aligned}&I(U_1,U_2,\cdots,U_m;V_1,V_2,\cdots,V_n)\\=&I(U_1,U_2,\cdots,U_m;V_n)+I(U_1,U_2,\cdots,U_m;V_{n-1}\mid V_n)\\&+I(U_1,U_2,\cdots,U_m;V_{n-2}\mid V_{n-1},V_n)+\cdots\\&+I(U_1,U_2,\cdots,U_m;V_1\mid V_2,\cdots,V_n).\end{aligned}\tag{4.2.20}$$

本定理中的公式虽然看起来复杂,证明却很简单,只要将有关各项按定义写出,根据联合概率与条件概率之间的关系就可推出这些公式. 例如,由于 $\sum_{l=1}^{L}p(x_k,y_l)=p_k$,故

$$\begin{aligned}I(X;Y)&=\sum_{k=1}^{K}\sum_{l=1}^{L}p(x_k,y_l)I(x_k;y_l)=\sum_{k=1}^{K}\sum_{l=1}^{L}p(x_k,y_l)\log\frac{p(x_k,y_l)}{p_kq_l}\\&=\sum_{k=1}^{K}\sum_{l=1}^{L}p(x_k,y_l)\log\frac{p(x_k\mid y_l)q_l}{p_kq_l}\\&=\sum_{k=1}^{K}\sum_{l=1}^{L}p(x_k,y_l)\log p(x_k\mid y_l)-\sum_{k=1}^{K}\sum_{l=1}^{L}p(x_k,y_l)\log p_k\\&=-H(X\mid Y)-\sum_{k=1}^{K}p_k\log p_k=H(X)-H(X\mid Y).\end{aligned}$$

互信息有何较为形象的含义? 现以 $I(X;Y)$ 为例说明如下.

由于随机变量 X 由其所取值的集合 A_x 及取每个值的概率完全决定,故可将 X 看成每点赋以概率的点集,同理,Y 也可看成这样的点集. 由于熵 $H(X)$ 为 X 的平均自信息量,是对 X 的一种度量,故可看成 X 的测度(相当于面积、体积等),$H(Y)$ 看成 Y 的测度,(X,Y) 看成 X 与 Y 的并,$H(X,Y)$ 为该并的测度,则 $H(X)+H(Y)-H(X,Y)$ 恰为 X 与 Y 之交的测度(设 m 为测度,则 $m(A\cap B)=m(A)+m(B)-m(A\cup B)$),而由式(4.2.16)知 $I(X;Y)=H(X)+H(Y)-H(X,Y)$. 也就是说,$I(X;Y)$ 为 X 与 Y 之交的测度. 当然,因为 X 与 Y 不是简单的集合,这里所说的交、并,不能理解为一般集合的运算. 例如,此时所说的 X 与 Y 之交,并不是将 X 与 Y 作为集合,它们的共同元素组成的集合,而是由事件"X 的取值与 Y 的取值互相影响"构成的集合. 因此可以通俗地说,X 与 Y 的互信息 $I(X;Y)$,就是对 X 与 Y 互相影响程度的度量. 这种对互信息的认识可以帮助理解以后介绍的信道容量概念.

4.2.2 互信息的性质

互信息具有多种性质,以 $I(X;Y)$ 为例进行讨论.

定理 4.2.3

$$0\leqslant I(X;Y)\leqslant\min(H(X),H(Y)).\tag{4.2.21}$$

证明留作习题.

$I(X;Y)$ 具有某种凸性,为讨论此,先将其作变形:由 $q_l=\sum_{i=1}^{K}p_ip(y_l\mid x_i)$,$l=1$,

$2,\cdots,L$，得

$$I(X;Y)=\sum_{k=1}^{K}\sum_{l=1}^{L}p(x_k,y_l)\log\frac{p(x_k,y_l)}{p_kq_l}$$
$$=\sum_{k=1}^{K}\sum_{l=1}^{L}p_kp(y_l\mid x_k)\log\frac{p(y_l\mid x_k)}{\sum_{i=1}^{K}p_ip(y_l\mid x_i)}.$$

设 $\boldsymbol{p}=(p_1,p_2,\cdots,p_K)$，由 $\sum_{k=1}^{K}p_k=1$，知 $\boldsymbol{p}$ 为概率向量，概率向量的全体构成一个凸集 A（习题 1 第 2 题）. $\boldsymbol{P}=[p(y_l\mid x_k)]_{k,l=1}^{K,L}$ 为转移概率矩阵(4.1.1)，按照矩阵的加法和数乘，其全体也构成一个凸集 B. 则 $I(X;Y)$ 为定义于 $A\times B$ 上的函数，记为 $I(\boldsymbol{p},\boldsymbol{P})$.

定理 4.2.4　$I(\boldsymbol{p},\boldsymbol{P})$ 关于 $\boldsymbol{p}$ 为 A 上的凹函数，关于 $\boldsymbol{P}$ 为 B 上的凸函数. 即对任意 $\boldsymbol{p}',\boldsymbol{p}''\in A$，当 $\boldsymbol{P}$ 固定时有

$$\theta I(\boldsymbol{p}',\boldsymbol{P})+(1-\theta)I(\boldsymbol{p}'',\boldsymbol{P})\leqslant I(\theta\boldsymbol{p}'+(1-\theta)\boldsymbol{p}'',\boldsymbol{P}).$$

对任意 $\boldsymbol{P}',\boldsymbol{P}''\in B$，当 $\boldsymbol{p}$ 固定时有

$$\theta I(\boldsymbol{p},\boldsymbol{P}')+(1-\theta)I(\boldsymbol{p},\boldsymbol{P}'')\geqslant I(\boldsymbol{p},\theta\boldsymbol{P}'+(1-\theta)\boldsymbol{P}''),$$

其中 $0\leqslant\theta\leqslant1$.

证明　仅证明前一部分. 设 $\boldsymbol{P}\in B$ 确定，即转移矩阵 $\boldsymbol{P}=[p(y_l\mid x_k)]_{k,l=1}^{K,L}$ 确定，此时 $I(\boldsymbol{p},\boldsymbol{P})$ 仅为 $\boldsymbol{p}$ 的函数，记为 $I(\boldsymbol{p})$. 对任意 $0\leqslant\theta\leqslant1$，$\boldsymbol{p}',\boldsymbol{p}''\in A$，令 $\boldsymbol{p}^0=\theta\boldsymbol{p}'+(1-\theta)\boldsymbol{p}''$. 注意以下关系：

$$\boldsymbol{p}'=(p_1',p_2',\cdots,p_K')=(p'(x_1),p'(x_2),\cdots,p'(x_K)),$$
$$\boldsymbol{p}''=(p_1'',p_2'',\cdots,p_K'')=(p''(x_1),p''(x_2),\cdots,p''(x_K)),$$
$$\boldsymbol{p}^0=(p_1^0,p_2^0,\cdots,p_K^0)=(p^0(x_1),p^0(x_2),\cdots,p^0(x_K)),$$
$$\boldsymbol{p}^0(x_k)=\theta p'(x_k)+(1-\theta)p''(x_k),\quad k=1,2,\cdots,K.$$

以及

$$p'(x_k,y_l)=p(y_l\mid x_k)p'(x_k),\ p''(x_k,y_l)=p(y_l\mid x_k)p''(x_k),$$
$$p^0(x_k,y_l)=p(y_l\mid x_k)p^0(x_k)=p(y_l\mid x_k)(\theta p'(x_k)+(1-\theta)p''(x_k))$$
$$=\theta p'(x_k,y_l)+(1-\theta)p''(x_k,y_l),$$
$$q_l'=q'(y_l)=\sum_{k=1}^{K}p'(x_k)p(y_l\mid x_k),$$
$$q_l''=q''(y_l)=\sum_{k=1}^{K}p''(x_k)p(y_l\mid x_k),$$
$$q_l^0=q^0(y_l)=\sum_{k=1}^{K}p^0(x_k)p(y_l\mid x_k)$$
$$=\theta q_l'+(1-\theta)q_l'',$$
$$k=1,2,\cdots,K,\quad l=1,2,\cdots,L.$$

从而得

$\theta I(\boldsymbol{p}')+(1-\theta)I(\boldsymbol{p}'')-I(\boldsymbol{p}^0)$

$$
\begin{aligned}
&= \sum_{k=1}^{K}\sum_{l=1}^{L}\theta p'(x_k,y_l)\log\frac{p'(x_k,y_l)}{p'(x_k)q'(y_l)} + \sum_{k=1}^{K}\sum_{l=1}^{L}(1-\theta)p''(x_k,y_l)\log\frac{p''(x_k,y_l)}{p''(x_k)q''(y_l)} \\
&\quad - \sum_{k=1}^{K}\sum_{l=1}^{L}p^0(x_k,y_l)\log\frac{p^0(x_k,y_l)}{p^0(x_k)q^0(y_l)} \\
&= \sum_{k=1}^{K}\sum_{l=1}^{L}\theta p'(x_k,y_l)\log\frac{p(y_l \mid x_k)}{q'(y_l)} + \sum_{k=1}^{K}\sum_{l=1}^{L}(1-\theta)p''(x_k,y_l)\log\frac{p(y_l \mid x_k)}{q''(y_l)} \\
&\quad - \sum_{k=1}^{K}\sum_{l=1}^{L}p^0(x_k,y_l)\log\frac{p(y_l \mid x_k)}{q^0(y_l)} \\
&= \sum_{k=1}^{K}\sum_{l=1}^{L}\theta p'(x_k,y_l)\log p(y_l \mid x_k) + \sum_{k=1}^{K}\sum_{l=1}^{L}(1-\theta)p''(x_k,y_l)\log p(y_l \mid x_k) \\
&\quad - \sum_{k=1}^{K}\sum_{l=1}^{L}(\theta p'(x_k,y_l)+(1-\theta)p''(x_k,y_l))\log p(y_l \mid x_k) - \sum_{k=1}^{K}\sum_{l=1}^{L}\theta p'(x_k,y_l)\log q'(y_l) \\
&\quad - \sum_{k=1}^{K}\sum_{l=1}^{L}(1-\theta)p''(x_k,y_l)\log q''(y_l) + \sum_{k=1}^{K}\sum_{l=1}^{L}(\theta p'(x_k,y_l)+(1-\theta)p''(x_k,y_l))\log q^0(y_l) \\
&= -\sum_{k=1}^{K}\sum_{l=1}^{L}\theta p'(x_k,y_l)\log q'(y_l) - \sum_{k=1}^{K}\sum_{l=1}^{L}(1-\theta)p''(x_k,y_l)\log q''(y_l) \\
&\quad + \sum_{k=1}^{K}\sum_{l=1}^{L}(\theta p'(x_k,y_l)+(1-\theta)p''(x_k,y_l))\log q^0(y_l) \\
&= \theta\sum_{k=1}^{K}\sum_{l=1}^{L}p'(x_k,y_l)\log\frac{q^0(y_l)}{q'(y_l)} + (1-\theta)\sum_{k=1}^{K}\sum_{l=1}^{L}p''(x_k,y_l)\log\frac{q^0(y_l)}{q''(y_l)}.
\end{aligned}
$$

由詹森不等式

$$
\begin{aligned}
&\sum_{k=1}^{K}\sum_{l=1}^{L}p'(x_k,y_l)\log\frac{q^0(y_l)}{q'(y_l)} \leqslant \log\sum_{k=1}^{K}\sum_{l=1}^{L}p'(x_k,y_l)\frac{q^0(y_l)}{q'(y_l)} \\
&= \log\sum_{l=1}^{L}\frac{q^0(y_l)}{q'(y_l)}\sum_{k=1}^{K}p'(x_k,y_l) = \log\sum_{l=1}^{L}\frac{q^0(y_l)}{q'(y_l)}q'(y_l) \\
&= \log\sum_{l=1}^{L}q^0(y_l) = \log 1 = 0.
\end{aligned}
$$

同理有

$$
\sum_{k=1}^{K}\sum_{l=1}^{L}p''(x_k,y_l)\log\frac{q^0(y_l)}{q''(y_l)} \leqslant 0.
$$

总之有 $\theta I(\boldsymbol{p}') + (1-\theta)I(\boldsymbol{p}'') \leqslant I(\boldsymbol{p}^0)$. □

现在设 $\boldsymbol{X} = (X_1, X_2, \cdots, X_n, \cdots)$ 为一随机序列，X_n 取值于同一符号集 $A_x = \{x_1, x_2, \cdots, x_K\}$，设 $\boldsymbol{Y} = (Y_1, Y_2, \cdots, Y_n, \cdots)$ 为另一随机序列，Y_n 取值于同一符号集 $A_y = \{y_1, y_2, \cdots, y_L\}$，$\boldsymbol{X}_N = (X_1, X_2, \cdots, X_N)$，$\boldsymbol{Y}_N = (Y_1, Y_2, \cdots, Y_N)$. 信道 $(\boldsymbol{X}, p(y \mid x), \boldsymbol{Y}) = \{(\boldsymbol{X}_N, p(y \mid x), \boldsymbol{Y}_N)\}_{N=1}^{\infty}$.

对任意 $n(1 \leqslant n \leqslant N)$，有

$$
I(X_n;Y_n) = \sum_{k=1}^{K}\sum_{l=1}^{L}p_n(x_k,y_l)\log\frac{p_n(x_k,y_l)}{p_n(x_k)q_n(y_l)}
$$

$$= \sum_{k=1}^{K}\sum_{l=1}^{L} p_n(x_k, y_l)\log\frac{p_n(y_l \mid x_k)}{q_n(y_l)}.$$

在不致引起混乱时,省去 p_n 的下标 n ,$q_n(y_l)$ 也用 $p(y_l)$ 表示,下同.

由式(4.2.14),可得

$$\begin{aligned} I(\boldsymbol{X}_N;\boldsymbol{Y}_N) &= I(X_1, X_2, \cdots, X_N; Y_1, Y_2, \cdots, Y_N) \\ &= \sum_{i_1=1}^{K}\sum_{i_2=1}^{K}\cdots\sum_{i_N=1}^{K}\sum_{j_1=1}^{L}\sum_{j_2=1}^{L}\cdots\sum_{j_N=1}^{L} p(x_{i_1}, x_{i_2}, \cdots, x_{i_N}, y_{j_1}, y_{j_2}, \cdots, y_{j_N}) \\ &\quad \times \log\frac{p(x_{i_1}, x_{i_2}, \cdots, x_{i_N}, y_{j_1}, y_{j_2}, \cdots, y_{j_N})}{p(x_{i_1}, x_{i_2}, \cdots, x_{i_N})p(y_{j_1}, y_{j_2}, \cdots, y_{j_N})}. \end{aligned}$$

其中 $(x_{i_1}, x_{i_2}, \cdots, x_{i_N}) \in A_x^N, (y_{j_1}, y_{j_2}, \cdots, y_{j_N}) \in A_y^N$.

定理 4.2.5 若信道($\boldsymbol{X}$, $p(y \mid x)$, $\boldsymbol{Y}$)为无记忆的,则对任意正整数 N,

$$I(\boldsymbol{X}_N;\boldsymbol{Y}_N) \leqslant \sum_{n=1}^{N} I(X_n;Y_n). \tag{4.2.22}$$

若信源 $\boldsymbol{X}$ 是无记忆的,则

$$I(\boldsymbol{X}_N;\boldsymbol{Y}_N) \geqslant \sum_{n=1}^{N} I(X_n;Y_n). \tag{4.2.23}$$

证明 仅证明式(4.2.22),式(4.2.23)的证明类似.

由信道的无记忆性知

$$\begin{aligned} \frac{p(x_{i_1}, x_{i_2}, \cdots, x_{i_N}, y_{j_1}, y_{j_2}, \cdots, y_{j_N})}{p(x_{i_1}, x_{i_2}, \cdots, x_{i_N})p(y_{j_1}, y_{j_2}, \cdots, y_{j_N})} &= \frac{p(y_{j_1}, y_{j_2}, \cdots, y_{j_N} \mid x_{i_1}, x_{i_2}, \cdots, x_{i_N})}{p(y_{j_1}, y_{j_2}, \cdots, y_{j_N})} \\ = \frac{p(y_{j_1} \mid x_{i_1})p(y_{j_2} \mid x_{i_2})\cdots p(y_{j_N} \mid x_{i_N})}{p(y_{j_1}, y_{j_2}, \cdots, y_{j_N})}, \end{aligned}$$

故

$$\begin{aligned} I(\boldsymbol{X}_N;\boldsymbol{Y}_N) &= \sum_{i_1=1}^{K}\sum_{i_2=1}^{K}\cdots\sum_{i_N=1}^{K}\sum_{j_1=1}^{L}\sum_{j_2=1}^{L}\cdots\sum_{j_N=1}^{L} p(x_{i_1}, x_{i_2}, \cdots, x_{i_N}, y_{j_1}, y_{j_2}, \cdots, y_{j_N}) \\ &\quad \times \log\frac{p(y_{j_1} \mid x_{i_1})p(y_{j_2} \mid x_{i_2})\cdots p(y_{j_N} \mid x_{i_N})}{p(y_{j_1}, y_{j_2}, \cdots, y_{j_N})}. \end{aligned}$$

注意到对任意 $1 \leqslant n \leqslant N$,有

$$\begin{aligned} I(X_n;Y_n) &= \sum_{i_n=1}^{K}\sum_{j_n=1}^{L} p(x_{i_n}, y_{j_n})\log\frac{p(y_{j_n} \mid x_{i_n})}{p(y_{j_n})} \\ &= \sum_{i_1=1}^{K}\sum_{i_2=1}^{K}\cdots\sum_{i_N=1}^{K}\sum_{j_1=1}^{L}\sum_{j_2=1}^{L}\cdots\sum_{j_N=1}^{L} p(x_{i_1}, x_{i_2}, \cdots, x_{i_N}, y_{j_1}, y_{j_2}, \cdots, y_{j_N})\log\frac{p(y_{j_n} \mid x_{i_n})}{p(y_{j_n})}, \end{aligned}$$

$$\begin{aligned} \sum_{n=1}^{N} I(X_n;Y_n) &= \sum_{n=1}^{N}\sum_{i_n=1}^{K}\sum_{j_n=1}^{L} p(x_{i_n}, y_{j_n})\log\frac{p(y_{j_n} \mid x_{i_n})}{p(y_{j_n})} \\ &= \sum_{i_1=1}^{K}\sum_{i_2=1}^{K}\cdots\sum_{i_N=1}^{K}\sum_{j_1=1}^{L}\sum_{j_2=1}^{L}\cdots\sum_{j_N=1}^{L} p(x_{i_1}, x_{i_2}, \cdots, x_{i_N}, y_{j_1}, y_{j_2}, \cdots, y_{j_N})\sum_{n=1}^{N}\log\frac{p(y_{j_n} \mid x_{i_n})}{p(y_{j_n})} \\ &= \sum_{i_1=1}^{K}\sum_{i_2=1}^{K}\cdots\sum_{i_N=1}^{K}\sum_{j_1=1}^{L}\sum_{j_2=1}^{L}\cdots\sum_{j_N=1}^{L} p(x_{i_1}, x_{i_2}, \cdots, x_{i_N}, y_{j_1}, y_{j_2}, \cdots, y_{j_N}) \end{aligned}$$

$$\times \log \frac{p(y_{j_1} \mid x_{i_1})p(y_{j_2} \mid x_{i_2})\cdots p(y_{j_N} \mid x_{i_N})}{p(y_{j_1})p(y_{j_2})\cdots p(y_{j_N})}.$$

从而

$$
\begin{aligned}
&I(\boldsymbol{X}_N;\boldsymbol{Y}_N) - \sum_{n=1}^{N} I(X_n;Y_n) \\
&= \sum_{i_1=1}^{K}\sum_{i_2=1}^{K}\cdots\sum_{i_N=1}^{K}\sum_{j_1=1}^{L}\sum_{j_2=1}^{L}\cdots\sum_{j_N=1}^{L} p(x_{i_1},x_{i_2},\cdots,x_{i_N},y_{j_1},y_{j_2},\cdots,y_{j_N}) \\
&\quad\times\left[\log \frac{p(y_{j_1} \mid x_{i_1})p(y_{j_2} \mid x_{i_2})\cdots p(y_{j_N} \mid x_{i_N})}{p(y_{j_1},y_{j_2},\cdots,y_{j_N})} - \log \frac{p(y_{j_1} \mid x_{i_1})p(y_{j_2} \mid x_{i_2})\cdots p(y_{j_N} \mid x_{i_N})}{p(y_{j_1})p(y_{j_2})\cdots p(y_{j_N})}\right] \\
&= \sum_{i_1=1}^{K}\sum_{i_2=1}^{K}\cdots\sum_{i_N=1}^{K}\sum_{j_1=1}^{L}\sum_{j_2=1}^{L}\cdots\sum_{j_N=1}^{L} p(x_{i_1},x_{i_2},\cdots,x_{i_N},y_{j_1},y_{j_2},\cdots,y_{j_N})\left[\log \frac{p(y_{j_1})p(y_{j_2})\cdots p(y_{j_N})}{p(y_{j_1},y_{j_2},\cdots,y_{j_N})}\right] \\
&\leqslant \log \sum_{i_1=1}^{K}\sum_{i_2=1}^{K}\cdots\sum_{i_N=1}^{K}\sum_{j_1=1}^{L}\sum_{j_2=1}^{L}\cdots\sum_{j_N=1}^{L} p(x_{i_1},x_{i_2},\cdots,x_{i_N},y_{j_1},y_{j_2},\cdots,y_{j_N})\left[\frac{p(y_{j_1})p(y_{j_2})\cdots p(y_{j_N})}{p(y_{j_1},y_{j_2},\cdots,y_{j_N})}\right] \\
&= \log \sum_{i_1=1}^{K}\sum_{i_2=1}^{K}\cdots\sum_{i_N=1}^{K}\sum_{j_1=1}^{L}\sum_{j_2=1}^{L}\cdots\sum_{j_N=1}^{L} p(x_{i_1},x_{i_2},\cdots x_{i_N} \mid y_{j_1},y_{j_2},\cdots,y_{j_N})p(y_{j_1})p(y_{j_2})\cdots p(y_{j_N}) \\
&= \log \sum_{j_1=1}^{L}\sum_{j_2=1}^{L}\cdots\sum_{j_N=1}^{L} p(y_{j_1})p(y_{j_2})\cdots p(y_{j_N}) = \log 1 = 0 .
\end{aligned}
$$

其中不等式由詹森不等式得到,最后等式由

$$\sum_{i_1=1}^{K}\sum_{i_2=1}^{K}\cdots\sum_{i_N=1}^{K} p(x_{i_1},x_{i_2},\cdots x_{i_N} \mid y_{j_1},y_{j_2},\cdots,y_{j_N}) = 1$$

得到. □

由以上定理可得如下推论.

推论 4.2.1 若信源 $\boldsymbol{X}$ 和信道($\boldsymbol{X}$, $p(y \mid x)$, $\boldsymbol{Y}$)都是无记忆的,则

$$I(\boldsymbol{X}_N;\boldsymbol{Y}_N) = \sum_{n=1}^{N} I(X_n;Y_n). \tag{4.2.24}$$

若 $\boldsymbol{X} = (X_1,X_2,\cdots,X_n,\cdots)$ 为一离散平稳无记忆信源,则 X_n 相互独立同分布,设 X_n 与 X 同分布,故 $p_n(x_k) = P(X_n = x_k) = p(x_k)$ 与 n 无关;若 $(\boldsymbol{X},p(y \mid x),\boldsymbol{Y})$ 为一离散平稳无记忆信道, $P(Y_n = y_j \mid X_n = x_k) = p(y_j \mid x_k)$ 与 n 无关. 故若信源与信道皆为离散平稳无记忆时,

$$p(x_k,y_l) = p(x_k)p(y_l \mid x_k), \quad p(y_l) = \sum_{k=1}^{K} p(x_k)p(y_l \mid x_k)$$

也与 n 无关. 由此可知 Y_n 也是同分布的,设 Y_n 与随机变量 Y 同分布.

如此,由互信息的定义知 $I(X_n;Y_n)$ 与 n 无关,即有

$$I(X_m;Y_m) = I(X_n;Y_n) = \sum_{k=1}^{K}\sum_{l=1}^{L} p(x_k,y_l)\log \frac{p(x_k,y_l)}{p(x_k)p(y_l)}, \quad m,n = 1,2,\cdots,$$

此时以 $I(X;Y)$ 作为 $I(X_n;Y_n)$ 的代表.

这样可得如下推论.

推论 4.2.2　若 $\boldsymbol{X}$ 为一离散平稳无记忆信源，($\boldsymbol{X}$, $p(y \mid x)$, $\boldsymbol{Y}$)为一离散平稳无记忆信道，则对任意正整数 N ，

$$I(\boldsymbol{X}_N;\boldsymbol{Y}_N) = NI(X;Y). \tag{4.2.25}$$

4.3　信道容量

近年来，常听到"宽带"二字. 所谓宽带，实际上是指具有大容量的传输通道，简单来说，宽带就是容量大的信道.

4.3.1　信道容量的概念

1. 单符号信道的信道容量

由 4.2 节知道，互信息 $I(X;Y)$ 是对 X 与 Y 互相影响程度的度量，又 $I(X;Y) = I(\boldsymbol{p},\boldsymbol{P})$ ，为概率向量 $\boldsymbol{p} = (p_1, p_2, \cdots, p_K)$ 与转移矩阵 $\boldsymbol{P} = [p(y_l \mid x_k)]_{k,l=1}^{K,L}$ 的函数. 由于概率向量的全体构成一个凸集 A ，当 $\boldsymbol{P}$ 固定时 $I(\boldsymbol{p},\boldsymbol{P})$ 为 A 上的凹函数，而凸集上定义的凹函数必存在最大值，故存在 $\boldsymbol{p}^0 \in A$ ，使 $I(\boldsymbol{p}^0,\boldsymbol{P}) = \max\limits_{p\in A}\{I(\boldsymbol{p},\boldsymbol{P})\}$. 如此，这一最大值便仅与 $\boldsymbol{P}$ 相关. 而 $\boldsymbol{P}$ 的元素 $p(y_l \mid x_k)$ 表明当信道 $(X, p(y \mid x), Y)$ 输入符号 x_k 时，输出端以 $p(y_l \mid x_k)$ 的概率输出 y_l ，并未涉及输入端 x_k 出现的概率，故 $\boldsymbol{P}$ 只反映了该信道的统计特性，与 X 的分布无关.

总结以上讨论可以看出，对于某一信道，$\boldsymbol{P}$ 便确定，$I(\boldsymbol{p}^0,\boldsymbol{P}) = \max\limits_{p\in A}\{I(\boldsymbol{p},\boldsymbol{P})\}$ 也确定，而此数值可以看成该信道的"最大传输能力"，故给出如下定义.

定义 4.3.1　设信道 $(X, p(y \mid x), Y)$ 的输入概率向量 $\boldsymbol{p} = (p_1, p_2, \cdots, p_K)$ ，转移矩阵 $\boldsymbol{P} = [p(y_l \mid x_k)]_{k,l=1}^{K,L}$ ，互信息 $I(X;Y) = I(\boldsymbol{p},\boldsymbol{P})$ ，则称

$$C = \max_{p\in A}\{I(X;Y)\} = \max_{p\in A}\{I(\boldsymbol{p},\boldsymbol{P})\} \tag{4.3.1}$$

为 $(X, p(y \mid x), Y)$ 的信道容量.

2. 输入输出长度为 N 的信道的信道容量

对任意正整数 N ，$\boldsymbol{X}_N = (X_1, X_2, \cdots, X_N)$ ，$\boldsymbol{Y}_N = (Y_1, Y_2, \cdots, Y_N)$ ，($\boldsymbol{X}_N$, $p(y \mid x)$, $\boldsymbol{Y}_N$)为输入输出长度为 N 的信道，其互信息为 $I(\boldsymbol{X}_N;\boldsymbol{Y}_N) = I(X_1, X_2, \cdots, X_N; Y_1, Y_2, \cdots, Y_N)$. 此时输入概率向量为

$$\boldsymbol{p}_N = (p(x_1, x_1, \cdots, x_1), p(x_1, x_1, \cdots, x_2), \cdots, p(x_K, x_K, \cdots, x_K)), \tag{4.3.2}$$

分量 $p(x_{i_1}, x_{i_2}, \cdots, x_{i_N})$ 共 K^N 个，和为 1，这样的概率向量全体构成凸集 A_N . 又转移矩阵

$$\boldsymbol{P}_N = [p(y_{j_1}, y_{j_2}, \cdots, y_{j_N} \mid x_{i_1}, x_{i_2}, \cdots, x_{i_N}]_{i_k, j_k=1, k=1,2,\cdots,N}^{K,L} \tag{4.3.3}$$

其全体构成凸集 B_N . $I(\boldsymbol{X}_N;\boldsymbol{Y}_N)$ 为 $(\boldsymbol{p}_N, \boldsymbol{P}_N)$ 在 $A_N \times B_N$ 上的函数，记为 $I(\boldsymbol{p}_N, \boldsymbol{P}_N)$. 当 $\boldsymbol{P}_N \in B_N$ 固定时，$I(\boldsymbol{p}_N, \boldsymbol{P}_N)$ 关于 $\boldsymbol{p}_N$ 为 A_N 上的凹函数，故存在极大值.

定义 4.3.2　称

$$C_N = \max_{p_N \in A_N} \{I(\boldsymbol{X}_N;\boldsymbol{Y}_N)\} = \max_{p_N \in A_N} \{I(\boldsymbol{p}_N,\boldsymbol{P}_N)\} \tag{4.3.4}$$

为 $(\boldsymbol{X}_N, p(y \mid x), \boldsymbol{Y}_N)$ 的信道容量.

3. 离散信道 $(\boldsymbol{X}, p(y \mid x), \boldsymbol{Y})$ 的信道容量

对于输入与输出长度可为任意有限正整数的信道,也应给出信道容量的定义.

设 $\boldsymbol{X} = (X_1, X_2, \cdots, X_n, \cdots)$ 为一随机序列, X_n 取值于同一符号集 $A_x = \{x_1, x_2, \cdots, x_K\}$,设 $\boldsymbol{Y} = (Y_1, Y_2, \cdots, Y_n, \cdots)$ 为另一随机序列, Y_n 取值于同一符号集 $A_y = \{y_1, y_2, \cdots, y_L\}$,$(\boldsymbol{X}, p(y \mid x), \boldsymbol{Y})$为 4.1 节所述离散信道.

注意输入随机向量 $\boldsymbol{X}_N$ 含有 N 个分量,故信道 $(\boldsymbol{X}_N, p(y \mid x), \boldsymbol{Y}_N)$ 平均每个分量的信道容量为 $\dfrac{C_N}{N}$,对一些离散信道$(\boldsymbol{X}, p(y \mid x), \boldsymbol{Y})$,$\dfrac{C_N}{N}$ 当 $N \to \infty$ 时极限存在,因而给出

定义 4.3.3 若下列极限存在,则称

$$C_\infty = \lim_{N \to \infty\infty} \frac{C_N}{N} \tag{4.3.5}$$

为 $(\boldsymbol{X}, p(y \mid x), \boldsymbol{Y})$ 的信道容量.

4.3.2 信道容量的计算

以下讨论信道容量的计算方法.

1. 一般信道容量的计算

首先对离散信道 $(X, p(y \mid x), Y)$ 进行讨论. 由前面的讨论知,对于给定离散信道 $(X, p(y \mid x), Y)$,若转移概率矩阵 $\boldsymbol{P}$ 确定,则互信息 $I(X;Y) = I(\boldsymbol{p}, \boldsymbol{P})$ 仅为概率向量 $\boldsymbol{p} = (p_1, p_2, \cdots, p_K)$ 的函数,故可记为 $I(\boldsymbol{p}) = I(p_1, p_2, \cdots, p_K)$. 因而求信道容量 C 的问题,即求在约束条件 $\sum\limits_{k=1}^{K} p_k = 1$ 下 K 元函数 $I(p_1, p_2, \cdots, p_K)$ 的极值问题,故可用微分学中的拉格朗日乘数法求解. 具体方法如下.

注意

$$I(p_1, p_2, \cdots, p_K) = \sum_{k=1}^{K} \sum_{l=1}^{L} p_k p(y_l \mid x_k) \log \frac{p(y_l \mid x_k)}{\sum\limits_{i=1}^{K} p_i p(y_l \mid x_i)}, \tag{4.3.6}$$

其中 $p(y_l \mid x_k), k = 1, 2, \cdots, K, l = 1, 2, \cdots, L$ 为由统计方法得到的常数. 设

$$F = I(p_1, p_2, \cdots, p_K) - \lambda\left(\sum_{k=1}^{K} p_k - 1\right),$$

由方程组

$$\begin{cases} \dfrac{\partial F}{\partial p_k} = 0, \quad k = 1, 2, \cdots, K, \\ \sum\limits_{k=1}^{K} p_k = 1, \end{cases}$$

即

$$\begin{cases} \dfrac{\partial I}{\partial p_1} = \lambda, \\ \dfrac{\partial I}{\partial p_2} = \lambda, \\ \quad \vdots \\ \dfrac{\partial I}{\partial p_K} = \lambda, \\ \sum_{k=1}^{K} p_k = 1, \end{cases} \tag{4.3.7}$$

解出 $p_k, k = 1,2,\cdots,K,\lambda$，设解为 $p_k^0, k = 1,2,\cdots,K,\lambda^0$，则由凹函数极大值即为驻点处值的性质知 $C = I(p_1^0, p_2^0, \cdots, p_K^0)$.

实际上，只要在方程组(4.3.7)中求得 λ 的解，即可得到 C.

定理 4.3.1　若 $\lambda = \lambda^0$ 满足方程组(4.3.7)，则 $(X, p(y \mid x), Y)$ 的信道容量为

$$C = \lambda^0 + \log e, \tag{4.3.8}$$

其中 e 为自然对数的底数.

证明　设 $q_l = p(y_l)$，则

$$q_l = \sum_{k=1}^{K} p(x_k, y_l) = \sum_{k=1}^{K} p_k p(y_l \mid x_k).$$

注意因转移矩阵 $\boldsymbol{P}$ 确定，每个 $p(y_l \mid x_k)$ 对于每个 p_k 来说皆为常数，故

$$\frac{\partial}{\partial p_k}\log q_l = \left(\frac{\partial}{\partial p_k}\ln q_l\right)\log e = \frac{1}{q_l}\frac{\partial q_l}{\partial p_k}\log e = \frac{p(y_l \mid x_k)}{q_l}\log e,$$

$$\begin{aligned} \frac{\partial I}{\partial p_1} &= \frac{\partial}{\partial p_1}\left[\sum_{k=1}^{K}\sum_{l=1}^{L} p_k p(y_l \mid x_k)\log\frac{p(y_l \mid x_k)}{q_l}\right] \\ &= \frac{\partial}{\partial p_1}\left\{\sum_{k=1}^{K}\sum_{l=1}^{L} p_k p(y_l \mid x_k)\log p(y_l \mid x_k) - \left[\sum_{k=1}^{K}\sum_{l=1}^{L} p_k p(y_l \mid x_k)\log q_l\right]\right\} \\ &= \sum_{l=1}^{L} p(y_l \mid x_1)\log p(y_l \mid x_1) - \frac{\partial}{\partial p_1}\left[\sum_{l=1}^{L} p_1 p(y_l \mid x_1)\log q_l + \sum_{k=2}^{K}\sum_{l=1}^{L} p_k p(y_l \mid x_k)\log q_l\right] \\ &= \sum_{l=1}^{L} p(y_l \mid x_1)\log p(y_l \mid x_1) - \sum_{l=1}^{L} p(y_l \mid x_1)\log q_l - \sum_{l=1}^{L} p_1 p(y_l \mid x_1)\frac{p(y_l \mid x_1)}{q_l}\log e \\ &\quad - \sum_{k=2}^{K}\sum_{l=1}^{L} p_k p(y_l \mid x_k)\frac{p(y_l \mid x_1)}{q_l}\log e \\ &= \sum_{l=1}^{L} p(y_l \mid x_1)\log\frac{p(y_l \mid x_1)}{q_l} - \sum_{k=1}^{K}\sum_{l=1}^{L} p_k p(y_l \mid x_k)\frac{p(y_l \mid x_1)}{q_l}\log e. \end{aligned}$$

注意到

$$\sum_{k=1}^{K} p_k p(y_l \mid x_k) = \sum_{k=1}^{K} p(x_k, y_l) = p(y_l) = q_l, \quad \sum_{l=1}^{L} p(y_l \mid x_1) = 1,$$

即得

$$\frac{\partial I}{\partial p_1}=\sum_{l=1}^{L}p(y_l\mid x_1)\log\frac{p(y_l\mid x_1)}{q_l}-\log e.$$

同理有

$$\frac{\partial I}{\partial p_k}=\sum_{l=1}^{L}p(y_l\mid x_k)\log\frac{p(y_l\mid x_k)}{q_l}-\log e,\quad k=2,3,\cdots,K.$$

方程组(4.3.7)的前 K 个方程即

$$\sum_{l=1}^{L}p(y_l\mid x_k)\log\frac{p(y_l\mid x_k)}{q_l}=\lambda+\log e,\quad k=1,2,\cdots,K.\tag{4.3.9}$$

式(4.3.9)中第 k 个方程两边同乘以 p_k，对 k 求和，注意 $\sum_{k=1}^{K}p_k=1$，即得

$$\sum_{k=1}^{K}p_k\sum_{l=1}^{L}p(y_l\mid x_k)\log\frac{p(y_l\mid x_k)}{q_l}=\lambda+\log e,$$

此即

$$I(\boldsymbol{p})=I(p_1,p_2,\cdots,p_K)=\lambda+\log e.\tag{4.3.10}$$

若方程组(4.3.7)的解为 $p_k^0,k=1,2,\cdots,K,\lambda^0$，则由前面的讨论知

$$C=I(p_1^0,p_2^0,\cdots,p_K^0)=\lambda^0+\log e.$$ □

此方法看似简单，但方程组(4.3.7)不是关于 $p_k,k=1,2,\cdots,K,\lambda$ 的线性方程组，因而解 $p_k^0,k=1,2,\cdots,K,\lambda^0$ 是不容易得到的. 不过，利用几个强大的数学软件，如 MATLAB，MATHEMATICA 等，还是可以给出 λ^0 比较满意的近似解，从而可得到 C 的较好近似值.

2. 信源信道皆为离散平稳无记忆时道容量的计算

在通常情况下，信道$(\boldsymbol{X}_N,p(y\mid x),\boldsymbol{Y}_N)$及$(\boldsymbol{X},p(y\mid x),\boldsymbol{Y})$的信道容量是很难求得的，但若 $\boldsymbol{X}$ 为离散平稳无记忆信源，$(\boldsymbol{X},p(y\mid x),\boldsymbol{Y})$为离散平稳无记忆信道，则此信道的容量可直接由单符号信道的容量得到.

由推论 4.2.1 后的说明知，若 $\boldsymbol{X}=(X_1,X_2,\cdots,X_n,\cdots)$ 为一离散平稳无记忆信源，则 X_n 相互独立同分布，设 X_n 与随机变量 X 同分布，若$(\boldsymbol{X},p(y\mid x),\boldsymbol{Y})$为一离散平稳无记忆信道，则 Y_n 也是同分布的，设 Y_n 与随机变量 Y 同分布. 如此，由互信息的定义知 $I(X_n;Y_n)$ 与 n 无关，可以 $I(X;Y)$ 作为 $I(X_n;Y_n)$ 的代表. 从而由推论 4.2.2 知 $I(\boldsymbol{X}_N;\boldsymbol{Y}_N)=NI(X;Y)$. 采用定义 4.3.1 及定义 4.3.2 中的记法，令 $I(X;Y)=I(\boldsymbol{p},\boldsymbol{P})$，$I(\boldsymbol{X}_N;\boldsymbol{Y}_N)=I(\boldsymbol{p}_N,\boldsymbol{P}_N)$，则由定义 4.3.2 知 $(\boldsymbol{X}_N,p(y\mid x),\boldsymbol{Y}_N)$ 的信道容量

$$\begin{aligned}C_N&=\max_{\boldsymbol{p}_N\in A_N}\{I(\boldsymbol{X}_N;\boldsymbol{Y}_N)\}=\max_{\boldsymbol{p}_N\in A_N}\{I(\boldsymbol{p}_N,\boldsymbol{P}_N)\}\\&=\max_{\boldsymbol{p}_N\in A_N}\{NI(\boldsymbol{p},\boldsymbol{P})\}=N\max_{\boldsymbol{p}_N\in A_N}\{I(\boldsymbol{p},\boldsymbol{P})\}.\end{aligned}$$

注意 X_n 相互独立且与 X 同分布，设 X 的概率向量为 $\boldsymbol{p}=(p_1,p_2,\cdots,p_K)$，则

$$\begin{aligned}\boldsymbol{p}_N&=(p(x_1,x_1,\cdots,x_1),p(x_1,x_1,\cdots,x_2),\cdots,p(x_K,x_K,\cdots,x_K))\\&=(p_1^N,p_1^{N-1}p_2,\cdots,p_K^N)\end{aligned}$$

为 $\boldsymbol{p}$ 的 K^N 值函数(具有 K^N 个分量的向量值函数)，故

$$C_N = N \max_{p_N \in A_N} \{I(\boldsymbol{p},\boldsymbol{P})\} = N \max_{p \in A} \{I(\boldsymbol{p},\boldsymbol{P})\}.$$

总结以上分析,有如下定理.

定理 4.3.2　设 $\boldsymbol{X}=(X_1,X_2,\cdots,X_n,\cdots)$ 为一离散平稳无记忆信源,$(\boldsymbol{X},p(y\mid x),\boldsymbol{Y})$ 为一离散平稳无记忆信道,X_n 与随机变量 X 同分布,Y_n 与随机变量 Y 同分布,$(X,p(y\mid x),Y)$ 的信道容量为 C,则对每个正整数 N,$(\boldsymbol{X}_N, p(y\mid x), \boldsymbol{Y}_N)$ 的信道容量为

$$C_N = NC. \tag{4.3.11}$$

$(\boldsymbol{X}, p(y\mid x), \boldsymbol{Y})$ 的信道容量为

$$C_\infty = C. \tag{4.3.12}$$

例 4.3.1　设$(X, p(y\mid x), Y)$称为二进制对称信道,随机变量 X,Y 皆取值于 $A_x=\{0,1\}$,即有 $x_1=y_1=0, x_2=y_2=1$,又转移概率为

$$p(y_1\mid x_1)=p(0\mid 0)=\bar{p},\quad p(y_1\mid x_2)=p(0\mid 1)=p,$$

$$p(y_2\mid x_1)=p(1\mid 0)=p,\quad p(y_2\mid x_2)=p(1\mid 1)=\overline{p},$$

其中 $p\geqslant 0, \bar{p}\geqslant 0, p+\bar{p}=1$.求$(X,p(y\mid x),Y)$的信道容量(留作练习).

最后注意:既然信道容量为凸集上定义的凹函数的极值,而这样的极值必然可取到,则针对以上介绍的不同情形,在一定条件下(如在定理 4.3.2 条件下,$C_\infty=C$),分别存在 $\boldsymbol{p}^0, \boldsymbol{p}_N^0, \boldsymbol{p}^0$,使得 $C=I(\boldsymbol{p}^0), C_N=I(\boldsymbol{p}_N^0), C_\infty=I(\boldsymbol{p}^0)$,而 $\boldsymbol{p}^0, \boldsymbol{p}_N^0, \boldsymbol{p}^0$ 为相关随机变量或随机向量的分布,故分别存在 (X^0,Y^0),$(\boldsymbol{X}_N^0,\boldsymbol{Y}_N^0)$,$(X^0,Y^0)$,使 $C=I(X^0;Y^0)$,$C_N=I(\boldsymbol{X}_N^0;\boldsymbol{Y}_N^0)$,$C_\infty=I(X^0;Y^0)$.

习　题　4

1. 设 $(X,p(y\mid x),Y)$ 为二进制对称信道,即设随机变量 X,Y 皆取值于 $A_x=\{0,1\}$,$x_1=y_1=0, x_2=y_2=1$.X 的分布为 $p(0)=p_1, p(1)=p_2$,又转移概率为

$$p(y_1\mid x_1)=p(0\mid 0)=\bar{p},\quad p(y_1\mid x_2)=p(0\mid 1)=p,$$

$$p(y_2\mid x_1)=p(1\mid 0)=p,\quad p(y_2\mid x_2)=p(1\mid 1)=\bar{p},$$

其中 $p\geqslant 0, \bar{p}\geqslant 0, p+\bar{p}=1$.

(1)求该信道的转移概率矩阵 $\boldsymbol{P}$ 及互信息 $I(X;Y)$;

(2)设 $p_1=1/3, p_2=2/3, p=1/2$,计算 $I(X;Y)$.

2. 证明

(1) $I(X;Y)=H(X)+H(Y)-H(X,Y)$;

(2) $I(X;Y,Z)=I(X;Y)+I(X;Z\mid Y)$;

(3) $I(X;Y\mid Z)=H(X,Z)+H(Y,Z)-H(X,Y,Z)-H(Z)$;

(4) $I(X;Y;Z)=I(Z;X)-I(Z;X\mid Y)$.

3. 证明 $0\leqslant I(X;Y)\leqslant \min(H(X),H(Y))$.

4. 在第 1 题的假定下,求信道 $(X,p(y\mid x),Y)$ 的容量 C.

第 5 章　信道编码

本章分 3 节. 在 5.1 节中，首先介绍信道编码的基础理论，包括信息传输系统简要介绍，信源编码与信道编码的同异，信道编码分类，特别介绍分组码的概念. 其次介绍有关信道译码方式及译码准则的知识，包括常见信道译码方式简介，最小平均译码差错概率的译码准则和最大似然译码准则. 该节最后介绍信道编码理论中最著名的香农信道编码定理. 5.2 节介绍群码，讲述群码结构、群码的生成和群码的作用. 5.3 节介绍循环码，包括相关代数知识简介、循环码的构造、译码方法、循环码的实例以及一种简单循环码

5.1　信道编码的基础理论

"信道编码理论"内容丰富，其基础工具为代数学，因此，该理论已经发展为代数学的一个分支，体现了代数学的实际应用价值. 然而，"信道编码的基础理论"却是指建立在概率论基础上、由香农创立的理论. 两种理论截然不同，本节介绍的是后者.

5.1.1　信道编码概述

首先了解研究信道及信道编码，将目前常见的信息传输系统作简要介绍.

1. 信息传输系统简要介绍

仅就信息论所涉及的对象而言，信息传输系统的第一个对象是信源. 由于信源发出的信息形形色色，五花八门，而目前用于信息传输的载体一般为光、电、磁等，因此需要通过一种器械(称为转换器)将这些信息转换成光、电、磁等信息(称为模拟信息). 所以，该系统的第二个对象为转换器. 接着，为了有效地传输模拟信息，需要通过信源编码器(又称脉冲编码器或模/数(A/D)变换器)对其进行编码，将模拟信息编为数字信息(以码字的形式表现)，这一过程就是信源编码，故该系统的第三个对象为信源编码器. 事实表明，数字信息在进入传输通道(信道)进行传输的过程中，由于通道自身的原因和外界的干扰，可能发生错误，而信道编码可以有效地防止或修正错误，第四个对象为信道编码器. 第五个对象自然是信道. 当由信道编码器得到的码字通过信道传到接收端，还需将其还原为进入信道以前的码字，即信道编码器得到的码字，或直接还原为信源编码得到的码字，因此需有第六个对象——信道译码器. 再经第七个对象——信源译码器，信息到达第八个也是最后一个对象——信宿. 信息传输过程结束.

设输入信道的符号集合为 $A_x=\{x_1,x_2,\cdots,x_K\}$，输出符号集合为 $A_y=\{y_1,y_2,\cdots,y_L\}$，若对任一输入信道的序列 $x=(x_{i_1},x_{i_2},\cdots,x_{i_N})$，信道输出端唯一确定地输出序列 $y=(y_{j_1},y_{j_2},\cdots,y_{j_N})$，反过来，从输出端获得的任一序列 y，皆可确知输入信道的是某个序列 x，则该信道的输入序列集与输出序列集一一对应，信道在传输信息的过程中未发生任何错误. 这是一种最理想的情形，此时，译码器即可根据一一对应关系，从输出序列准确无误地译出输出序列.

然而在实际问题中，这种理想的情形很少出现. 由于信道本身的原因及外界的干扰，通常情形正如前章所述，信道输入端输入序列 x，输出端以概率 $p(y\mid x)$ 输出序列 y. 译码器根本无法由 y 准确译出 x.

可见，一个看起来很难的问题摆在人们面前——如何由不准确的信道输出结果得知输入信道的是哪一条信息？

解决这一问题的有效方法便是信道编码.

2. 信源编码与信道编码的同异

信源编码与信道编码的相同之处，在于二者都是将一些符号组成的序列编为计算机等容易处理的符号序列(即码字). 二者的不同之处如下：

第一，对象不同. 一般来说，信源编码是将转换器输出的模拟符号序列编为数字符号序列，信道编码是将已由信源编码器编好而输出的数字符号序列再一次编为数字符号序列.

第二，目的不同. 信源编码的目的是：除将模拟信息转化为数字信息外，尽可能缩短码字长，压缩冗余度，以便提高传输效率. 信道编码的目的是：在信道容量允许的前提下，通过将数字序列重新编排包装，得到具有足够抗干扰能力的新的数字序列，以便使原数字信息藏于其中尽可能完整地通过信道，信道译码器去掉包装还原为输入信道前的数字信息；或在信道传输错误难以避免的情况下，译码器以尽可能大的概率还原信息，或使译码器自动发现错误并予以改正. 同时仍要考虑使用码元的节约问题.

信源编码得到的码称为信源码，信道编码得到的码称为信道码.

3. 信道编码分类

信道码的种类很多，大致介绍如下：

按编码方法分，信道码可分为两类，分组码与树码.

按数学结构分，也可分为两类，线性码与非线性码.

按抗干扰模式分，可分为纠随机错误码和纠突发错误码.

按所用数学工具分，有几何码、代数码和组合码等.

还有循环码与非循环码之分.

一种码可同时属于几种类型，如线性分组循环纠突发错误码. 线性树码又称卷积码，因为在这种码的编码过程中可引入相当于卷积的运算；线性分组码又称群码，因为其全体码字构成数学中的群.

5.1.2　信道译码方式及译码准则

信道编码的最终目的,在于使编码得到的信道码字通过信道传输到达信道译码器以后,译码器能够尽可能正确地译出该码字,或更直接地,译为与信道码字对应的信源码字.因此,在设计信道编码方法时,首先需要考虑译码器的译码方式.以下介绍常见的信道译码方式及与其相关的译码准则.

1.常见信道译码方式简介

以下就分组编码的情形,介绍译码器通常是如何进行译码的.

设通过对信源码字进行分组以后,得到组的集合 $C_M=\{c_0,c_2,\cdots,c_{M-1}\}$,其中 $c_m=(c_{m1},c_{m2},\cdots,c_{mk})$, $c_{ml}\in C=\{0,1\}$, $l=1,2,\cdots,k$, $m=0,1,\cdots,M-1$,故 $M=2^k$.设 c_m 的信道码字为 d_m ,故得信道码字集合 $C'_M=\{d_0,d_1,\cdots,d_{M-1}\}$,其中 $d_m=(d_{m1},d_{m2},\cdots,d_{mN})$, $d_{ml}\in A_c=\{0,1\}$, $l=1,2,\cdots,N$.即将长为 k 的信源码字编为长为 N 的信道码字.

信道输入端输入 C'_M 中元 d_m 以后,由于干扰等原因,信道输出端输出的序列不一定为 d_m .设由输出端输出的可能序列为 $h_0,h_1,\cdots,h_{S-1}$, $h_s=(h_{s1},h_{s2},\cdots,h_{sN})$, $h_{sl}\in A_c=\{0,1\}$, $l=1,2,\cdots,N$, $s=0,1,\cdots,S-1$.

译码器作如下设置:将集合 $H=\{h_0,h_1,\cdots,h_{S-1}\}$ 分为互不相交的子集之并,每一个子集对应 C'_M 中一个元 d_m ,若输出序列为该子集中元 h ,译码器便将 h 译为 d_m ,用映射的观点,即令 $H=\bigcup\limits_{m=0}^{M-1}H_m$, $H_m\cap H_n=\varnothing,m\neq n$,作映射

$$g(h)=d_m,\quad h\in H_m, \tag{5.1.1}$$

表示译码器将 H_m 中元 h 译为 d_m .称 g 为译码函数.若发送信道码字 d_m 后接收到的码字 h 不在 H_m 中,则认为传输出现差错而译码便出现错误(不译为 d_m).

确定译码函数 g 所依据的关系称为译码准则.可以看出,译码方式由译码准则决定.以下介绍两个最常见的译码准则.

2.最小平均译码差错概率的译码准则

对任意 $m=0,1,\cdots,M-1$, $s=0,1,\cdots,S-1$,由统计方法可得 $p(d_m\mid h_s)$,即接收到 h_s 的条件下发送的码字是 d_m 的概率.

很自然地,对任意 $m=0,1,\cdots,M-1$,若 h 使得 $p(d_m\mid h)$ 为 $p(d_n\mid h)$ 中最大者, $n=0,1,\cdots,M-1$,即接收到 h 而发出的是 d_m 的可能性最大,则应将 h 译为 d_m ,即应有 $g(h)=d_m$,从而有

$$p(g(h)\mid h)=\max_{n=0,1,\cdots,M-1}\{p(d_n\mid h)\}. \tag{5.1.2}$$

定义 5.1.1　式(5.1.2)称为最小平均译码差错概率的译码准则,满足这一准则的译码器称为理想译码器.

式(5.1.2) 便是选择 g 或 H_m 的准则,所谓满足这一准则的译码器,意即该译码器采用的译码函数为 $g(h)$,而 $g(h)$ 根据式 (5.1.2) 选择.

由于 d_m 与 c_m 以至 m 一一对应,得到其中之一便知其余二者,故有的书中将译码函数 $g(h)$ 的值取为 m . 但这样做容易引起些许混乱,因为 d_m 与 h 分别为输入输出信道的序列,二者长度相同,若 $g(h) = d_m$,诸如 $p(g(h) \mid h) = p(d_m \mid h)$ 的概率显然容易理解,而若 $g(h) = m$,则 $p(g(h) \mid h) = p(m \mid h)$,后者与以前介绍的概念有差距,需另作解释.

根据式(5.1.2) 得到 g 以后,自然可称 $p(g(h) \mid h)$ 为 h 的译码正确概率, $1-p(g(h) \mid h)$ 称为 h 的译码差错概率,记

$$P_{e|h} = 1 - p(g(h) \mid h). \tag{5.1.3}$$

令

$$P_e = \sum_{h\in H} p(h)P_{e|h} = \sum_{h\in H} p(h)(1-p(g(h) \mid h)) = 1 - \sum_{h\in H} p(h)p(g(h) \mid h) \tag{5.1.4}$$

称为平均译码差错概率. P_e 反映了译码函数 g 的平均译码误差情况,但追溯引起误差的原因发现, P_e 的大小实际上是对信道编码水平的度量. 因为在分组的情形,对信源码字分组以后得到组的集合 $C_M = \{c_0, c_2, \cdots, c_{M-1}\}$ 进行信道编码,得到信道码字集合 $C'_M = \{d_0, d_1, \cdots, d_{M-1}\}$,再经信道传输得到集合 $H = \{h_0, h_1, \cdots, h_{S-1}\}$,而 H 的确定直接与 C'_M 和信道的特性相关, C'_M 的构造还可考虑信道特性的因素. 一旦 C'_M 确定, H 便确定,由式(5.1.2) 得到的 g 确定,式(5.1.3)和式(5.1.4) 定义的 $P_{e|h}$, P_e 就确定.

在式(5.1.3)和式(5.1.4)中,将 $g(h)$ 换为其他译码函数 $q(h)$,由于 $p(g(h) \mid h) = \max\limits_{n=0,1,\cdots,M-1}\{p(d_n \mid h)\}$, $p(q(h) \mid h)$ 较 $p(g(h) \mid h)$ 变小,相应的 $P_{e|h}$, P_e 增大,这就是式(5.1.2) 称为最小平均译码差错概率的译码准则的原因.

根据译码准则式(5.1.2) 得到的 g 以后,需考虑 H 的划分问题. 由式(5.1.2),若 $p(d_m \mid h) = \max\limits_{n=0,1,\cdots,M-1}\{p(d_n \mid h)\}$,则 $g(h) = d_m$. 由式(5.1.1),应有

$$H_m = \{h: p(d_m \mid h) = p(g(h) \mid h) = \max_{n=0,1,\cdots,M-1} p(d_n \mid h)\}, \tag{5.1.5}$$

但由式(5.1.2)可以看出,对任意 H 中元 h ,虽可知必有 $m=0,1,\cdots,M-1$ 使 $p(d_m \mid h)$ 取得式(5.1.2) 右边的最大值,却无任何理由保证这样的 m 是唯一的,即可能存在 $l \neq m$,而

$$p(d_l \mid h) = p(d_m \mid h) = \max_{n=0,1,\cdots,M-1}\{p(d_n \mid h)\}.$$

这就是说, $g(h) = d_l$, $g(h) = d_m$ 可能同时成立,若如此,译码函数便不是通常意义下的映射(映射要求值唯一),而是一个多值对应. 这样一来, $h \in H_l \cap H_m$,与 H 表为互不相交集合的初衷发生矛盾.

解决这一问题的途径有两个.

一是修改译码函数 g 的定义, g 仍根据译码准则式(5.1.2)选取但允许取多值,此时 $H = \bigcup\limits_{m=0}^{M-1} H_m$ 可以不是不交并,若有 $l \neq m$,使 $h \in H_l \cap H_m$,将 h 译为 d_l 及 d_m

均可,平均译码差错概率仍为式 (5.1.4) 表示的 P_e.

二是令

$$E_m = \{h: p(d_m \mid h) = \max_{n=0,1,\cdots,M-1} p(d_n \mid h)\}, \quad m = 0,1,\cdots,M-1,$$

$$H_0 = E_0, H_1 = E_1 \backslash H_0, H_2 = E_2 \backslash (H_0 \cup H_1), \cdots,$$

$$H_{M-1} = E_{M-1} \backslash (H_0 \cup H_1 \cup \cdots \cup H_{M-2}),$$

此时 $H_m(m = 0,1,\cdots,M-1)$ 互不相交,g 为单值,但某些 $H_m(1 \leqslant m \leqslant M-1)$ 可能为空集. 若 $H_s = \varnothing$,则 $E_s \subset H_0 \cup H_1 \cup \cdots \cup H_{s-1}$,由于 E_s 非空,故存在 h 使得 $h \in E_s$,从而存在 $t(0 \leqslant t \leqslant s-1)$ 使得 $h \in H_t \subset E_t$,此时,有 $p(d_s \mid h) = p(d_t \mid h) = \max\limits_{n=0,1,\cdots,M-1} \{p(d_n \mid h)\}$. 令

$$g(h) = d_m, \quad h \in H_m \neq \varnothing, \tag{5.1.6}$$

则虽然 $p(d_s \mid h) = \max\limits_{n=0,1,\cdots,M-1} \{p(d_n \mid h)\}$,但译码器将 h 译为 d_t 而非 d_s.

对于上述第二种处理方法,由于 $H = \bigcup\limits_{m=0}^{M-1} H_m = \bigcup\limits_{H_m \neq \varnothing} H_m$,由式(5.1.6) 定义的译码函数使每个 H 中元 h 唯一地译为 C'_M 中元,平均译码差错概率 P_e 值未发生变化. 但注意当 $H_s = \varnothing$ 时,信道输入 d_s 而信道译码器并未将对应的输出译为 d_s,而是译为某个与其不同的 d_t.

两种处理方法各有利弊. 对第一种处理方法,C'_M 中元译码器都可取到但取法不定,对第二种处理方法,C'_M 中某些元译码器不能取到但取法确定. 若第二种处理方法中每个 H_m 皆非空,则第二种方法优于第一种方法.

3. 最大似然译码准则

理想译码器根据最小平均译码差错概率的译码准则构造,由式(5.1.2) 知,该译码准则依赖于条件概率 $p(d_m \mid h)$,而后者又依赖于 $p(d_m)$. 这样,理想译码器便随输入信道的信道码字分布的不同而改变,因而失去了理想性. 因为译码器应是一种较为固定的装置,如果它对具有某一分布的信道码字可以进行较为准确的译码,而对其他类型的信道码字译码误差很大,理想的称呼便不再副实.

为了减少译码器的译码性能对输入信道的信道码字分布的依赖性,以下引入一种实用的译码准则.

定义 5.1.2 称

$$p(h \mid g(h)) = \max_{n=0,1,\cdots,M-1} \{p(h \mid d_n)\} \tag{5.1.7}$$

为最大似然译码准则,其中,对任意 $h \in H$,若 $m(=0,1,\cdots,M-1)$ 使 $p(h \mid d_m) = \max\limits_{n=0,1,\cdots,M-1} \{p(h \mid d_n)\}$,则记 $g(h) = d_m$,仍称 $g(h)$ 为译码函数.

通过由式(5.1.7) 得到的 $g(h)$,同样可对 H 进行划分,与最小平均译码差错概率的译码准则情形相同,在 H 划分过程中仍可能发生同样的情况,不再赘述.

以下就简单情形进行讨论.

设根据最大似然译码准则得到的 $g(h)$,可将 H 划分为互不相同的部分,$H =$

$\bigcup_{m=0}^{M-1} H_m$ ，$H_m \cap H_n = \varnothing, m \neq n$，其中 $H_m = \{h:g(h) = d_m\}, m = 0,1,\cdots,M-1$. 则当输入信道的信道码字为 d_m 时，若信道输出 $h \in \overline{H_m}$，h 被误译，其中 $\overline{H_m}$ 为 H_m 的补集. 从而信道输入 d_m 在输出端被误译的概率为

$$P_{e|m} = \sum_{h \in \overline{H_m}} p(h \mid d_m), \tag{5.1.8}$$

平均译码差错概率为

$$P_e = \sum_{m=0,1,\cdots,M-1} p(d_m) P_{e|m}. \tag{5.1.9}$$

当信道码字均匀分布，即 $p(d_m) = \dfrac{1}{M}, m = 0,1,\cdots,M-1$ 时，由

$$p(h \mid d_m)p(d_m) = p(h,d_m) = p(d_m \mid h)p(h)$$

知

$$p(d_m \mid h) = \frac{p(h \mid d_m)p(d_m)}{p(h)} = \frac{1}{Mp(h)} p(h \mid d_m),$$

$$\begin{aligned}\max_{n=0,1,\cdots,M-1}\{p(d_n \mid h)\} &= \max_{n=0,1,\cdots,M-1}\left\{\frac{1}{Mp(h)} p(h \mid d_n)\right\} \\ &= \frac{1}{Mp(h)} \max_{n=0,1,\cdots,M-1}\{p(h \mid d_n)\}.\end{aligned}$$

这就是说，对 $h \in H$，若 m 使得 $p(h \mid d_m)$ 取得 $\{p(h \mid d_n)\}$ 中的最大值，则 m 也使得 $p(d_m \mid h)$ 取得 $\{p(d_n \mid h)\}$ 中的最大值，由这两个不同的译码函数得到的 H_m 是相同的. 故当信道码字均匀分布时，这两个译码准则是等价的.

除了上述两种最常见的译码准则之外，还有别的译码准则，如以下要介绍的联合典型译码准则.

5.1.3　渐近等分割性与信道编码定理

与信源编码一样，关于信道编码也有很好的理论结果.

1. 联合典型序列

设 $\boldsymbol{X} = (X_1, X_2, \cdots, X_n, \cdots)$ 为一随机序列，X_n 取值于同一符号集 $A_x = \{x_1, x_2, \cdots, x_K\}$，设 $\boldsymbol{Y} = (Y_1, Y_2, \cdots, Y_n, \cdots)$ 为一另一随机序列，Y_n 取值于同一符号集 $A_y = \{y_1, y_2, \cdots, y_L\}$. 则 $\boldsymbol{X}$ 为一离散信源，

$$(\boldsymbol{X}, p(y \mid x), \boldsymbol{Y}) = \{(\boldsymbol{X}_N, p(y \mid x), \boldsymbol{Y}_N)\}_{N=1}^{\infty}$$

为一离散信道.

现设 $\boldsymbol{X}$ 为一离散平稳无记忆信源，$(\boldsymbol{X}, p(y \mid x), \boldsymbol{Y})$ 为一离散平稳无记忆信道，则由前几章知道 X_n 相互独立且与一随机变量 X 同分布，Y_n 与一随机变量 Y 同分布. 增设 Y_n 相互独立.

对任意正整数 N，设 $\boldsymbol{X}_N = (X_1, X_2, \cdots, X_N)$，$\boldsymbol{Y}_N = (Y_1, Y_2, \cdots, Y_N)$，则对 $\boldsymbol{X}_N$ 的任意输出序列 $x = (x_{i_1}, x_{i_2}, \cdots, x_{i_N})$，$\boldsymbol{Y}_N$ 的任意输出序列 $y = (y_{j_1}, y_{j_2}, \cdots,$

y_{j_N}）有

$$\begin{aligned} p(x,y) &= p(x_{i_1},x_{i_2},\cdots,x_{i_N},y_{j_1},y_{j_2},\cdots,y_{j_N}) \\ &= p(y_{j_1},y_{j_2},\cdots,y_{j_N} \mid x_{i_1},x_{i_2},\cdots,x_{i_N})p(x_{i_1},x_{i_2},\cdots,x_{i_N}) \\ &= \prod_{k=1}^{N} p(y_{j_k} \mid x_{i_k}) \prod_{k=1}^{N} p(x_{i_k}) = \prod_{k=1}^{N} p(y_{j_k} \mid x_{i_k}) p(x_{i_k}) = \prod_{k=1}^{N} p(x_{i_k},y_{j_k}). \end{aligned}$$

在上述假定下，给出如下定义.

定义 5.1.3 若对 $\varepsilon > 0$，有

$$\left|\frac{I(x)}{N} - H(X)\right| < \varepsilon, \tag{5.1.10}$$

$$\left|\frac{I(y)}{N} - H(Y)\right| < \varepsilon, \tag{5.1.11}$$

$$\left|\frac{I(x,y)}{N} - H(X,Y)\right| < \varepsilon, \tag{5.1.12}$$

其中 $I(x) = -\log p(x)$，$I(y) = -\log p(y)$，$I(x,y) = -\log p(x,y)$ 为自信息. 则称 (x,y) 为联合 ε 典型序列，其全体之集记为 $G_{\varepsilon N}$，$G_{\varepsilon N}$ 中元的个数记为 $\| G_{\varepsilon N} \|$.

由于 $(\boldsymbol{X}_N,\boldsymbol{Y}_N)$ 的输出序列的全体为 $A_x^N \times A_y^N$，故若记 $(\boldsymbol{X}_N,\boldsymbol{Y}_N)$ 的输出序列 (x,y) 中非联合 ε 典型序列之集为 $\overline{G_{\varepsilon N}}$，$\overline{G_{\varepsilon N}}$ 中元的个数为 $\| \overline{G_{\varepsilon N}} \|$，则 $G_{\varepsilon N} \cup \overline{G_{\varepsilon N}} = A_x^N \times A_y^N$，$\| G_{\varepsilon N} \| + \| \overline{G_{\varepsilon N}} \| = K^N \times L^N$.

2. 关于联合典型序列的个数和概率的估计

与定理 3.2.1 类似，有如下定理.

定理 5.1.1 设 $\boldsymbol{X} = (X_1, X_2, \cdots, X_n, \cdots)$ 为一离散平稳无记忆信源，X_n 取值于同一符号集 $A_x = \{x_1, x_2, \cdots, x_K\}$，与随机变量 X 同分布，分布为 $\{p_k\}_{k=1}^K$，$\boldsymbol{Y} = (Y_1, Y_2, \cdots, Y_n, \cdots)$ 为另一随机序列，Y_n 取值于同一符号集 $A_y = \{y_1, y_2, \cdots, y_L\}$，相互独立且与随机变量 Y 同分布，分布为 $\{q_l\}_{l=1}^L$，$(\boldsymbol{X},\ p(y \mid x),\ \boldsymbol{Y}) = \{(\boldsymbol{X}_N,\ p(y \mid x),\ \boldsymbol{Y}_N)\}_{N=1}^{\infty}$ 为一离散平稳无记忆信道. 则 $\forall \varepsilon > 0, \delta > 0$，当 N 充分大时有

(1) $P(G_{\varepsilon N}) > 1 - \delta, P(\overline{G_{\varepsilon N}}) \leqslant \delta$，其中 P 的定义理同引理 3.3.1；

(2)若 $(x,y) = (x_{i_1},x_{i_2},\cdots,x_{i_N},y_{j_1},y_{j_2},\cdots,y_{j_N}) \in G_{\varepsilon N}$，则

$$2^{-N[H(X,Y)+\varepsilon]} < p(x,y) < 2^{-N[H(X,Y)-\varepsilon]}; \tag{5.1.13}$$

(3)

$$(1-\delta)2^{N[H(X,Y)-\varepsilon]} \leqslant \| G_{\varepsilon N} \| \leqslant 2^{N[H(X,Y)+\varepsilon]}. \tag{5.1.14}$$

本定理的证明与定理 3.3.1 的证明完全类似.

由本定理知当 N 充分大时，对 $(x,y) \in G_{\varepsilon N}$，有

$$p(x,y) \approx 2^{-NH(X,Y)}. \tag{5.1.15}$$

回顾定义 3.3.1，设 A_x^N 中 ε 典型序列全体构成的集合为 $T_{\varepsilon N}$，A_y^N 中 ε 典型序列

全体构成的集合为 $U_{\varepsilon N}$，则当 $(x,y) \in G_{\varepsilon N}$ 时，由式(5.1.10)和式(5.1.11)知必有 $x \in T_{\varepsilon N}, y \in U_{\varepsilon N}$，故当 N 充分大时，由定理 3.3.1 知

$$2^{-N[H(X)+\varepsilon]} < p(x) < 2^{-N[H(X)-\varepsilon]}, \tag{5.1.16}$$

$$2^{-N[H(Y)+\varepsilon]} < p(y) < 2^{-N[H(Y)-\varepsilon]}, \tag{5.1.17}$$

即有

$$p(x) \approx 2^{-NH(X)}, \quad p(y) \approx 2^{-NH(Y)} \tag{5.1.18}$$

定理 5.1.1 的意义在于：设 x 为输入信道的长度为 N 的序列，y 是与其对应的输出信道的序列，则当 N 充分大时，x 与 y 极大可能构成联合 ε 典型序列 (x,y)（定理 5.1.3(1)）. 对一般的 x 与 y，当 N 充分大时虽然极大可能皆为 ε 典型序列（定理 3.3.1），由于 x，y 构成的典型序列分别约含 $2^{NH(X)}$，$2^{NH(Y)}$ 个元素，故这样的 (x,y) 约有 $2^{NH(X)} \times 2^{NH(Y)} = 2^{N[H(X)+H(Y)]}$ 个，其中，约有 $2^{NH(X,Y)}$ 个为联合 ε 典型序列，后者在前者中所占的比例约为 $2^{NH(X,Y)}/2^{N[H(X)+H(Y)]} = 2^{N[H(X,Y)-H(X)-H(Y)]} = 2^{-NI(X;Y)}$，一般地，这是一个小数字. 那么，在设计制造信道译码器时，仅对构成联合 ε 典型序列的数量不多的 (x,y) 进行编译，大量的非联合 ε 典型序列 (x,y) 不去编译，将会节省大量的时间空间而误译率很小.

3. 信道编码定理

以下介绍信道编码定理，该定理被称为信息论中最基本的结果之一，由香农于 1948 年给出.

该定理的结论在证明信道编码定理中用到.

定理 5.1.2 设 $\boldsymbol{X}' = (X'_1, X'_2, \cdots, X'_n, \cdots)$，$\boldsymbol{Y}' = (Y'_1, Y'_2, \cdots, Y'_n, \cdots)$ 为离散平稳无记忆序列，分别与 $\boldsymbol{X}$，$\boldsymbol{Y}$ 同分布，其中 $\boldsymbol{X}$，$\boldsymbol{Y}$ 为定理 5.1.1 中的随机序列. 又 $\boldsymbol{X}', \boldsymbol{Y}'$ 相互独立，故对任意 $(x,y) = (x_{i_1}, x_{i_2}, \cdots, x_{i_N}, y_{j_1}, y_{j_2}, \cdots, y_{j_N})$，有

$$P((\boldsymbol{X}'_N, \boldsymbol{Y}'_N) = (x,y)) = p(x)p(y), \tag{5.1.19}$$

则对任意 $\varepsilon > 0, \delta > 0$，当 N 充分大时有

$$(1-\delta)2^{-N[I(X;Y)+3\varepsilon]} \leqslant P'(G_{\varepsilon N}) \leqslant 2^{-N[I(X;Y)-3\varepsilon]}, \tag{5.1.20}$$

其中 $P'(G_{\varepsilon N}) = P((\boldsymbol{X}'_N, \boldsymbol{Y}'_N) = (x,y) \in G_{\varepsilon N})$.

对此定理，需做一些说明.

第一，$\boldsymbol{X}', \boldsymbol{Y}'$ 相互独立，意即对任意正整数 M, N，随机向量 $\boldsymbol{X}'_M, \boldsymbol{Y}'_N$ 相互独立.

第二，$\boldsymbol{X} = (X_1, X_2, \cdots, X_n, \cdots)$ 为一离散平稳无记忆序列，X_n 取值于同一符号集 $A_x = \{x_1, x_2, \cdots, x_K\}$，与随机变量 X 同分布，分布为 $\{p_k\}_{k=1}^K$，该分布也称为 $\boldsymbol{X}$ 的分布. $\boldsymbol{Y} = (Y_1, Y_2, \cdots, Y_n, \cdots)$ 也为离散平稳无记忆序列，Y_n 取值于同一符号集 $A_y = \{y_1, y_2, \cdots, y_L\}$，相互独立且与随机变量 Y 同分布，分布为 $\{q_l\}_{l=1}^L$，该分布也称为 $\boldsymbol{Y}$ 的分布，$\boldsymbol{X}', \boldsymbol{Y}'$ 分别与 $\boldsymbol{X}$，$\boldsymbol{Y}$ 同分布，意即 $\boldsymbol{X}', \boldsymbol{Y}'$ 的分布分别为 $\{p_k\}_{k=1}^K$，$\{q_l\}_{l=1}^L$.

第三，对任意 $(x,y) = (x_{i_1}, x_{i_2}, \cdots, x_{i_N}, y_{j_1}, y_{j_2}, \cdots, y_{j_N})$，式(5.1.10)中的 $p(x)$ 事实上为 $p_{i_1}p_{i_2}\cdots p_{i_N}$，$p(y)$ 事实上为 $q_{j_1}q_{j_2}\cdots q_{j_N}$.

第四,由于 $\boldsymbol{X}$ 的值输入信道(注意 A_x 中元的任意有限序列都是 $\boldsymbol{X}$ 的值,见第 2 章离散信源定义),$\boldsymbol{Y}$ 的值输出信道,一般来说 $\boldsymbol{X}$,$\boldsymbol{Y}$ 并不相互独立,即对任意 $(x,y)=(x_{i_1},x_{i_2},\cdots,x_{i_N},y_{j_1},y_{j_2},\cdots,y_{j_N})$,一般来说,有 $P((\boldsymbol{X}_N,\boldsymbol{Y}_N)=(x,y))=p(x_{i_1},x_{i_2},\cdots,x_{i_N},y_{j_1},y_{j_2},\cdots,y_{j_N})\neq p(x)p(y)$. 本定理中的 $\boldsymbol{X}',\boldsymbol{Y}'$ 不能由 $\boldsymbol{X}$,$\boldsymbol{Y}$ 代替.

证明 根据引理 3.3.1,可得

$$P'(G_{\varepsilon N})=\sum_{(x,y)\in G_{\varepsilon N}}p(x)p(y),$$

故由式(5.1.16)和式(5.1.17),

$$\sum_{(x,y)\in G_{\varepsilon N}}2^{-NH(X)-N\varepsilon}2^{-NH(Y)-N\varepsilon}\leqslant P'(G_{\varepsilon N})=\sum_{(x,y)\in G_{\varepsilon N}}p(x)p(y)$$
$$\leqslant\sum_{(x,y)\in G_{\varepsilon N}}2^{-NH(X)+N\varepsilon}2^{-NH(Y)+N\varepsilon},$$

即有

$$2^{-NH(X)-NH(Y)-2N\varepsilon}\sum_{(x,y)\in G_{\varepsilon N}}1\leqslant P'(G_{\varepsilon N})\leqslant 2^{-NH(X)-NH(Y)+2N\varepsilon}\sum_{(x,y)\in G_{\varepsilon N}}1,$$

此即

$$2^{-NH(X)-NH(Y)-2N\varepsilon}\,\|G_{\varepsilon N}\|\leqslant P'(G_{\varepsilon N})\leqslant 2^{-NH(X)-NH(Y)+2N\varepsilon}\,\|G_{\varepsilon N}\|,$$

其中注意 $\sum\limits_{(x,y)\in G_{\varepsilon N}}1=\|G_{\varepsilon N}\|$. 由式(5.1.14)得

$$2^{-NH(X)-NH(Y)-2N\varepsilon}(1-\delta)2^{N[H(X,Y)-\varepsilon]}\leqslant P'(G_{\varepsilon N})\leqslant 2^{-NH(X)-NH(Y)+2N\varepsilon}2^{N[H(X,Y)+\varepsilon]},$$
$$(1-\delta)2^{-NH(X)-NH(Y)+NH(X,Y)-3N\varepsilon}\leqslant P'(G_{\varepsilon N})\leqslant 2^{-NH(X)-NH(Y)+NH(X,Y)+3N\varepsilon},$$

由 $H(X)+H(Y)-H(X,Y)=I(X;Y)$,即得式(5.1.20). □

以下介绍香农信道编码定理,在此之前,先介绍或重复一些概念以使问题明确.

设信道编码所用的码元集合为 $A_c=\{0,1\}$,假定对信源编码器输出的序列已经进行了分组,每组所含码元个数相同,设每组所含码元个数为 k ,所有可能的这种组共有 M 个,显然 $M=2^k$,即这种组的集合为

$$C_M=\{00\cdots00,00\cdots01,00\cdots10,\cdots,11\cdots11\},$$

其中每个组含 0,1 的总个数为 k ,C_M 又可表示为整数集 $C_M=\{0,1,2,\cdots,M-1\}$,现在,对任意 $m\in C_M$,要用长为 N 的码字 $d_m=(d_{m1},d_{m2},\cdots,d_{mN})$ 对其进行信道编码. 设这样的信道码字的集合为 $C'_M=\{d_m:m=0,1,\cdots,M-1\}$ (不一定为 5.2 节中的群码).

定义 5.1.4 称

$$R=\frac{\log M}{N}=\frac{\log 2^k}{N}=\frac{k}{N}\tag{5.1.21}$$

为信道的信息传输速率.

注意:一般的信息传输速率定义为 $R=\dfrac{\log M}{N}$,仅在 $A_c=\{0,1\}$, $M=2^k$ 时,$R=\dfrac{k}{N}$.

现设 $\boldsymbol{X}=(X_1,X_2,\cdots,X_n,\cdots)$ 为一离散平稳无记忆信源，X_n 取值于同一符号集 $A_x=\{0,1\}$，与随机变量 X 同分布，$\boldsymbol{Y}=(Y_1,Y_2,\cdots,Y_n,\cdots)$ 为另一随机序列，Y_n 取值于同一符号集 $A_y=\{0,1\}$，相互独立且与随机变量 Y 同分布，$(\boldsymbol{X},p(y\mid x),\boldsymbol{Y})=\{(\boldsymbol{X}_N,p(y\mid x),\boldsymbol{Y}_N)\}_{N=1}^{\infty}$ 为一离散平稳无记忆信道. 则对每个 $m=0,1,\cdots,M-1$，d_m 为 $\boldsymbol{X}_N=(X_1,X_2,\cdots,X_N)$ 的输出序列，将 d_m 输入信道$(\boldsymbol{X},p(y\mid x),\boldsymbol{Y})$后，信道输出端得到$\boldsymbol{Y}_N=(Y_1,Y_2,\cdots,Y_N)$ 的输出序列 h. 设所有可能的这些 h 的集合为 H. 根据定义 5.1.3，记联合 ε 典型序列全体的集为 $G_{\varepsilon N}$，则 (d_m,h) 可能属于 $G_{\varepsilon N}$，也可能不属于 $G_{\varepsilon N}$. 对每个 $m=0,1,\cdots,M-1$，令

$$H_m=\{h:(d_m,h)\in G_{\varepsilon N}\},\tag{5.1.22}$$

则

$$H=\bigcup_{m=0}^{M-1}H_m\cup\overline{\bigcup_{m=0}^{M-1}H_m}=\bigcup_{m=0}^{M-1}H_m\cup\left(\bigcap_{m=0}^{M-1}\overline{H_m}\right),\tag{5.1.23}$$

其中 $\bar{A}$ 表示集合 A 在 H 中的补集.

$\bigcup_{m=0}^{M-1}H_m$ 构成 H 的一个不完全划分. 无论信道输入 C_M' 中哪一元，只要输出的 h 属于 H_m，则将 h 译为 d_m，便得到一个译码方法.

定义 5.1.5　称

$$(d_m,h)\in G_{\varepsilon N},\quad m=0,1,\cdots,M-1\tag{5.1.24}$$

为联合典型译码准则. 当 d_m 与 h 满足准则(5.1.24)时，令

$$g(h)=d_m,\tag{5.1.25}$$

称 $g(h)$ 为按照联合典型译码准则给出的译码函数.

根据式(5.1.24)和式(5.1.25)给出的译码方法称为联合典型译码方法，相应的译码器称为联合典型译码器.

下面定理即香农信道编码定理.

定理 5.1.3　设 $\boldsymbol{X}=(X_1,X_2,\cdots,X_n,\cdots)$ 为一离散平稳无记忆信源，X_n 取值于同一符号集 $A_x=\{0,1\}$，与随机变量 X 同分布. $\boldsymbol{Y}=(Y_1,Y_2,\cdots,Y_n,\cdots)$ 为另一随机序列，Y_n 取值于同一符号集 $A_y=\{0,1\}$，相互独立且与随机变量 Y 同分布. $(\boldsymbol{X},p(y\mid x),\boldsymbol{Y})=\{(\boldsymbol{X}_N,p(y\mid x),\boldsymbol{Y}_N)\}_{N=1}^{\infty}$ 为一离散平稳无记忆信道，其信息传输速率为 $R=\dfrac{k}{N}$，信道容量为 C. 则当 $R<C$ 时，对任给 $\varepsilon>0$，必存在码字长为 N，码字数为 $M=2^{NR}=2^k$ 的分组码，使译码的平均差错概率 $P_e<\varepsilon$.

证明　首先注意：由定义 4.3.2，定理 4.3.2 及第 4 章最后的注意，存在 (X^0,Y^0) 使得 $C_\infty=C=I(X^0;Y^0)=I(\boldsymbol{p}^0)$，$\boldsymbol{p}^0$ 为 X^0 的分布.

为完成定理的证明，所述信道编码采用随机编码：

$\boldsymbol{X}=(X_1,X_2,\cdots,X_n,\cdots)$ 为一离散平稳无记忆信源，X_n 同分布，设 X_n 与 X 同分布，按此分布随机地取 M 个 $\boldsymbol{X}_N=(X_1,X_2,\cdots,X_N)$ 的输出序列 $d_m=(d_{m1},d_{m2},\cdots,d_{mN})$，$m=0,1,\cdots,M-1$，此编码即随机编码，所得 $C_M'=\{d_m:m=0,1,\cdots,M-1\}$ 即按 X 分布的随机码.

例如,设 $k=3, M=2^k=8, N=5$,此时 $C'_M=\{d_m: m=0,1,\cdots,7\}$, $d_m=(d_{m1}, d_{m2}, d_{m3}, d_{m4}, d_{m5})$. 设 X 的分布由

X	0	1
$p(x)$	1/3	2/3

给出.

在充分大的容器中盛入三分之一白豆,三分之二红豆,0 代表白豆,1 代表红豆. 任取容器中一豆,若为白豆,则令 $d_{01}=0$,否则令 $d_{01}=1$,同理可得 $d_{0i}(i=2,3,4,5)$,如此即得 $d_0=(d_{01}, d_{02}, d_{03}, d_{04}, d_{05})$. 以同样的方法得 $d_m(m=1,2,3,4,5,6,7)$. 如此即得按 X 分布的随机码 $C'_M=\{d_m: m=0,1,\cdots,7\}$.

特取 C'_M 为按 X^0 分布的随机码,设这种码的全体为 $\mathbb{C}$.

设利用联合典型译码器进行译码,此时对任意 $C'_M=\{d_m: m=0,1,\cdots,M-1\}\in\mathbb{C}$,若信道输入端输入 d_m ,输出端输出 h ,如果译码发生错误,则译码器不将 h 译为 d_m . 因此,可将事件 {信道输入端输入 d_m ,输出端输出 h ,译码发生错误} 表示为事件 $(g(h)\neq d_m \mid d_m)$.

令

$$\{d_m\}\times\overline{H_m}=F'_m,\quad \{d_n\}\times H_n=F_n, n\neq m,$$

则

$$F'_m\subset\overline{G_{\varepsilon N}},\quad F_n\subset G_{\varepsilon N}, \tag{5.1.26}$$

其中 $\{d_l\}$ 为单点集. 事实上,若 $(x,y)\in F'_m$,则 $x=d_m, y\in\overline{H_m}$,故由 $\overline{H_m}$ 定义知 $(d_m,y)\in\overline{G_{\varepsilon N}}$,此即 $(x,y)\in\overline{G_{\varepsilon N}}$;若 $(x,y)\in F_n$,则 $x=d_n, y\in H_n$,由 H_n 定义知 $(d_n,y)\in G_{\varepsilon N}$,此即 $(x,y)\in G_{\varepsilon N}$.

当事件 $(g(h)\neq d_m \mid d_m)$ 发生时,事件 $F'_m\cup\bigcup_{n\neq m}F_n$ 必发生. 这是因为 $(g(h)\neq d_m \mid d_m)$ 发生时,信道输入 d_m ,输出 h ,译码函数 $g(h)$ 不取值 d_m ,或取某个 d_n , $n\neq m$,故必有 $(d_m,h)\in F'_m$ 或 $(g(h),h)\in\bigcup_{n\neq m}F_n$,即事件 $F'_m\cup\bigcup_{n\neq m}F_n$ 发生. 如此,若设 $P_{e|m}(C'_M)$ 为针对信道码 C'_M ,信道输入 d_m 时的译码差错概率,则

$$\begin{aligned}P_{e|m}(C'_M)&=P(g(h)\neq d_m \mid d_m)\leqslant P(F'_m\cup\bigcup_{n\neq m}F_n)\\&\leqslant P(F'_m)+\sum_{n\neq m}P(F_n).\end{aligned} \tag{5.1.27}$$

由式(5.1.26)及定理 5.1.1(1),对任给 $\delta>0$,当 N 充分大时有

$$P(F'_m)\leqslant P(\overline{G_{\varepsilon N}})<\delta.$$

又当 $n\neq m$ 时,注意 H_n 的定义, $h\in H_n$ 虽使 $(d_n,h)\in G_{\varepsilon N}$,但 h 并不一定为信道输入 d_n 对应的输出,故 h 与 d_n 为相互独立的随机序列之值,从而由式(5.1.26)及式(5.1.20)知

$$P(F_n)=P(\{d_n\}\times H_n)\leqslant P((d_n,h)\in G_{\varepsilon N})\leqslant 2^{-N[I(X^0;Y^0)-3\varepsilon]}=2^{-N(C-3\varepsilon)}.$$

总之有

$$P_{e|m}(C'_M)\leqslant\delta+(M-1)2^{-N(C-3\varepsilon)}<\delta+2^k 2^{-N(C-3\varepsilon)}=\delta+2^{-N(C-R-3\varepsilon)}.$$

由于 $C > R$，故当 $\varepsilon > 0$ 充分小，N 充分大时，$2^{-N(C-R-3\varepsilon)} < \delta$，

$$P_{e|m}(C'_M) < 2\delta.$$

由此知码 C'_M 的平均译码差错概率为

$$P_e(C'_M) = \sum_{m=0}^{M-1} p(d_m) P_{e|m}(C'_M) \leqslant \sum_{m=0}^{M-1} 2p(d_m)\delta = 2\delta,$$

取 $\varepsilon = 2\delta$，即证得定理. □

顺便指出，在 $\mathbb{C}$ 上对 $P_e(C'_M)$ 取平均得

$$\overline{P_e} \triangleq \sum_{C'_M \in \mathbb{C}} P(C'_M) P_e(C'_M) \leqslant 2\delta \sum_{C'_M \in \mathbb{C}} P(C'_M) = 2\delta. \tag{5.1.28}$$

4. 关于信道编码定理与信道编码方法的说明

研究编码的有两类人，一类是数学工作者，致力于解决编码中的理论问题，不考虑所用数学工具的简单与否，有时甚至不考虑结果的应用价值. 例如，编码定理在理论上有重要意义，但从该定理及其证明不能获得使译码的平均差错概率小且具有实用价值的信道分组编码方法. 另一类人是从事实用的编码技术发明的人士，这类人以实用为宗旨，什么好用、有效就发明什么，不考虑理论的完善性.

前一类人的工作为后一类人提供帮助. 理论证明不存在的编码，发明编码的人就不会试图去构造，理论证明有前途的编码，各类人都会去关注. 例如，当信息传输速率 $R = \frac{k}{N}$ 接近信道容量 C 时，根据香农信道编码定理，对任给 $\varepsilon > 0$，必存在码字长为 N，码字数为 $M = 2^{NR} = 2^k$ 的分组码，使译码的平均差错概率 $P_e < \varepsilon$，虽然 60 多年来，这样的码一直没有找到，但寻找这样的码，成为信息论研究领域具有吸引力的目标，在这个目标的引领下，不断出现具有良好应用价值的好码，说明编码理论对编码技术的正面影响.

后一类人的工作为前一类人提出问题，提供思路. 例如，数学工作者常常对后一类人的创造性工作进行深入的研究，建立和完善理论体系.

基于代数学的信道编码是信道编码的主流，围绕这种编码的研究已经成为代数学的一个分支，这些研究体现了代数学的应用价值. 近年来提到信道编码理论，指的就是基于代数学的信道编码理论，所以，以下提到的信道编码，皆指基于代数学的信道编码.

信道编码使用的代数理论是群论，具体工具有矩阵、多项式、向量及其涉及的运算，如矩阵的加法、乘法和数乘，多项式的加法、乘法、分解和求一个多项式除以另一个多项式的余式，向量的加法、内积、卷积和数乘. 几种工具还可以相互转换，如向量可以表示为多项式，卷积可以转化为横向量与纵向量的乘法，即一行多列矩阵与多行一列矩阵的乘法.

5.2 群　码

群码理论是编码理论中最成功的典范之一.我们将看到,虽然群码的构造没有关注减小译码的平均差错概率的问题,与前面介绍的理论有一些脱节,但在传输错误只有一位的情况下,群码具有立即纠错功能,这比根据概率得到的信道码,更具有确定性.此外,群码的数学结构巧妙完美,因而相应译码器的制作简单明确.当然,在传输错误不止一位时,群码便失去其应用价值,这一缺陷也限制了它的应用与推广.

以下介绍群码理论.

考虑到目前各种编码使用的码元集合绝大部分为 $A_c=\{0,1\}$,为叙述简单起见,以下总设码元集合为 $A_c=\{0,1\}$.

5.2.1 分组编码

群码即线性分组码,因此,应该介绍分组码的概念.分组编码的思想在讨论信源的等长编码时已有所涉及.为了说明问题方便,现使用信源编码时采用的符号.

设 $A_x=\{x_1,x_2,\cdots,x_K\}$ 为信源输出的符号集合,$A_c=\{c_1,c_2,\cdots,c_D\}$ 为信源编码时所用的码元集合.现在,信源编码器输出的是由 A_c 中元构成的序列 c(信源码字).信道编码即要用 A_c 中元对 c 再次进行编码,而分组编码是先将 c 进行等长分组,对每组进行信道编码得信道码字,再将这些码字按照组的顺序拼接,便得到了 c 的信道码字.

下面对 $A_c=\{0,1\}$,具体说明信道分组编码方法.

取定一个正整数 k,对信源编码器输出的序列 c 进行分组,每组所含码元个数皆为 k.

例如,取 $k=4$. $c=10100010100010010101010001001001$.以 4 个码元一组顺次将 c 分组,得

$$c=1010,0010,1000,1001,0101,0100,0100,1001.$$

由于每组有 k 个位置,每个位置只可能取 0,1 两个数字之一,故所有可能的这种组共有 $M=2^k$ 个,即这种组的集合为

$$C_M=\{00\cdots00,00\cdots01,00\cdots10,\cdots,11\cdots11\},$$

其中每个组含 0,1 的总个数为 k.由于该集合与集合 $\{0,1,2,3,\cdots,M-1=2^k-1\}$ 一一对应,故可将二者看成同一集合.其实 C_M 为十进制数集 $\{0,1,2,3,\cdots,M-1=2^k-1\}$ 对应的二进制数集合,无疑可将二者看成同一集合.

例如,对 $k=4$,$M=2^4=16$,$C_{16}=\{0000,0001,0010,0011,\cdots,1111\}$,由于该集合与集合 $\{0,1,2,3,\cdots,15\}$ 一一对应,故可将二者看成同一集合.

为了不致被符号所困扰,下面对 $k=4$ 的情形进行讨论.

如此,$c=1010,0010,1000,1001,0101,0100,0100,1001$ 由 8 个 C_{16} 中元组成,分别为 10,2,8,9,5,4,4,9.

这样,若利用 A_c 中元给出 $\{0,1,2,3,\cdots,15\}$ 的一个新的码(信道码) $C'_{16}=\{\bar{c}_0,$

$\bar{c}_1, \bar{c}_2, \bar{c}_3, \cdots, \bar{c}_{15}\}$，则通过其中一些码字 $\bar{c}_j$ 的直接拼接，即可得到序列 c 的新码字（信道码字）：

$$\bar{c} = \bar{c}_{10}\ \bar{c}_2\ \bar{c}_8\ \bar{c}_9\ \bar{c}_5\ \bar{c}_4\ \bar{c}_4\ \bar{c}_9,$$

这种编码就是一种信道分组编码，所得码 $C'_{16} = \{\bar{c}_0, \bar{c}_1, \bar{c}_2, \bar{c}_3, \cdots, \bar{c}_{15}\}$ 即信道分组码.

信道分组编码的关键，是对每个 c_j，构造 $\bar{c}_j$，如此便由 C_M 得到 C'_M. 我们可以索性称 C_M 为信源码，因为信源码字 c 由 C_M 中元拼接而成，称 C'_M 为信道码，因为信道码字 $\bar{c}$ 由 C'_M 中元拼接而成.

5.2.2　群及模 2 运算

为了求得群码，需引进模 2 运算.

先介绍群的概念.

设 F 为一集合，$+$ 为 $F \times F$ 到 F 的映射，即对任意 $a, b \in F$，存在唯一确定的 $c \in F$，使得 $a + b = c$. 若该映射满足

(1) 结合律，即若 $a, b, c \in F$，则 $a + (b + c) = (a + b) + c$；

(2) 交换律，若 $a, b \in F$，则 $a + b = b + a$；

(3) F 中存在元素 0，使对任意 $a \in F$，有 $a + 0 = a$；

(4) F 中每一元素 a 都有唯一确定的负元 $-a$，使得 $a + (-a) = 0$. 对任意 $a, b \in F$，记 $a + (-b)$ 为 $a - b$.

则称 F 为一个加法群，映射 $+$ 称为 F 上的加法运算，由 $+$ 导出的 $-$ 称为 F 上的减法运算，0 称为 F 的零元. $a + b$ 称为 a 与 b 的和，$a - b$ 称为 a 与 b 的差.

设 F 为一集合，$\times$ 为 $F \times F$ 到 F 的映射，即对任意 $a, b \in F$，存在唯一确定的 $c \in F$，使得 $a \times b = c$. 若该映射满足

(5) 结合律，即若 $a, b, c \in F$，则 $a \times (b \times c) = (a \times b) \times c$；

(6) F 中存在元素 1，使对任意 $a \in F$，有 $a \times 1 = 1 \times a = a$；

(7) F 中除了某一元 0 外每一元素 a 都有唯一确定的逆元素 a^{-1}，使得 $a \times a^{-1} = a^{-1} \times a = 1$. 对任意 $a, b \in F$，记 $a \times b^{-1}$ 为 $a \div b$.

则称 F 为一个乘法群，映射 $\times$ 称为 F 上的乘法运算，由 $\times$ 导出的 $\div$ 称为 F 上的除法运算，1 称为 F 的单位元. $a \times b$ 又常记为 ab，称为 a 与 b 的积. 若又有 $a \times b = b \times a$，则称 F 为一个可交换的乘法群，否则称为不可交换的乘法群.

若集合 F 既为加法群又为乘法群，(3) 中的 0 与 (7) 中的 0 为同一元，并有

(8) 乘法对加法具有分配律，即对任意 $a, b, c \in F$，则 $a \times (b + c) = ab + ac$，$(b + c) \times a = ba + ca$. 则称 F 为一域.

现设 $A_c = \{0, 1\}$，在 A_c 上定义加法如下：

$$0+0=0, 0+1=1+0=1, 1+1=0.$$

则 A_x 成为一个加法群，0 为零元，1 的负元为 1，即 $-1=1$.

若在 A_x 上又定义乘法如下：

$$0 \times 0 = 0, 0 \times 1 = 1 \times 0 = 0, 1 \times 1 = 1.$$

则 A_c 成为一个可交换的乘法群，1 为单位元，1 的逆元为 1，即 $1^{-1}=1$．故 A_c 为一域．上面定义的加法与乘法分别称为 A_c 上的模 2 加法与乘法，模 2 加法的结果称为模 2 和，乘法的结果称为模 2 积．

设 k 为任一正整数，F 为向量集 $\{[c_1,c_2,\cdots,c_k]:c_i\in A_c\ ,\ i=1,2,\cdots,k\}$，则 F 共有 2^k 个元素，在 F 上定义加法：$\forall [c_{i1},c_{i1},\cdots,c_{ik}]\in F,i=1,2$，

$$[c_{11},c_{12},\cdots,c_{1k}]+[c_{21},c_{22},\cdots,c_{2k}]=[c_{11}+c_{21},c_{12}+c_{22},\cdots,c_{1k}+c_{2k}],$$

其中 $c_{1m}+c_{2m}$ 为上面定义的模 2 和，$m=1,2,\cdots,k$．则 F 在所定义的加法下为一加法群．

可以看出，5.2.1 小节中的集合 C_M 当 $M=2^k$ 时与这里的 F 一一对应，若将二者看成同一集，或若将 C_M 中元表示为如上的向量形式，则在上述加法下 C_M 为一加法群．

对于以 A_c 中元为元素的任两 $k\times n$ 矩阵 $\{c_{ij}\}_{i,j=1}^{k,n}$，$\{d_{ij}\}_{i,j=1}^{k,n}$，定义和 $\{c_{ij}\}_{i,j=1}^{k,n}+\{d_{ij}\}_{i,j=1}^{k,n}=\{c_{ij}+d_{ij}\}_{i,j=1}^{k,n}$，其中 $c_{ij}+d_{ij}$ 为模 2 和，则该类矩阵全体也构成一加法群．

若矩阵元素取自 A_c，则可像通常矩阵乘法一样定义矩阵的模 2 乘法，只将元素间的加法与乘法改为模 2 加法与乘法即可．例如，

$$[1\quad 0\quad 1]\begin{bmatrix}1 & 0\\ 1 & 1\\ 0 & 0\end{bmatrix}=[1\times1+0\times1+1\times0\quad 1\times0+0\times1+1\times0]=[1\quad 0].$$

5.2.3 群码的构造

1. *群码或 (n,k) 码 C'_M*

群码 C'_M 由对 C_M 中元添加码元得到．

在 C_M 的每个元的后面，再添加 $n-k$ 个 0 或 1，构成含 n 个码符号 0，1 的新组，每组中前 k 位称为信息位，后 $n-k$ 位称为校验位．这后 $n-k$ 位不是随便添加的，而是使得添加后得到的新组集合 C'_M 构成代数学中的群．C'_M 即称为群码或 (n,k) 码．

因此，C_M 中元一一对应于 C'_M 中元．后者按信源编码器输出的码字 c 分组后得到的 C_M 中元的次序排列，便得到 c 的一个新的码字，该码字即为根据群码得到的 c 的信道码字．

例如，设

$$C'_{16}=\{0000d_{0,1}d_{0,2}d_{0,3},0001d_{1,1}d_{1,2}d_{1,3},\cdots,1111d_{15,1}d_{15,2}d_{15,3}\}$$

其中 $d_{i,j}\in\{0,1\},i=0,1,\cdots,15,j=1,2,3$．则

$$1010d_{10,1}d_{10,2}d_{10,3},0010d_{2,1}d_{2,2}d_{2,3},\cdots,1001d_{9,1}d_{9,2}d_{9,3}$$

便为 $c=1010,0010,1000,1001,0101,0100,0100,1001$ 的信道码字．

2. *基础矩阵 $\boldsymbol{P}$，生成矩阵 $\boldsymbol{G}$ 及校验矩阵 $\boldsymbol{H}$*

有了以上准备，即可讨论如何生成群码 C'_M．

由前面知，对任意正整数 k，$M=2^k$，

$$C_M=\{00\cdots00,00\cdots01,00\cdots10,\cdots,11\cdots11\}$$

可表示为整数集 $C_M=\{0,1,2,\cdots,M-1\}$，为方便运算及避免引起混乱，以下将 C_M 中每个整数 m 表示为矩阵形式

$$\vec{m}=[c_{m1}\quad c_{m2}\quad\cdots\quad c_{mk}], \tag{5.2.1}$$

其中 $c_{ml}\in A_c=\{0,1\}$，$l=1,2,\cdots,k$. 同样，将 C'_M 中元也表为矩阵形式. 设与 m 对应的 C'_M 中元为

$$\vec{d}_m=[d_{m1}\quad d_{m2}\quad\cdots\quad d_{mk}\,d_{m(k+1)}\quad d_{m(k+2)}\quad\cdots\quad d_{mn}], \tag{5.2.2}$$

故由第 1 段知 $c_{mi}=d_{mi}$，$i=1,2,\cdots,k$. 现取式(5.2.2) 中向量的每个分量为式(5.2.1) 中向量的分量的模 2 线性组合，即有

$$d_{mj}=c_{m1}g_{1j}+c_{m2}g_{2j}+\cdots+c_{mk}g_{kj},\quad j=1,2,\cdots,n \tag{5.2.3}$$

其中 $g_{ij}\in A_c=\{0,1\}$，$i=1,2,\cdots,k,j=1,2,\cdots,n$，加法及乘法运算为模 2 运算. 令

$$\vec{g}_i=[g_{i1}\quad g_{i2}\quad\cdots\quad g_{in}],\quad i=1,2,\cdots,k, \tag{5.2.4}$$

$$\boldsymbol{G}=\begin{bmatrix}\vec{g}_1\\ \vec{g}_2\\ \vdots\\ \vec{g}_k\end{bmatrix}=\begin{bmatrix}g_{11} & g_{12} & \cdots & g_{1n}\\ g_{21} & g_{22} & \cdots & g_{2n}\\ \vdots & \vdots & & \vdots\\ g_{k1} & g_{k2} & \cdots & g_{kn}\end{bmatrix}, \tag{5.2.5}$$

称 $\boldsymbol{G}$ 为 (n,k) 码 C'_M 的生成矩阵. 故得

$$\vec{d}_m=c_{m1}\vec{g}_1+c_{m2}\vec{g}_2+\cdots+c_{mk}\vec{g}_k=\vec{m}\boldsymbol{G},\quad m=0,1,\cdots,M-1. \tag{5.2.6}$$

注意到 $c_{mi}=d_{mi}$，$i=1,2,\cdots,k$，故若将 $\boldsymbol{G}$ 表为分块形式，则有

$$\boldsymbol{G}=[\boldsymbol{I}_k\quad \boldsymbol{P}] \tag{5.2.7}$$

其中 $\boldsymbol{I}_k$ 为 $k\times k$ 单位矩阵，

$$\boldsymbol{I}_k=\begin{bmatrix}1 & 0 & \cdots & 0\\ 0 & 1 & \cdots & 0\\ \vdots & \vdots & & \vdots\\ 0 & 0 & \cdots & 1\end{bmatrix}.$$

$\boldsymbol{P}$ 为 $k\times(n-k)$ 矩阵，

$$\boldsymbol{P}=\begin{bmatrix}p_{11} & p_{12} & \cdots & p_{1(n-k)}\\ p_{21} & p_{22} & \cdots & p_{2(n-k)}\\ \vdots & \vdots & & \vdots\\ p_{k1} & p_{k2} & \cdots & p_{k(n-k)}\end{bmatrix}.$$

$\boldsymbol{P}$ 决定 $\vec{d}_m$ 的 $n-k$ 个校验位. 得到 $\boldsymbol{P}$，便可得到生成矩阵 $\boldsymbol{G}$，称 $\boldsymbol{P}$ 为基础矩阵.

取 $(n-k)\times n$ 矩阵 $\boldsymbol{H}$，使得

$$\boldsymbol{G}\boldsymbol{H}^{\mathrm{T}}=\boldsymbol{0} \tag{5.2.8}$$

其中 $\boldsymbol{H}^{\mathrm{T}}$ 为 $\boldsymbol{H}$ 的转置，$\boldsymbol{0}$ 为零矩阵. 称 $\boldsymbol{H}$ 为校验矩阵.

引理 5.2.1 取

$$H = [P^{\mathrm{T}} \quad I_{n-k}], \tag{5.2.9}$$

则 H 满足式(5.2.8).

证明 因

$$H^{\mathrm{T}} = \begin{bmatrix} P \\ I_{n-k} \end{bmatrix},$$

故

$$\begin{aligned} GH^{\mathrm{T}} &= [I_k \quad P]\begin{bmatrix} P \\ I_{n-k} \end{bmatrix} = I_k P + P I_{n-k} \\ &= P + P = 0, \end{aligned}$$

其中注意对于模 2 加法,任给 $c \in A_c = \{0,1\}$,都有 $c + c = 0$. □

给定矩阵 P 以后,便可得到生成矩阵 G 及校验矩阵 H ,从而可得群码 C'_M :

$$C'_M = \{\vec{d}_m : \vec{d}_m = \vec{m}G, \vec{m} \in C_M\} \tag{5.2.10}$$

定理 5.2.1 式(5.2.10)中的 C'_M 为一模 2 加法群.

证明 任取 $\vec{d}_s, \vec{d}_t \in C'_M$,则存在 $\vec{s}, \vec{t} \in C_M$,使得 $\vec{d}_s = \vec{s}G, \vec{d}_t = \vec{t}G$. 因 C_M 为模 2 加法群,故 $\vec{s} + \vec{t} \in C_M$,从而 $\vec{d}_s + \vec{d}_t = \vec{s}G + \vec{t}G = (\vec{s} + \vec{t})G \in C'_M$. □

3. 群码的作用

由前段知,得到矩阵 P ,便可得到生成矩阵 G ,从而得到群码 C'_M. 但到目前为止,还没有解决如下一个重要问题:群码有何作用?

以下讨论这一问题.

群码给定以后,即可得到一种信道码. 但信道码字在通过信道传输以后,输出的码字可能与输入的码字不同,即出现差错. 群码的作用在于:对任意 C'_M 中元,若传输中出现一位差错,则按群码构造方法所造的译码器可自动发现错误并纠正. 以下论证这一事实.

首先注意,对任意 $\vec{d}_m \in C'_M$,有

$$\begin{aligned} H(\vec{d}_m)^{\mathrm{T}} &= H(\vec{m}G)^{\mathrm{T}} = HG^{\mathrm{T}}(\vec{m})^{\mathrm{T}} \\ &= (HG^{\mathrm{T}})(\vec{m})^{\mathrm{T}} = (GH^{\mathrm{T}})^{\mathrm{T}}(\vec{m})^{\mathrm{T}} = 0^{\mathrm{T}}(\vec{m})^{\mathrm{T}} = 0. \end{aligned} \tag{5.2.11}$$

若输入信道的序列为

$$\vec{d}_m = [c_{m1} \quad c_{m2} \quad \cdots \quad c_{mk} \quad d_{m(k+1)} \quad \cdots \quad d_{mn}],$$

输出序列为 $\vec{r}_m$,两向量仅有一个分量不同,不妨设仅第一个分量不同,

$$\vec{r}_m = [c'_{m1} \quad c_{m2} \quad \cdots \quad c_{mk} \quad d_{m(k+1)} \quad \cdots \quad d_{mn}].$$

设 $\vec{r}_m = \vec{d}_m + \vec{e}_m$,则 $\vec{e}_m = \vec{r}_m - \vec{d}_m$,即有

$$\vec{e}_m = [c'_{m1} - c_{m1} \quad 0 \quad \cdots \quad 0 \quad 0 \quad \cdots \quad 0].$$

因 $c'_{m1} - c_{m1} \neq 0$,则必 $c'_{m1} - c_{m1} = 1$,因此

$$\vec{e_m} = [1 \quad 0 \quad \cdots \quad 0 \quad 0 \quad \cdots \quad 0]. \tag{5.2.12}$$

由式(5.2.11)及式(5.2.12)知

$$\boldsymbol{H}(\vec{r_m})^{\mathrm{T}} = \boldsymbol{H}(\vec{d_m}+\vec{e_m})^{\mathrm{T}} = \boldsymbol{H}((\vec{d_m})^{\mathrm{T}}+(\vec{e_m})^{\mathrm{T}}) = \boldsymbol{H}(\vec{d_m})^{\mathrm{T}}+\boldsymbol{H}(\vec{e_m})^{\mathrm{T}} = \boldsymbol{H}(\vec{e_m})^{\mathrm{T}}$$

$$= [\boldsymbol{P}^{\mathrm{T}} \quad \boldsymbol{I}_{n-k}]\begin{bmatrix}1\\0\\\vdots\\0\end{bmatrix} = \begin{bmatrix} p_{11} & p_{21} & \cdots & p_{k1} & 1 & 0 & \cdots & 0 \\ p_{12} & p_{22} & \cdots & p_{k2} & 0 & 1 & \cdots & 0 \\ \vdots & \vdots & & \vdots & \vdots & \vdots & & \vdots \\ p_{1(n-k)} & p_{2(n-k)} & \cdots & p_{k(n-k)} & 0 & 0 & \cdots & 1 \end{bmatrix}\begin{bmatrix}1\\0\\\vdots\\0\end{bmatrix} = \begin{bmatrix}p_{11}\\p_{12}\\\vdots\\p_{1(n-k)}\end{bmatrix}$$

恰为 $\boldsymbol{H}$ 的第一列. 同理,若 $\vec{r_m}$ 与 $\vec{d_m}$ 的第 l 个分量不同,其余分量相同,$l = 1,2,\cdots,n$,则 $\boldsymbol{H}(\vec{r_m})^{\mathrm{T}}$ 为 $\boldsymbol{H}$ 的第 l 列. 可见,只要 $\boldsymbol{H}$ 的每一列皆不为零向量,且相互不同,又信道输出错误不超过一位,则将输出序列 $\vec{r_m}$ 代入 $\boldsymbol{H}(\vec{r_m})^{\mathrm{T}}$ 进行运算,即可知道输出序列是否有错以及错误发生的位置. 这是因为若有一列元素全为零,计算结果为零(零向量)时,便不能断定 $\vec{r_m}$ 是否出错,因为 $\vec{r_m}$ 无错时计算结果也为零;若有两列相同,便不能知道计算结果为 $\boldsymbol{H}$ 的哪一列,从而不能知道出现错误的是 $\vec{r_m}$ 的哪一位,而当 $\boldsymbol{H}$ 的列互不相同时,若运算结果为 $\boldsymbol{H}$ 的第 l 列,则输出序列 $\vec{r_m}$ 在第 l 位出错. 这样,运算结果为 $\boldsymbol{H}$ 的第 l 列时,只要将 $\vec{r_m}$ 的第 l 个分量(0 或 1)改正(改为 1 或 0),则得 $\vec{d_m}$. 群码具有一位纠错功能. 由此还可看出,称 $\boldsymbol{H}$ 为校验矩阵是合理的.

4. 基础矩阵 P 的选取

以下讨论矩阵 $\boldsymbol{P}$ 如何选取.

由前知,只要 $\boldsymbol{H}$ 的列相互不同,皆不构成零向量,将输出序列 $\vec{r_m}$ 代入 $\boldsymbol{H}(\vec{r_m})^{\mathrm{T}}$ 进行运算,则计算结果为错误位对应的 $\boldsymbol{H}$ 中一列.

由于 $\boldsymbol{H}$ 的前 k 列构成 $\boldsymbol{P}^{\mathrm{T}}$,当 $1 \leqslant l \leqslant k$ 时,$\boldsymbol{H}$ 的第 l 列即 $\boldsymbol{P}$ 的第 l 行. $\boldsymbol{H}$ 的后 $n-k$ 列构成单位矩阵 $\boldsymbol{I}_{n-k}$,此 $n-k$ 列互不相同,每列仅有一个 1,其余 $n-k-1$ 个元素皆为 0. 因此,为使 $\boldsymbol{H}$ 的列相互不同且不为零向量,只要使 $\boldsymbol{P}$ 的行相互不同,皆不为零向量且不为 $\boldsymbol{I}_{n-k}$ 的行即可. 所以 $\boldsymbol{P}$ 的选择应满足:

(1) $\boldsymbol{P}$ 为 $k \times (n-k)$ 矩阵,行互不相同,每行元素中至少有 2 个 1.

$\boldsymbol{P}$ 的每一行含 $n-k$ 个 0,1,而 $n-k$ 位的 0,1 排列共有 2^{n-k} 个,去掉排列 00…0(共 $n-k$ 个 0)及 10…0,010…0,…,00…1 (一个 1,$n-k-1$ 个 0),不同的排列共有 $2^{n-k}-(n-k+1) = 2^{n-k}-n-1+k$ 个. 注意 $\boldsymbol{P}$ 共有 k 行,故 $\boldsymbol{P}$ 的选择还应满足 $2^{n-k}-n-1+k \geqslant k$,即 $2^{n-k}-n-1 \geqslant 0$,$2^{n-k} \geqslant n+1$,$n-\log(n+1) \geqslant k$. 因此,需取 n 使条件(2)成立.

(2) $n-\log(n+1) \geqslant k$,其中对数底数为 2.

对任意正整数 k ,只要 n 充分大,则(2)中的不等式必成立. 事实上,由洛必达法则有

$$\lim_{x\to+\infty}\frac{\log(x+1)}{x} = \lim_{x\to+\infty}\frac{\ln(x+1)}{x\ln 2} = \lim_{x\to+\infty}\frac{\frac{1}{x+1}}{\ln 2} = 0,$$

故

$$\lim_{n\to+\infty}\frac{n}{\log(n+1)}=+\infty.$$

故当 n 充分大时，对任意正整数 k，可使

$$\frac{n}{\log(n+1)}\geqslant 1+k,\quad \log(n+1)\geqslant 1$$

同时成立，从而

$$n\geqslant(1+k)\log(n+1)\geqslant\log(n+1)+k.$$

条件(2)中的不等式成立.

只要 $\boldsymbol{P}$ 满足条件(1)和条件(2)，便可保证正确获得 $\vec{d}_m$.

当条件(1)和条件(2)满足时，从 $2^{n-k}-n-1+k$ 个 0,1 排列中选取 k 个的方式共有 $\mathrm{C}_{2^{n-k}-n-1+k}^{k}$ 种，取出 k 个 0,1 排列以后，又有 $k!$ 种排列方式构成 $\boldsymbol{P}$. 总之，满足条件(1)和条件(2)的不同的 $\boldsymbol{P}$ 共有 $k!\mathrm{C}_{2^{n-k}-n-1+k}^{k}$ 个.

例 5.2.1　设 $k=3, M=2^3=8$.

(1)写出 C_8 ；

(2)选取 $\boldsymbol{P}$ ，构造 $\boldsymbol{H},\boldsymbol{G}$ ；

(3)写出群码 C_8' .

解　$C_8=\{\vec{0},\vec{1},\vec{2},\cdots,\vec{7}\}$ ，取使 $n-\log(n+1)\geqslant k=3$ 的最小 n ，得 $n=6$. 取

$$\boldsymbol{P}=\begin{bmatrix}1&1&0\\0&1&1\\1&0&1\end{bmatrix},\quad \boldsymbol{H}=[\boldsymbol{P}^{\mathrm{T}}\quad \boldsymbol{I}_3]=\begin{bmatrix}1&0&1&1&0&0\\1&1&0&0&1&0\\0&1&1&0&0&1\end{bmatrix},$$

$$\boldsymbol{G}=[\boldsymbol{I}_3\quad \boldsymbol{P}]=\begin{bmatrix}1&0&0&1&1&0\\0&1&0&0&1&1\\0&0&1&1&0&1\end{bmatrix}.$$

则 $C_8'=\{\vec{d}_m:\vec{d}_m=\vec{m}\boldsymbol{G},\vec{m}\in C_8\}=\{000000,001101,\cdots,111010\}$.

5. 汉明码(Hamming code)

可以看出，对给定的 k ，当 $n-\log(n+1)\geqslant k$ 时，随着 n 的加大，$\boldsymbol{P}$ 的选取范围加大，但过大的 n 不符合节约的原则，理想的选择是使 $n-\log(n+1)=k$. 然而，对任意给定的 k ，不总存在 n 使此等式成立. 以下介绍的汉明码获得所述理想的结果.

取任意正整数 $l\geqslant 2$ ，令 $k=2^l-l-1, n=2^l-1$ ，则 $(2^l-1,2^l-l-1)$ 码称为汉明码. 此时

$$n-\log(n+1)=2^l-1-\log 2^l=2^l-l-1=k$$

成立. 此外，

$$n-k=l,\quad 2^{n-k}-n-1+k=2^l-(2^l-1)-1+(2^l-l-1)=k$$

$$k!\mathrm{C}_{2^{n-k}-n-1+k}^{k}=k!\mathrm{C}_k^k=k!=(2^l-l-1)!$$

满足条件(1)和条件(2)的不同的 $\boldsymbol{P}$ 共有 $(2^l-l-1)!$ 个.

例 5.2.2 取 $l=3$，构造一种汉明码(留作习题).

5.2.4 群码的应用举例

下面用一个具体的例子说明群码的应用过程.

设有一个信源码字 1001，设想将该信道码字送入信道传输且出现传输错误，希望构造群码，展示纠错过程.

(1)首先，此信源码字 1001 十分简单，可以取 $k=4$，求出 n，构造 (n,k) 码，得出 1001 的信道码字. 但群码只有一位纠错功能，故如果将 1001 分为两组，10，01，以 $k=2$ 构造群码，则 1001 的信道码字便为 10 和 01 的信道码字拼接而成，每个信道码字出现一位错误时可以得到纠正，那么 1001 的信道码字便允许出现两个错误，可以提高纠错能力.

故取 $k=2$，求 $n-\log(n+1)\geqslant k=2$ 的最小 n，得 $n=5$.

(2)取 $\boldsymbol{P}$ 为 $2\times 3(k\times(n-k))$ 矩阵，

$$\boldsymbol{P}=\begin{bmatrix}1&1&0\\1&0&1\end{bmatrix},\quad \boldsymbol{H}=[\boldsymbol{P}^{\mathrm{T}}\quad \boldsymbol{I}_3]=\begin{bmatrix}1&1&1&0&0\\1&0&0&1&0\\0&1&0&0&1\end{bmatrix},$$

$$\boldsymbol{G}=[\boldsymbol{I}_2\quad \boldsymbol{P}]=\begin{bmatrix}1&0&1&1&0\\0&1&1&0&1\end{bmatrix}.$$

(3)对 1001，10 的信道码字为

$$[1,0]\begin{bmatrix}1&0&1&1&0\\0&1&1&0&1\end{bmatrix}=[1,0,1,1,0],$$

01 的信道码字为

$$[0,1]\begin{bmatrix}1&0&1&1&0\\0&1&1&0&1\end{bmatrix}=[0,1,1,0,1],$$

故 1001 的信道码字为 10110，01101.

(4)现在设该码字经信道传输后，输出的码字为 00110，00101，可见，在第一、第七两个位置上出现错误，其中，00110 为 10 的信道码字 10110 经信道传输后第一位出错的码字，00101 为 01 的信道码字 01101 经信道传输后第二位出错的码字.

记 10 的信道码字 10110 为 $\vec{d_2}=[10110]$，相应的错误码字为 $\vec{r_2}=[00110]$；01 的信道码字 01101 为 $\vec{d_1}=[01101]$，相应的错误码字为 $\vec{r_1}=[00101]$. 计算

$$\boldsymbol{H}(\vec{r_2})^{\mathrm{T}}=\begin{bmatrix}1&1&1&0&0\\1&0&0&1&0\\0&1&0&0&1\end{bmatrix}\begin{bmatrix}0\\0\\1\\1\\0\end{bmatrix}=\begin{bmatrix}1\\1\\0\end{bmatrix},$$

结果恰为 $\boldsymbol{H}$ 的第一列，$\vec{r_2}=[00110]$ 的第一位确出错，将其第一位 0 改为 1，则得正确的码字 $\vec{d_2}=[10110]$. 计算

$$\boldsymbol{H}(\vec{r_1})^{\mathrm{T}}=\begin{bmatrix}1&1&1&0&0\\1&0&0&1&0\\0&1&0&0&1\end{bmatrix}\begin{bmatrix}0\\0\\1\\0\\1\end{bmatrix}=\begin{bmatrix}1\\0\\1\end{bmatrix},$$

结果恰为 $\boldsymbol{H}$ 的第二列，$\vec{r_1}=[00101]$ 的第二位确出错，将其第二位 0 改为 1，则得正确的码字 $\vec{d_1}=[01101]$. 总之，将 00110，00101 的第一位 0 改为 1，第七位 0 改为 1，则得信源码字 1001 的正确信道码字 10110，01101.

5.3 循 环 码

循环码也是一种分组码.

循环码的基本道理非常简单，但有关该码的数学理论并不简单，本节首先展示从代数学角度介绍的有关循环码的结果，其次介绍一种简单的循环码.

5.3.1 相关代数知识

我们首先介绍一些本节需要的代数知识.

1. 汉明距离

容易看出，序列 0101，1000，0000，0000 与 1101，1000，0000，0000 接近，与 0000，0001，1011，0000 不接近，但对十分愚蠢但很勤劳的计算机来说，必须根据一种算法，为它提供一个程序，才可以算出这个结论. 根据序列的汉明距离，就可以得到这样一种算法.

仍假定码元为 0，1.

定义 5.3.1 设 C 为一等长码，码长为 n，即 C 为 n 个 0，1 构成的码字的集合，对任意 $a=a_1a_2\cdots a_n, b=b_1b_2\cdots b_n\in C, a_i, b_i\in\{0,1\}, i=1,2,\cdots,n$，称

$$d(a,b)=\sum_{i=1}^{n}(a_i+b_i)_2 \tag{5.3.1}$$

为 a,b 的汉明距离，其中，$(a_i+b_i)_2$ 表示 $a_i,b_i\in\{0,1\}$ 的模 2 和，而 $\sum_{i=1}^{n}$ 为通常的求和号.

注意 1：在 5.2.2 小节中，$a_i,b_i\in\{0,1\}$ 的模 2 和直接写为 a_i+b_i，没有写为 $(a_i+b_i)_2$，这是因为当时的运算都为模 2 运算，而式(5.3.1)中涉及两种求和运算，一种是求模 2 和，另一种是求通常和，所以必须用不同的符号将两种求和运算区分开. 数学中许多符号都是这样不得已出现的.

注意 2：汉明距离 $d(a,b)$ 是一个整数，该数恰为序列 $a=a_1a_2\cdots a_n, b=b_1b_2\cdots b_n$ 中下标相同的符号 a_i,b_i 不相等的个数.

例如,设

$$a=0101,1000,0000,0000\ ,\ b=1101,1000,0000,0000\ ,$$
$$c=0000,0001,1011,0000\ ,$$

则由于 $(0+0)_2=(1+1)_2=0,(0+1)_2=(1+0)_2=1$,故

$$\begin{aligned}d(a,b)=&(0+1)_2+(1+1)_2+(0+0)_2+(1+1)_2\\&+(1+1)_2+(0+0)_2+\cdots+(0+0)_2=1,\end{aligned}$$

$$\begin{aligned}d(a,c)=&(0+0)_2+(1+0)_2+(0+0)_2+(1+0)_2+(1+0)_2+(0+0)_2\\&+(0+0)_2+(0+1)_2+(0+1)_2+(0+0)_2+(0+1)_2+(0+1)_2\\&+(0+0)_2+(0+0)_2+(0+0)_2+(0+0)_2=7.\end{aligned}$$

恰好说明 a,b 有一位符号不同,而 a,c 有七位符号不同的事实,根据汉明距离,可以得出 a,b 差别小而 a,c 差别大的结论.

在加法、乘法运算符号不会出现混乱的情况下,为简单起见,还是将 $(a_i+b_i)_2$ 写为 a_i+b_i .

2. 码字的多项式表示和运算

设 $c=c_0c_1\cdots c_{n-1},c_i\in\{0,1\},i=0,1,\cdots,n-1$ 为长度为 n 的码字,则称 $c(x)=c_0+c_1x+c_2x^2+\cdots+c_{n-1}x^{n-1}$ 为 c 的多项式表示.

注意 1:此多项式的系数不是 1 就是 0.

注意 2:始终需明确一个多项式对应的码字长度是多少,如当对应的码字长为 5 时,系数全为 0 的多项式(零多项式) $c(x)=0+0x+0x^2+0x^3+0x^4$ 表示码字 00000,而当对应的码字长为 4 时,零多项式成为 $c(x)=0+0x+0x^2+0x^3$,表示码字 0000.

这种多项式的运算和一般多项式的运算相像,只需注意系数的和为模 2 和即可.例如,

$$\begin{aligned}&(x+x^3+x^5)+(1+x+x^2+x^3+x^4)\\=&1+(1+1)x+x^2+(1+1)x^3+x^4+x^5\\=&1+x^2+x^4+x^5,\\&(x+x^3+x^5)(1+x)\\=&x(1+x)+x^3(1+x)+x^5(1+x)\\=&x+x^2+x^3+x^4+x^5+x^6.\end{aligned}$$

需要注意,对于模 2 运算来说 1+1=0,−1=1,故在对多项式进行实际计算时,根据需要,可以将 1+1,−1 分别用 0,1 替换,这样,对多项式的分解很有好处,也可以得到一些奇妙的结果.

例如,

$$x^2+1=x^2-1=(x+1)(x-1)=(x+1)(x+1)$$
$$=(x+1)^2=x^2+(1+1)x+1,$$

$$\begin{aligned}&(x+1)(x^3+x^2+1)(x^3+x+1)\\&=(x^4+x^3+x+x^3+x^2+1)(x^3+x+1)\\&=x^7+x^6+x^4+x^6+x^5+x^3+x^5+x^4+x^2\\&\quad+x^4+x^3+x+x^4+x^3+x+x^3+x^2+1\\&=x^7+(1+1)x^6+(1+1)x^5+(1+1+1+1)x^4+(1+1+1+1)x^3\\&\quad+(1+1)x^2+(1+1)x+1\\&=x^7+1.\end{aligned}$$

两个多项式可以相除,除法步骤如下(以计算 $(x+x^3+x^5)\div(1+x+x^2+x^3+x^4)$ 为例):

(1) 把被除式和除式降幂排列,分别得 x^5+x^3+x,$x^4+x^3+x^2+x+1$;

(2) x^5+x^3+x 的首项 x^5 除以 $x^4+x^3+x^2+x+1$ 的首项 x^4 得 x;

(3) $x^5+x^3+x-[x\times(x^4+x^3+x^2+x+1)]$得 $-x^4-x^2$;

(4) $-x^4-x^2$ 的首项 $-x^4$ 除以 $x^4+x^3+x^2+x+1$ 的首项 x^4 得-1;

(5) $-x^4-x^2-[(-1)\times(x^4+x^3+x^2+x+1)]$得 x^3+x+1.

这个过程称为辗转相除法,可以列出算式:

$$\begin{array}{r|l}
 & x-1 \\ \hline
x^4+x^3+x^2+x+1 & x^5+x^3+x \\
 & x^5+x^4+x^3+x^2+x \\ \hline
 & -x^4-x^2 \\
 & -x^4-x^3-x^2-x-1 \\ \hline
 & x^3+x+1
\end{array}$$

结果为:$x+x^3+x^5$ 除以 $1+x+x^2+x^3+x^4$,商为 $x-1$,余式为 $1+x+x^3$,即有

$$\frac{x+x^3+x^5}{1+x+x^2+x^3+x^4}=x-1+\frac{1+x+x^3}{1+x+x^2+x^3+x^4}. \tag{5.3.2}$$

$x+x^3+x^5$ 除以 $1+x+x^2+x^3+x^4$ 余 $1+x+x^3$ 的事实记为

$$(x+x^3+x^5)\bmod(1+x+x^2+x^3+x^4)=1+x+x^3. \tag{5.3.3}$$

正如 7 除以 3 余 1,写为 7mod3=1 一样.

7mod3=1 的原始关系是

$$\frac{7}{3}=2+\frac{1}{3},$$

正如式(5.3.2)与式(5.3.3).

由于

$$\frac{1+x+x^3}{1+x+x^2+x^3+x^4}=0+\frac{1+x+x^3}{1+x+x^2+x^3+x^4},$$

故

$$(1+x+x^3)\bmod(1+x+x^2+x^3+x^4)=1+x+x^3.$$

从而

$$\begin{aligned}&(x+x^3+x^5)\bmod(1+x+x^2+x^3+x^4)\\=&(1+x+x^3)\bmod(1+x+x^2+x^3+x^4)\\=&1+x+x^3.\end{aligned}$$

这就是说，$x+x^3+x^5$ 除以 $1+x+x^2+x^3+x^4$ 与 $1+x+x^3$ 除以 $1+x+x^2+x^3+x^4$ 都余 $1+x+x^3$，故此时称 $x+x^3+x^5$ 与 $1+x+x^3$ 关于 $1+x+x^2+x^3+x^4$ 同余.

若多项式 $c(x)$ 与 $d(x)$ 有关系 $c(x)\bmod d(x)=0$，则 $c(x)$ 除以 $d(x)$ 余 0，故 $c(x)$ 可以被 $d(x)$ 整除，即有 $d(x)\mid c(x)$，因此，$c(x)\bmod d(x)=0$ 等价于 $d(x)\mid c(x)$.

5.3.2　循环码的构造

1. 循环码的概念

循环码也是一种分组码，其编码过程仍然是先将信道码字 c 进行等长分组，对每组进行信道编码得信道码字，再将这些码字按照组的顺序拼接，便得到了 c 的信道码字.

仍设组的长度为 k，故得组的集合

$$C_M=\{00\cdots00,00\cdots01,00\cdots10,\cdots,11\cdots11\},$$

其中 $M=2^k$，每组由 k 个 0,1 构成，注意根据不同的场合，对同一组采用不同的表示方式. 例如，当 $k=4$ 时，若强调一个组为码字 0110，就用 0110 表示该码字，在对该组进行运算时，用一行四列矩阵 $[0\quad 1\quad 1\quad 0]$ 表示该组，而在元素间加以逗号变为 $[0,1,1,0]$，则仅为了将元素分开以免混淆，$(0,1,1,0)$ 的形式为该组的向量形式.

构造循环码，是要对信源码 C_M，构造信道码 C'_M，即对任意 C_M 中元即信源码字 $a=a_0a_1\cdots a_{k-1}$，唯一确定 C'_M 中元即信道码字 $d=d_0d_1\cdots d_{n-1}$，而 C'_M 为等长非奇异码，其码长为 n，故可称 C'_M 为 (n,k) 循环码.

所以称 C'_M 为循环码，是因为其中元即信道码字具有循环性质：若 $d=d_0d_1\cdots d_{n-1}$ 为 C'_M 中元，则其循环 $d_{n-1}d_0d_1\cdots d_{n-2}$，$d_{n-2}d_{n-1}d_0d_1\cdots d_{n-3}$ 等都可能为 C'_M 中元，其中 $d_i\in A_c=\{0,1\}$，$i=0,1,\cdots,n-1$.

设 $d(x)=d_0+d_1x+\cdots+d_{n-1}x^{n-1}$ 为 $d=d_0d_1\cdots d_{n-1}$ 的多项式，则有

$$\begin{aligned}\frac{xd(x)}{x^n-1}&=\frac{x(d_0+d_1x+\cdots+d_{n-1}x^{n-1})}{x^n-1}\\&=\frac{d_0x+d_1x^2+\cdots+d_{n-2}x^{n-1}+d_{n-1}(x^n-1)+d_{n-1}}{x^n-1}\\&=d_{n-1}+\frac{d_{n-1}+d_0x+d_1x^2+\cdots+d_{n-2}x^{n-1}}{x^n-1}=d_{n-1}+\frac{d^{(1)}(x)}{x^n-1},\end{aligned}$$

其中 $d^{(1)}(x)=d_{n-1}+d_0x+\cdots+d_{n-2}x^{n-1}$ 恰为 $d_0d_1\cdots d_{n-1}$ 的一次循环 $d_{n-1}d_0d_1\cdots d_{n-2}$ 的多项式,称其为 $d(x)$ 的一次循环多项式.故有

$$xd(x)\bmod(x^n-1)=d^{(1)}(x), \tag{5.3.4}$$

$$xd(x)=d_{n-1}(x^n-1)+d^{(1)}(x). \tag{5.3.5}$$

其中 $d_{n-1}(x^n-1)$ 为数 d_{n-1} 和多项式 x^n-1 的乘积.

2.循环码的生成多项式

循环码除了要求 C'_M 中元具有循环性质外,还要求具有生成多项式,即存在多项式 $g(x)$,使得对任意 C_M 中的信源码字 $a=a_0a_1\cdots a_{k-1}$ 及 a 在 C'_M 中对应的信道码字 $d=d_0d_1\cdots d_{n-1}$ 有关系

$$d(x)=a(x)g(x), \tag{5.3.6}$$

其中 $a(x)=a_0+a_1x+\cdots+a_{k-1}x^{k-1}$ 为 a 的多项式,$d(x)=d_0+d_1x+\cdots+d_{n-1}x^{n-1}$ 为 d 的多项式,$g(x)$ 与 $a(x)$,$d(x)$ 无关.

由式(5.3.6)知 $g(x)\mid d(x)$,即 $d(x)\bmod g(x)=0$.称 $g(x)$ 为循环码 C'_M 的生成多项式.

下列定理给出 $g(x)$ 为循环码 C'_M 的生成多项式的条件.

定理 5.3.1 以下事实等价:

(1) $g(x)$ 为循环码 C'_M 的生成多项式,即对 $d(x)=a(x)g(x)$,其中 $a(x)=a_0+a_1x+\cdots+a_{k-1}x^{k-1}$ 为 $a=a_0a_1\cdots a_{k-1}\in C_M$ 的多项式,当 a 遍取 C_M 中元时,$d(x)=d_0+d_1x+\cdots+d_{n-1}x^{n-1}$ 的系数序列 $d=d_0d_1\cdots d_{n-1}$ 全体 C'_M 为一(n,k)循环码;

(2)对 $d(x)=a(x)g(x)$,有

$$[xd(x)\bmod(x^n-1)]\bmod g(x)=0, \tag{5.3.7}$$

其中 $a(x)=a_0+a_1x+\cdots+a_{k-1}x^{k-1}$ 为 $a=a_0a_1\cdots a_{k-1}\in C_M$ 的多项式.

(3)

$$(x^n-1)\bmod g(x)=0. \tag{5.3.8}$$

证明 (1)推出(2).

设 $g(x)$ 为循环码 C'_M 的生成多项式.对任意 $d=d_0d_1\cdots d_{n-1}\in C'_M$,由 C'_M 的循环性,$d_{n-1}d_0d_1\cdots d_{n-2}$ 为 C'_M 中元,故式(5.3.6)即 $d(x)=a(x)g(x)$ 对 $d(x)=d^{(1)}(x)=d_{n-1}+d_0x+\cdots+d_{n-2}x^{n-1}$ 也成立,即存在 $a^{(1)}\in C_M$,$a^{(1)}(x)$ 为其多项式,使 $d^{(1)}(x)=a^{(1)}(x)g(x)$,故 $g(x)\mid d^{(1)}(x)$,即 $d^{(1)}(x)\bmod g(x)=0$.又由式(5.3.4),$d^{(1)}(x)=xd(x)\bmod(x^n-1)$,有式(5.3.7)即

$$[xd(x)\bmod(x^n-1)]\bmod g(x)=0.$$

(1)推出(3).

由于 $d=d_0d_1\cdots d_{n-1}$ 为 C'_M 中元,后者为信源码 C_M 的信道码,故可设 d 为信源码字 a 的信道码字,$a(x)$ 为 a 的多项式,式(5.3.6)对 $d(x)=d_0+d_1x+\cdots+d_{n-1}x^{n-1}$ 和 $a(x)$ 成立,即有 $d(x)=a(x)g(x)$.

由式(5.3.5)即 $xd(x)=d_{n-1}(x^n-1)+d^{(1)}(x)$ 和 $d^{(1)}(x)=a^{(1)}(x)g(x)$ 得

$$xa(x)g(x)=d_{n-1}(x^n-1)+a^{(1)}(x)g(x),$$

故

$$d_{n-1}(x^n-1)=xa(x)g(x)-a^{(1)}(x)g(x)=[xa(x)-a^{(1)}(x)]g(x),$$

注意 d_{n-1} 为常数，且当 $d_{n-1}\neq 0$ 时上式也成立，说明 $g(x)$ 整除 x^n-1，式(5.3.8)即

$$(x^n-1)\mathrm{mod}g(x)=0$$

成立.

(3)推出(2).

$(x^n-1)\mathrm{mod}g(x)=0$ 表明存在多项式 $h(x)$ 使

$$x^n-1=g(x)h(x). \tag{5.3.9}$$

故

$$\frac{xd(x)}{x^n-1}=\frac{xa(x)g(x)}{g(x)h(x)}=\frac{xa(x)}{h(x)}=q(x)+\frac{r(x)}{h(x)}$$
$$=q(x)+\frac{r(x)g(x)}{g(x)h(x)}=q(x)+\frac{r(x)g(x)}{x^n-1},$$

上式表明 $xd(x)\mathrm{mod}(x^n-1)=r(x)g(x)$，而 $g(x)\mid r(x)g(x)$，即 $r(x)g(x)\mathrm{mod}g(x)=0$，故得 $[xd(x)\mathrm{mod}(x^n-1)]\mathrm{mod}g(x)=0$.

(2),(3)推出(1).

设 $g(x)$ 为 x^n-1 的因子(表示(3)成立)，$d(x)=a(x)g(x)$，其中 $a(x)$ 为 $a=a_0a_1\cdots a_{k-1}\in C_M$ 的多项式，有 $[xd(x)\mathrm{mod}(x^n-1)]\mathrm{mod}g(x)=0$ (表示(2)成立).

要证当 a 遍取 C_M 中元时 $d=d_0d_1\cdots d_{n-1}$ 的全体 C'_M 为一(n,k)循环码，其中 $d(x)$ 为 d 的多项式，$a(x)$ 为 a 的多项式.

为此，只需证对上述 $d=d_0d_1\cdots d_{n-1}$，其一次循环 $d^{(1)}=d_{n-1}d_0d_1\cdots d_{n-2}$ 也属于 C'_M，即要证对 $d^{(1)}$ 的多项式 $d^{(1)}(x)$，存在多项式 $a^{(1)}(x)$，有 $d^{(1)}(x)=a^{(1)}(x)g(x)$.

由于 $d(x)$ 为 $d=d_0d_1\cdots d_{n-1}$ 的多项式，$d^{(1)}(x)$ 为 d 的一次循环 $d^{(1)}$ 的多项式，式(5.3.4)即 $xd(x)\mathrm{mod}(x^n-1)=d^{(1)}(x)$ 成立. 由式(5.3.7)即 $[xd(x)\mathrm{mod}(x^n-1)]\mathrm{mod}g(x)=0$ 知 $d^{(1)}(x)\mathrm{mod}g(x)=0$，亦即存在多项式 $a^{(1)}(x)$，使 $d^{(1)}(x)=a^{(1)}(x)g(x)$. □

式(5.3.9)中的 $h(x)$ 称为循环码 C'_M 的一致校验多项式.

因为 C_M 为一加法群，故可推出 C'_M 为一加法群，即有如下定理.

定理 5.3.2 通过式(5.3.6)由 $g(x)$ 生成的 C'_M 为一加法群，其中加法为模 2 加法.

证明 仅证明 C'_M 对模 2 加法运算封闭，即 C'_M 中任二元的模 2 和仍为其中元.

设 $a^{(1)},a^{(2)}\in C_M$，$a^{(1)}(x),a^{(2)}(x)$ 分别为 $a^{(1)},a^{(2)}$ 的多项式，令

$$d^{(1)}(x)=a^{(1)}(x)g(x),\quad d^{(2)}(x)=a^{(2)}(x)g(x),$$

并设 $d^{(1)}(x),d^{(2)}(x)$ 分别为 $d^{(1)},d^{(2)}$ 的多项式，则 $d^{(1)},d^{(2)}$ 属于 C'_M.

因 C_M 为一加法群,故 $a^{(1)}+a^{(2)}\in C_M$ 而 $a^{(1)}(x)+a^{(2)}(x)$ 为 $a^{(1)}+a^{(2)}$ 的多项式,令

$$d(x)=[a^{(1)}(x)+a^{(2)}(x)]g(x),$$

则一方面 $d(x)$ 对应的码字 d 属于 C'_M(C'_M 就是满足式(5.3.6)的 $d(x)$ 对应的码字集合),另一方面,因

$$\begin{aligned}d(x)&=[a^{(1)}(x)+a^{(2)}(x)]g(x)=a^{(1)}(x)g(x)+a^{(2)}(x)g(x)\\&=d^{(1)}(x)+d^{(2)}(x),\end{aligned}$$

$d(x)$ 对应的码字为 $d^{(1)}(x)+d^{(2)}(x)$ 对应的码字 $d^{(1)}+d^{(2)}$,故 $d=d^{(1)}+d^{(2)}$.此即:$d^{(1)}$,$d^{(2)}$ 属于 C'_M,推出 $d=d^{(1)}+d^{(2)}$ 属于 C'_M. □

循环码也是群码,但循环码与 5.2 节介绍的群码结构不同.例如,二者皆称(n , k)码,即将长为 k 的信源码字(C_M 中元)编为长为 n 的信道码字(C'_M 中元),但对5.2节介绍的群码来说,长为 n 的信道码字前 k 位构成原信源码字,这 k 位称为信息位,后 $n-k$ 位称为校验位,对循环码来说,没有这样的要求,而多了信道码字具有循环性的要求.此外,研究方法也不一样.所以,许多资料一说到群码,即指 5.2 节介绍的群码.

3.循环码的构造

假定我们构造的(n , k)循环码为 C'_M ,这就是说,信源码为

$$C_M=\{00\cdots00,00\cdots01,00\cdots10,\cdots,11\cdots11\},$$

其中 $M=2^k$,每组由 k 个 0,1 构成,即 C_M 中的码字长为 k . C'_M 中的码字长为 n ,具有循环性且为一群.

对于 5.2 节介绍的群码,n 与 k 之间由不等式 $n-\log(n+1)\geqslant k$ 加以限制,那么,对循环码来说 n 与 k 有什么关系?

考察式(5.3.6)即 $d(x)=a(x)g(x)$,$a(x)$ 为 $k-1$ 次多项式,$g(x)$ 为 x^n-1 的因子,其次数小于等于 n ,而 $d(x)$ 为 C'_M 中元的多项式,C'_M 中元长为 n ,故 $d(x)$ 为 $n-1$ 次多项式,设 $g(x)$ 为 $l-1$ 次多项式,则必有 $n-1=k-1+l-1$,$l=n-k+1$.由于 $g(x)$ 为 0 次多项式时必为 1(这些多项式的系数为 0 和 1,系数全为 0 的多项式称为零多项式,没有次数),C'_M 即 C_M ,对应的循环编码没有意义.故 $g(x)$ 至少应为 1 次多项式,即 $l-1\geqslant 1$,$l\geqslant 2$, 从而应有 $n\geqslant k+1$.

n 选定以后,定理 5.3.1 表明:只要求出使 $x^n-1=g(x)h(x)$ 的多项式即 x^n-1 的因子 $g(x)$,就可以对任何信源码字 $a=a_0a_1\cdots a_{k-1}\in C_M$,给出多项式 $a(x)=a_0+a_1x+\cdots+a_{k-1}x^{k-1}$,由 $d(x)=a(x)g(x)$ 得到多项式 $d(x)$,后者的系数序列 $d=d_0d_1\cdots d_{n-1}$ 即信源码字 a 的信道码字,当 a 遍取 C_M 时,d 的全体构成(n , k)循环码 C'_M .

4.译码方法

关于循环码的译码,有较为完善的理论,有多个相应的译码方法,下面介绍一种基于汉明距离的译码方法,这种方法由于学习和使用十分容易而被推崇.

设信源码为 C_M，其中 $M=2^k$，故 C_M 中元即信源码字 $a=a_0a_1\cdots a_{k-1}$ 长为 k，假定选取了 x^n-1 的因子 $g(x)$，由 $d(x)=a(x)g(x)$ 得到多项式 $d(x)$，其系数序列 $d=d_0d_1\cdots d_{n-1}$ 即信源码字 a 的信道码字，d 的全体构成等长非奇异(n,k)循环码 C'_M，其码长为 n.

在将 C'_M 中的信道码字 $d=d_0d_1\cdots d_{n-1}$ 输入信道传输以后，得到了长度仍为 n 的序列 $h=h_0h_1\cdots h_{n-1}$，如果信道传输没有错误，则 $h=d$，但若传输出现错误，则某些 h_i 不等于 d_i. 如果知道信道输出的 h 是信道输入 d 以后传输的结果，则将这些错误的 h_i 改为 d_i，便得到正确的 d. 问题在于：得到输出结果 h 以后，根本不知道输入信道的是 C'_M 中哪一元. 我们知道，根据一些法则将 h 译为某个 d（或等价地，译为与 d 对应的信源码字 a）的方法称为信道译码方法，使用的法则称为译码准则.

我们要介绍的译码方法是：对信道输出序列 $h=h_0h_1\cdots h_{n-1}$ 和所有 $d^{(j)}=d_{0,j}d_{1,j}\cdots d_{n-1,j}\in C'_M, j=1,2,\cdots,M=2^k$，计算汉明距离

$$d(h,d^{(j)})=\sum_{i=1}^{n}(h_i+d_{i,j})_2 . \tag{5.3.10}$$

译码准则为

$$d(h,g(h))=\min_{1\leqslant j\leqslant M} d(h,d^{(j)}), \tag{5.3.11}$$

其中 $g(h)$ 为译码函数. 即若 $j_0\in\{1,2,\cdots,M\}$，使 $d(h,d^{(j_0)})=\min\limits_{1\leqslant j\leqslant M} d(h,d^{(j)})$，则取 $g(h)=d^{(j_0)}$，即将输出序列 $h=h_0h_1\cdots h_{n-1}$ 译为 $d^{(j_0)}=d_{0,j_0}d_{1,j_0}\cdots d_{n-1,j_0}$.

我们称上述译码方法为依汉明距离译码方法.

依汉明距离译码方法实际上可以用于任何信道码的译码，没有用到循环码的特点. 根据循环码的特点给出的译码方法需要更多的循环码知识，特别是代数学知识，有兴趣的读者请参阅关于代数编码理论的专著.

5. 循环码的实例

下面给出一个构造循环码及依汉明距离译码的例子.

设 $k=3$，则 $M=2^k=8$. 故知

$$C_8=\{000,001,010,011,100,101,110,111\}.$$

构造循环码 C'_8，按下列步骤进行：

(1)取 $n>k=3$，令 $n=7$.

(2)分解 $x^n-1=x^7-1=x^7+1=(x+1)(x^3+x^2+1)(x^3+x+1)$，令 $g(x)=x^3+x^2+1$.

(3)对 $a=000,001,010,011,100,101,110,111$，得多项式

$$\begin{aligned}a(x)&=0+0x+0x^2,0+0x+1x^2,0+1x+0x^2,0+1x+1x^2,\\&\quad 1+0x+0x^2,1+0x+1x^2,1+1x+0x^2,1+1x+1x^2\\&=0,x^2,x,x+x^2,1,1+x^2,1+x,1+x+x^2,\end{aligned} \tag{5.3.12}$$

$a=000,001,010,011,100,101,110,111$ 的意思是 $a=000$，或 $a=001$，或 $a=010$ 等，

就像常见的 $n=1,2,3$ 一样，可以记 $a_1=000$，$a_2=010$，$a_3=010$ 等；相应地，式(5.3.12)的意思是 $a(x)=0+0x+0x^2$，或 $a(x)=0+0x+1x^2$，或 $a(x)=0+1x+0x^2$ 等. 下面令 $a_1(x)=0+0x+0x^2$，$a_2(x)=0+0x+1x^2$，$a_3(x)=0+1x+0x^2$ 等.

(4)计算 $d(x)=a(x)g(x)$ 得

$$d_1(x)=a_1(x)g(x)=0g(x)=0,$$

$$d_2(x)=a_2(x)g(x)=x^2(x^3+x^2+1)=x^5+x^4+x^2,$$

$$d_3(x)=a_3(x)g(x)=x(x^3+x^2+1)=x^4+x^3+x,$$

$$d_4(x)=a_4(x)g(x)=(x+x^2)(x^3+x^2+1)=x^4+x^3+x+x^5+x^4+x^2$$
$$=x^5+(1+1)x^4+x^3+x^2+x=x^5+x^3+x^2+x,$$

$$d_5(x)=a_5(x)g(x)=1(x^3+x^2+1)=x^3+x^2+1,$$

$$d_6(x)=a_6(x)g(x)=(1+x^2)(x^3+x^2+1)=x^3+x^2+1+x^5+x^4+x^2$$
$$=x^5+x^4+x^3+(1+1)x^2+1=x^5+x^4+x^3+1,$$

$$d_7(x)=a_7(x)g(x)=(1+x)(x^3+x^2+1)=x^3+x^2+1+x^4+x^3+x$$
$$=x^4+(1+1)x^3+x^2+x+1=x^4+x^2+x+1,$$

$$d_8(x)=a_8(x)g(x)=(1+x+x^2)(x^3+x^2+1)=x^3+x^2+1+x^4+x^3+x+x^5+x^4+x^2$$
$$=x^5+(1+1)x^4+(1+1)x^3+(1+1)x^2+x+1=x^5+x+1.$$

(5)取对应的系数序列：

$$d_1=0000000,\ d_2=0010110,\ d_3=0101100,\ d_4=0111010,$$
$$d_5=1011000,\ d_6=1001110,\ d_7=1110100,\ d_8=1100010,$$

则要构造的循环码即为 $C'_8=\{d_j,j=1,2,\cdots,8\}$.

需要注意的是：上述码字可以分为三类. $d_1=0000000$ 中没有 1，自成一类；$d_2=0010110$，$d_3=0101100$，$d_5=1011000$，$d_8=1100010$ 中皆有三个 1，组成一类，互相循环；$d_4=0111010$，$d_6=1001110$，$d_7=1110100$ 中皆有四个 1，组成一类，互相循环. 后两类码字还可以通过循环得到别的码字，只是我们的码中只有 8 个元素，别的码字没有用到.

在学习循环码的知识时，常产生一种误解，认为所有的码字都是由一个序列循环而成，这种误解会导致理解的偏差和学习的困难. 其实，像上面的 C'_8 一样，一个循环码的码字都可以分为几类，每一类中码字可以互相循环得到. 在完善的循环码理论中，译码和纠错正是通过每类中的循环性进行的，这一点容易想到.

我们看到，经过简单的关系 $d(x)=a(x)g(x)$，就可以产生循环的码字，构成循环码，虽然经过理论证明，但计算结果证实了这个事实，还是令人欣喜的. 现在假定上述码字之一输入信道，输出 $h=1000000$，则

$$d(h,d_1)=(1+0)_2+(0+0)_2+(0+0)_2+(0+0)_2$$
$$+(0+0)_2+(0+0)_2+(0+0)_2=1,$$

$$d(h,d_2)=(1+0)_2+(0+0)_2+(0+1)_2+(0+0)_2$$
$$+(1+0)_2+(1+0)_2+(0+0)_2=4,$$

同理可以计算 $d(h,d_j), j=3,4,5,6,7,8$,知 $d(h,d_1)=1$ 最小,故令 $g(h)=d_1$.

5.3.3 简单循环码

根据上一小节最后陈述的关于循环码的误解,马上会提出一个问题:所有码字皆由一个序列简单地循环而成的循环码,是否真的存在,存在时有何价值?本节中,在将所述简单循环性与纠错功能结合的基础上构造这种码,称其为简单循环码.以下以具体情形为例介绍这种码的构造.

设 $c=10100010100010010101010001001001$ 为一信源码字,以 $k=4$ 个码元一组顺次将 c 分组,得

$$c=1010,0010,1000,1001,0101,0100,0100,1001.$$

由 5.3.2 小节知道,每组必为

$$\begin{aligned}C_{16}&=\{\vec{0},\vec{1},\vec{2},\cdots,\vec{15}\}=\{0000,0001,\cdots,1111\}\\&=\{[0000],[0001],\cdots,[1111]\}=\{[0,0,0,0],[0,0,0,1],\cdots,[1,1,1,1]\}\\&=\{(0,0,0,0),(0,0,0,1),\cdots,(1,1,1,1)\}\end{aligned}$$

中元,其中 $16=M=2^k=2^4$.

$C_{16}=\{\vec{0},\vec{1},\vec{2},\cdots,\vec{15}\}=\{0000,0001,\cdots,1111\}$ 为一信源码,其中元为信源码字.我们的目的是对码字长为 $k=4$ 的信源码 C_{16} ,构造码元仍为 0,1,码字长为 n 的简单循环信道码 C'_{16} ,仍称 C'_{16} 为 (n,k) 码.

下面即根据 C'_{16} 中元的简单循环性和纠错功能,逐步对其进行构造.

首先展示 C'_{16} 的简单循环性:

设 $d=d_0d_1\cdots d_n$ 为 C'_{16} 中第一个元素, $d_i\in A_c=\{0,1\}, i=0,1,\cdots,n$,则 C'_{16} 中元为

$$\begin{aligned}&d_0d_1\cdots d_n, d_nd_0d_1\cdots d_{n-1}, d_{n-1}d_nd_0d_1\cdots d_{n-2},\\&d_{n-2}d_{n-1}d_nd_0d_1\cdots d_{n-3},\cdots,d_1d_2\cdots d_{n-1}d_nd_0,\end{aligned}\tag{5.3.13}$$

共 16 个.

故得 $n=15$.

这是因为式(5.3.13)中的第一个码字 $d_0d_1\cdots d_n$ 中的元素 d_0 在第一位,第二个码字中的元素 d_0 在第二位,第三个码字中的元素 d_0 在第三位,等等,第 16 个码字中的元素 d_0 在第 $n+1$ 位,故只能有 $n=15$. 而 $15=16-1$, $16=M=2^k=2^4$.

由此知, d_i 不能全为 0 或全为 1.

这是因为 C'_{16} 必为非奇异码,若 d_i 全为 0,则式(5.3.13)中所有元皆为 0000,0000,0000,0000(其中逗号为便于辨认而加), C'_{16} 将为奇异码,同理,若 d_i 全为 1,则 C'_{16} 为奇异码.

明显地, d_i 的取值关系到 C'_{16} 的纠错能力.

为了考查 C'_{16} 的纠错能力，首先取 $d_0 = 1, d_i = 0, i = 1,2,\cdots,15$ 进行观察.

此时，以 C'_{16} 中元为行构成 16 阶单位矩阵 $\boldsymbol{I}_{16}$，即主对角线上元素为 1，其余元素为 0 的 16 阶方阵. 将 C'_{16} 的第一个码字即 $\boldsymbol{I}_{16}$ 的第一行 1000,0000,0000,0000 作为 C_{16} 中第一个信源码字 0000 的信道码字，C'_{16} 的第二个码字 0100,0000,0000,0000 作为 C_{16} 中第二个码字 0010 的信道码字，以此类推，C'_{16} 的第 16 个码字 0000,0000,0000,0001 作为 C_{16} 中第 16 个码字 1111 的信道码字.

如果信道优良，传输没有错误，则信道输入端输入 C'_{16} 中元 d，经信道传输以后，输出端仍收到 d，根据上述对应，信道译码器可以直接将 d 无错地译为与 d 对应的 C_{16} 中元即信源码字.

如果信道码字在传输过程中发生错误，译码器在将信道输出的信息译为信源码字时，将面对复杂的情况.

(1)信道在传输信息的过程中至多发生一位错误.

假定信道输入的序列是 1000,0000,0000,0000，如果经信道传输后得到的序列第一位发生错误，由于该输入序列第一位为 1，第一位发生错误，则 1 错输为 0，故整个输出序列必为 0000,0000,0000,0000. 在译码器的记忆中，有 C'_{16} 中所有元素，即可能输入信道的所有码字，每个码字中必有一个符号为 1，其余符号为 0. 但现在的输出序列中没有 1，故译码器知道输出发生错误了. 由于译码器不知道错误发生在哪一位，故不知道输入的是 1000,0000,0000,0000，还是 C'_{16} 中别的元，因为 C'_{16} 所有元中的 1 在输入发生错误的情况下也变为 0，整个输出序列也可能是 0000,0000,0000,0000. 所以，译码器不能断定输入信道的是不是 1000,0000,0000,0000，不能译出与后者对应的信源码字 0000.

信道输入的是 1000,0000,0000,0000，第一位没有发生错误，第三位发生错误，输出为 1010,0000,0000,0000. 由于该输出中有两个 1，故译码器知道传输发生错误了，但不知道输入的是 1000,0000,0000,0000，还是 0010,0000,0000,0000，因为输入为 1000,0000,0000,0000 而第三位发生错误时输出为 1010,0000,0000,0000，输入为 0010,0000,0000,0000 而第一位发生错误时输出仍为 1010,0000,0000,0000，译码器也不能将 1010,0000,0000,0000 译为 0000.

(2)信道在传输信息的过程中发生一位以上错误.

假定信道输入的序列是 1000,0000,0000,0000，传输时在第二、三位发生错误，输出 1110,0000,0000,0000. 结果，译码器不知道输入的是 1000,0000,0000,0000，还是 0010,0000,0000,0000，因为输入为 1000,0000,0000,0000 而第二、三位发生错误时输出为 1110,0000,0000,0000，输入为 0010,0000,0000,0000 而第一、二位发生错误时输出仍为 1110,0000,0000,0000，译码器因不知道究竟是哪两位发生错误而不能将输出序列 1110,0000,0000,0000 译为 0000.

总之，当 $d_0 = 1, d_i = 0, i = 1,2,\cdots,15$ 时，信道码 C'_{16} 没有纠错能力.

再取 $d_0=d_1=d_3=d_4=1$，其余 $d_i=0$ 进行观察.此时，以 C'_{16} 中元为行构成 16 阶方阵

$$\begin{bmatrix}
1&1&0&1&1&0&0&0&0&0&0&0&0&0&0&0\\
0&1&1&0&1&1&0&0&0&0&0&0&0&0&0&0\\
0&0&1&1&0&1&1&0&0&0&0&0&0&0&0&0\\
0&0&0&1&1&0&1&1&0&0&0&0&0&0&0&0\\
0&0&0&0&1&1&0&1&1&0&0&0&0&0&0&0\\
0&0&0&0&0&1&1&0&1&1&0&0&0&0&0&0\\
0&0&0&0&0&0&1&1&0&1&1&0&0&0&0&0\\
0&0&0&0&0&0&0&1&1&0&1&1&0&0&0&0\\
0&0&0&0&0&0&0&0&1&1&0&1&1&0&0&0\\
0&0&0&0&0&0&0&0&0&1&1&0&1&1&0&0\\
0&0&0&0&0&0&0&0&0&0&1&1&0&1&1&0\\
0&0&0&0&0&0&0&0&0&0&0&1&1&0&1&1\\
1&0&0&0&0&0&0&0&0&0&0&0&1&1&0&1\\
1&1&0&0&0&0&0&0&0&0&0&0&0&1&1&0\\
0&1&1&0&0&0&0&0&0&0&0&0&0&0&1&1\\
1&0&1&1&0&0&0&0&0&0&0&0&0&0&0&1
\end{bmatrix}.$$

取 C'_{16} 的第一个码字即上述矩阵的第一行 1101,1000,0000,0000 为 C_{16} 中第一个信源码字 0000 的信道码字，C'_{16} 的第二个码字即上述矩阵的第二行 0110,1100,0000,0000 为 C_{16} 中第二个码字 0010 的信道码字，以此类推，C'_{16} 的第 16 个码字即上述矩阵的最后一行 1011,0000,0000,0001 为 C_{16} 中第 16 个码字 1111 的信道码字.

如果信道优良，传输没有错误，则信道输入端输入 C'_{16} 中元 d，经信道传输以后，输出端仍收到 d，信道译码器可以直接将 d 无错地译为与 d 对应的 C_{16} 中元即信源码字.

如果信道在传输过程中发生错误，译码器在将信道输出的信息译为信源码字时，可能发生以下情况.

(1)信道在传输信息的过程中至多发生一位错误.

假定信道输入的序列是 1101,1000,0000,0000，如果经信道传输后得到的序列第一位发生错误，则输出序列必为 0101,1000,0000,0000. 在译码器的记忆中，有 C'_{16} 中所有元素，即可能输入信道的所有码字，这些码字中必有四个 1. 但现在的输出序列中有三个 1，故知道传输发生错误了. 译码器逐个计算输出序列与其记忆中的 C'_{16} 中元的汉明距离，发现序列 0101,1000,0000,0000 与输入序列 1101,1000,0000,0000 最接近，于是可以立即将输出序列的第一位符号 0 改为 1，得到正确的 1101,1000,0000,0000，从而可以译出与其对应的信源码字 0000. 同样，在信道输入 1101,1000,0000,0000 的情况下，如果经信道传输后得到的结果分别在第二、第三以至第十六位发生错误，则输出分别为

1001,1000,0000,0000,1111,1000,0000,0000,1100,1000,0000,0000,

1101,0000,0000,0000,1101,1100,0000,0000,1101,1010,0000,0000,

1101,1001,0000,0000,1101,1000,1000,0000,1101,1000,0100,0000,

1101,1000,0010,0000,1101,1000,0001,0000,1101,1000,0000,1000,

1101,1000,0000,0100,1101,1000,0000,0010,1101,1000,0000,0001,

译码器都可以通过计算汉明距离,找出最接近的 1101,1000,0000,0000,从而可以译出与其对应的信源码字 0000.

总之,当 $d_0 = d_1 = d_3 = d_4 = 1$, 其余 $d_i = 0$ 时,信道码 C'_{16} 有一位纠错能力.

(2)信道在传输信息的过程中发生一位以上错误.

假定信道输入的序列是 1101,1000,0000,0000,如果经信道传输后得到的序列第一、二位发生错误,输出为 0001,1000,0000,0000,译码器只知道传输发生错误,但不知道输入的是 1101,1000,0000,0000 还是 0001,1011,0000,0000,因为输入 1101,1000,0000,0000 而第一、二位发生错误时输出为 0001,1000,0000,0000,输入 0001,1011,0000,0000 而第七、八位发生错误时输出仍为 0001,1000,0000,0000,译码器因不知道究竟是哪两位发生错误而不能将输出序列 0001,1000,0000,0000 译为 0000.

总之,当 $d_0 = d_1 = d_3 = d_4 = 1$, 其余 $d_i = 0$ 时,信道码 C'_{16} 没有两位及两位以上纠错能力.

关于简单循环码,注意以下两个方面.

注意 1:与群码的码字前几位是信息位,后几位是校正位的情况不同,简单循环码的码字在形式上可能与信源码字没有联系,人们完全可以根据自己的爱好建立 C_{16} 与 C'_{16} 之间的一一对应关系,但这个对应关系一经建立,在同一个环境中就不能再变动,译码器也根据这个对应制作.

注意 2:上面给出了具有一位纠错能力的简单循环码,那么,具有多位纠错能力的简单循环码怎么构造,对 $k = 4, M = 2^k = 16$,最多可以构造具有几位纠错能力的简单循环码? 都有许多理论和实践问题可以探讨.

习　题　5

1. 设 $k = 4, 5, M = 2^k$.

(1)写出 C_M ;

(2)选取 $\boldsymbol{P}$,构造 $\boldsymbol{H}, \boldsymbol{G}$;

(3)写出群码 C'_M .

2. 取 $l = 3, 4$,构造一种汉明码.

3. 设 $k = 4$,则 $M = 2^4 = 16$,构造循环码 C'_{16} .

4. 对 $k = 3$,构造简单循环码 C'_8 .

第6章 密 码 学

本章分3节. 6.1节介绍密码学的基础理论,首先介绍密码系统的表示,其次介绍香农密码学理论,包括简单密码系统的密码学理论和一般密码系统的密码学理论. 6.2节介绍分组密码,主要介绍IBM公司创造的DES保密系统,介绍文字的基础准备,编制分组密码的几种基本变换、密钥的选取和DES保密系统的编制. 6.3节介绍公钥密码,首先介绍数论简单知识,包括模运算、欧几里得算法、费马定理和欧拉定理;其次介绍RSA公钥密码系统,在给出一个关键定理的基础上,讨论RSA公钥密码系统的加密解密过程;最后给出一个实例,显示这种系统的设置和加密、解密过程.

6.1 密码学的基础理论

保密是人类的天性,甚至是生物的天性,因为保密关乎生存,如果松鼠在秋季不把食物藏起来,甲虫长得不和树皮差不多,它们的生存就会出问题. 密码学并不神秘,就是文字保密、解密学.

1949年,香农发表了《保密系统的通信理论》一文,标志着密码学作为一个科学分支的诞生. 此后,密码学的研究沿着两条线进行,一条是香农的密码学理论,以概率论、信息论为基础. 另一条是五花八门的加密、解密方法与技术. 本来,沿着后一条线对密码问题的研究,时间上可以追溯到人类文字出现的时候,只是在1949年以后,由于香农理论的出现,密码学打出了旗号,香农成为领导者,各种加密、解密方法与技术才有意向香农理论靠拢,接受指导. 现在,沿着后一条线进行的密码学研究,因其内容具有实用价值而处于主角地位.

6.1.1 密码系统

由于我们拟分两部分介绍香农密码学理论,一部分是关于所谓简单密码系统的,另一部分是关于一般密码系统的,所以需先介绍这两个密码系统.

1. 简单密码系统的表示

关于密码系统,目前所见的符号和概念基本统一. 尽管香农的密码学理论以信息论为基础,但是,估计是考虑到研究密码学的不尽为学数学出身的人士,所以,有许多符号表现形式简洁,和他在信息论中使用的符号不同,需要引起注意. 以下我们介绍到这些符号时,尽量做一些解释,以便与前面学过的知识对应.

设M是一个含有$|M|$个($|M|$为M中元素的个数,为有限数)元素的集合$M=$

$\{m_1, m_2, \cdots, m_{|M|}\}$，其中元素称为明文符号或明文，是任何人看了都可以明白的符号、文字等. 例如，$M=\{0,1,\cdots,9\}$，$M=\{a,b,\cdots,z\}$，$M=$ 全体汉字构成的集合等. M 称为明文集合或明文空间，其中“空间”二字在数学工作者看来是不合适的，因为数学中，“集合”二字可以到处使用，但“空间”的使用不是随便的，“集合”赋予结构才能称为空间，如可测空间、概率空间、线性空间和拓扑空间等.

设 B 为另一个含有 $|B|$（有限数）个元素的集合 $B=\{b_1, b_2, \cdots, b_{|B|}\}$，其中元素称为密文符号或密文，是有的人看了可以明白含义，而有的人看了不明白含义的符号、文字等. 再明确一点说，B 中元素的表现形式和它具有的含义不统一，在许多情况下，作为集合，B 和 M 中的元素是一样的，但每个元素的意义不一样，B 中元素是 M 中元素加密以后的结果. 例如，从集合的角度看 $B=M=\{0,1,\cdots,9\}$，但 B 中的 4,5,6 分别是 M 中的 1,2,3 加密以后的结果，在明文空间 M 中，1 就是 1,2 就是 2,1 加 2 等于 3，但在 B 中，应有 $4+5=6$. B 称为密文集合或密文空间.

设 K 是含有 $|K|$（有限数）个规则构成的集合 $K=\{k_1, k_2, \cdots, k_{|K|}\}$，其中的元素（即规则）称为密钥. 例如，$K$ 中的一个元素 $k=$｛把 0 到 9 每个数字加 3，和等于或超过 10 时减 10｝=｛把 0 到 9 每个数字加 3，和除以 10 求余数｝，K 为这一个元素的单点集，即 $K=\{k\}$. 称 K 为密钥空间. 注意 k 是“规则”，所以可能由几段文字表述.

设 E_k 是应用 k，从 M 到 B 内的单射（一个象仅有一个原象的映射），称为密码编码或加密变换. 例如，对上面的 k 及 $B=M=\{0,1,\cdots,9\}$，$E_k(m)=(m+3)\mathrm{mod}(10)$，$m\in M$，故因

$$\frac{1+3}{10}=0+\frac{4}{10},\quad \frac{2+3}{10}=0+\frac{5}{10},\quad \frac{8+3}{10}=1+\frac{1}{10},$$

得

$E_k(1)=(1+3)\mathrm{mod}(10)=4$，$E_k(2)=(2+3)\mathrm{mod}(10)=5$，$E_k(8)=(8+3)\mathrm{mod}(10)=1$，对 M 中其他元，都可以得到对应的 E_k 值，且可知 E_k 为单射，$E_k(M)=\{3,4,5,6,7,8,9,0,1,2\}=B$.

设 D_k 是 E_k 的逆变换，即 $D_k=E_k^{-1}$，称为解密变换，故对任意 $b\in E_k(M)$，$m=D_k(b)=E_k^{-1}(b)$. 称 (M,B,K,E_k,D_k) 为一个密码系统.

注意：由于在上述密码系统中，E_k 是对 M 中的每个元素施行的变换，故称为简单密码系统. 与简单密码系统 (M,B,K,E_k,D_k) 有关的概率空间与熵介绍如下，注意要做一些符号方面的改变：

将 M 作为信源符号集，B 作为码元集，E_k 作为使用 B 中的码元对 M 的编码. 按照信息论知识，应该有一个取值于 M 的随机变量 X，形成密度阵

$$\begin{matrix} X & m_1 & m_2 & \cdots & m_{|M|} \\ p(m) & p_1 & p_2 & \cdots & p_{|M|} \end{matrix} \tag{6.1.1}$$

构成离散的概率空间 $(X, M, p(m))$（1.2.3 小节 1）.

在信息论中，对编码所用的码元集 B，并不要求存在一个随机变量 Y，使 $(Y,$

B, $q(b)$) 为一概率空间，但现在，却要求存在一个取值于 B 的随机变量 Y，形成密度阵

$$\begin{matrix} Y & b_1 & b_2 & \cdots & b_{|B|} \\ q(b) & q_1 & q_2 & \cdots & q_{|B|} \end{matrix} \tag{6.1.2}$$

构成离散的概率空间 $(Y, B, q(b))$.

此外，对于由“规则 k”构成的集合 K，也要求存在一个取值于 K 的随机变量 Z，形成密度阵

$$\begin{matrix} Z & k_1 & k_2 & \cdots & k_{|K|} \\ r(k) & r_1 & r_2 & \cdots & r_{|K|} \end{matrix} \tag{6.1.3}$$

构成离散的概率空间$(Z, K, r(k))$. 从而，可以给出上述三个概率空间两两联合的概率空间

$$(XY, M\times B, p(m,b)),\quad (XZ, M\times K, p(m,k)),\quad (YZ, B\times K, p(b,k)),$$

以及这三个概率空间联合的概率空间

$$(XYZ, M\times B\times K, p(m,b,k)).$$

还可以给出 $H(X)$, $H(Y)$, $H(Z)$，以及各个联合熵 $H(X,Y)$, $H(X,Y,Z)$ 等，条件熵 $H(X\mid Y)$, $H(Y\mid X)$, $H(X\mid Y,Z)$, $H(X,Y\mid Z)$ 等.

考虑到 (M,B,K,E_k,D_k) 中不出现符号 X,Y,Z，在现在常见的密码学资料中，常用 $H(M)$, $H(B)$, $H(K)$ 分别代替 $H(X)$, $H(Y)$, $H(Z)$，用 $H(M,B)$, $H(M,B,K)$ 分别代替 $H(X,Y)$, $H(X,Y,Z)$，用 $H(M\mid B)$, $H(B\mid M)$, $H(M\mid B,K)$, $H(M,B\mid K)$ 分别代替 $H(X\mid Y)$, $H(Y\mid X)$, $H(X\mid Y,Z)$, $H(X,Y\mid Z)$ 等，避免了表面上无关符号的出现.

注意 1：熵的符号做如上改动以后，必须明白符号背后的随机变量、概率空间和熵这些因素以及相互关系. 熵的定义本来是针对随机变量和随机向量的，这两者涉及它们取值的概率，熵是通过这些概率定义的，熵表示随机变量或随机向量取值的整体不确定性. 上面改动以后的熵符号，将随机变量改为它们取值的集合，表面上变成集合的熵，但如果不知道背后的因素与关系，将熵解释为集合的整体不确定性就错了.

注意 2：熵的符号做如上改动以后，对诸如 $H(M,B)$, $H(M,B,K)$ 的联合熵和条件熵 $H(M\mid B)$，当 $M=B$ 时，会发生符号混乱，需要进行即时处理与说明. 实际情况是：若 $M=B$，仅表示明文符号集合与密文符号集是相同的，但对应的概率空间，一个是 $(X, M, p(m))$，另一个是 $(Y, M, q(b))$，是完全不同的. 对应熵若用原来的符号表示，一个是 $H(X)$，另一个是 $H(Y)$，也是不同的. 符号改动以后，却都变成了 $H(M)$，十分容易产生混乱.

2. 一般密码系统的表示

在上述密码系统 (M,B,K,E_k,D_k) 中，由于 E_k 是非奇异编码，故为 M 到 $E_k(M)$ 的一一映射，所以，作为象集的 B，其元素个数 $|B|$ 不能比原象集 M 的元素个数 $|M|$ 小. 在此情况下，如果 M 为全体汉字构成的集合，则由于活的汉字大约有 15000

个，则作为码元个数的 $|B|$ 至少也应为 15000，这样的密码编码 E_k 即使能构造出来，也是愚蠢而没有实用价值的.

回顾信息论中的编码可以发现，码元个数都不超过信源符号的个数，我们仅用两个码元 0,1，就可以给出任何信源、信道的编码. 尽管现在的密码编码 E_k，是在密钥 k 控制下的编码，考虑的是加密解密问题，不考虑尽量接近最佳码、防错纠错等问题，与信息论中的编码有区别，但控制码元数目的原则还是应该坚持的.

一个具有实用价值的想法是：首先对信源符号进行编码，再对得到的码字进行密码编码，就可以得到实用的密码系统.

例如，和过去拍电报用的编码一样，利用 0～9 这 10 个符号，以长为 4 的码字对常用汉字进行常规编码，再对得到的码字进行密码编码.

以 0～9 为码元，长为 4 的码字全体组成的集合为

$$M^4 = M \times M \times M \times M = \{(m_1, m_2, m_3, m_4): m_i \in M, i = 1,2,3,4\},$$

其中 $M = \{0,1,2,3,4,5,6,7,8,9\}$，这样，对汉字进行密码编码的问题，就可归结为应用密钥，以 B 中元为码元，长度有限的码字对 M^4 进行密码编码的问题. 考虑到以 B 中元为码元，长度有限的码字为诸如 B^t 的集合中的元素，对汉字进行密码编码的问题，就成为应用 $k \in K$，构造从 M^4 到 $\bigcup_{t=1}^{\infty} B^t$ 内的单射 E_k 的问题.

如此，一般来说，构造密码系统的工作就可以归结为如下的方式：

设

$$M = \{m_1, m_2, \cdots, m_{|M|}\}, B = \{b_1, b_2, \cdots, b_{|B|}\}, K = \{k_1, k_2, \cdots, k_{|K|}\},$$

$$M^s = M \times M \times \cdots \times M = \{(m_{i_1}, m_{i_2}, \cdots, m_{i_s}): m_{i_l} \in M, l = 1,2,\cdots,s\},$$

$$B^t = B \times B \times \cdots \times B = \{(b_{j_1}, b_{j_2}, \cdots, b_{j_t}): b_{j_l} \in B, l = 1,2,\cdots,t\}.$$

设 E_k 是应用 $k \in K$，从 $\bigcup_{s=1}^{\infty} M^s$ 的子集 M^* 到 $\bigcup_{t=1}^{\infty} B^t$ 内的单射，称为密码编码. 设 D_k 是 E_k 的逆变换，即 $D_k = E_k^{-1}$，称为解密变换，故对任意 $b \in E_k(M^*)$ 必有 $m \in M^*$，使 $m = D_k(b) = E_k^{-1}(b)$.

设 E_k 是从 $\bigcup_{s=1}^{\infty} M^s$ 的子集 M^* 到 $\bigcup_{t=1}^{\infty} B^t$ 内的单射，而没有设 E_k 是从某个 M^s 到 $\bigcup_{t=1}^{\infty} B^t$ 内的单射，是因为前一说法具有更广的包容性，说明密码编码除了可以以单个符号为对象进行编码，也可以以字数不同的几段文字为对象分别进行编码. 称 (M,B,K,E_k,D_k) 为一个密码系统. 可以看出 E_k 确实为 $\bigcup_{s=1}^{\infty} M^s$ 的一个编码，而且是一个非奇异编码，B 中元为码元，$\bigcup_{t=1}^{\infty} B^t$ 中元为码字. 与目前的密码系统 (M,B,K,E_k,D_k) 有关的概率空间与熵如下：

设 $\boldsymbol{X} = (X_1, X_2, \cdots, X_s)$ 为取值于 M^s 的随机向量，$\boldsymbol{Y} = (Y_1, Y_2, \cdots, Y_t)$ 为取值于 B^t 的随机向量，Z 为取值于 K 的随机变量. 则得到三个离散概率空间

$$(\boldsymbol{X}, M^s, p(m)) = (X_1 X_2 \cdots X_s, M^s, p(m)),$$

$$(\boldsymbol{Y}, B^t, p(b)) = (Y_1 Y_2 \cdots Y_t, B^t, p(b)),$$

$$(Z, K, p(k)).$$

其中 $m = (m_{i_1}, m_{i_2}, \cdots, m_{i_s}) \in M^s$，$b = (b_{j_1}, b_{j_2}, \cdots, b_{j_t}) \in B^t$，$k \in K$.

对上述三种概率空间,其中两种空间联合的概率空间有

$$(\boldsymbol{XY}, M^s \times B^t, p(m,b)), \quad (\boldsymbol{X}Z, M^s \times K, p(m,k)), \quad (\boldsymbol{Y}Z, B^t \times K, p(b,k)), \tag{6.1.4}$$

三种空间联合的概率空间为

$$(\boldsymbol{XY}Z, M^s \times B^t \times K, p(m,b,k)). \tag{6.1.5}$$

还可以给出熵 $H(\boldsymbol{X}), H(\boldsymbol{Y}), H(Z)$，以及各个联合熵 $H(\boldsymbol{X},\boldsymbol{Y}), H(\boldsymbol{X},\boldsymbol{Y},Z)$ 等，条件熵 $H(\boldsymbol{X} \mid \boldsymbol{Y})$，$H(\boldsymbol{Y} \mid \boldsymbol{X})$，$H(\boldsymbol{X} \mid \boldsymbol{Y},Z)$，$H(\boldsymbol{X},\boldsymbol{Y} \mid Z)$ 等.

与用 $H(M), H(B), H(K)$ 等分别代替 $H(\boldsymbol{X}), H(\boldsymbol{Y}), H(Z)$ 等同理，许多资料中用 $H(M^s), H(B^t)$ 分别代替 $H(\boldsymbol{X}), H(\boldsymbol{Y})$，用 $H(M^s, B^t)$，$H(M^s, B^t, K)$ 分别代替 $H(\boldsymbol{X},\boldsymbol{Y})$，$H(\boldsymbol{X},\boldsymbol{Y},Z)$，用 $H(M^s \mid B^t)$，$H(B^t \mid M^s)$，$H(M^s \mid B^t, K)$，$H(M^s, B^t \mid K)$ 分别代替 $H(\boldsymbol{X} \mid \boldsymbol{Y})$，$H(\boldsymbol{Y} \mid \boldsymbol{X})$，$H(\boldsymbol{X} \mid \boldsymbol{Y},Z)$，$H(\boldsymbol{X},\boldsymbol{Y} \mid Z)$ 等.

关注 6.1.1 小节 1 后面的注意. 当 $M = B, s = t$ 时，原本不同的 $H(\boldsymbol{X}), H(\boldsymbol{Y})$ 却都变成了 $H(M^s)$，容易引起混乱，需要即时处理.

细心的读者可以发现：M^* 为若干个 M^s 的子集之并，所以，不能假定 M^* 每个元都属于某个 M^s，而上面的讨论是对固定的 s 进行的解决这一矛盾的办法是将低维集（s 小的 M^s）嵌入高维集（s 大的 M^s），即用某种方式将前者处理成后者的子集，正如将实数直线 $\mathbf{R}$ 看成平面 $\mathbf{R}^2$ 的子集一样. 关于 $\bigcup_{t=1}^{\infty} \beta^t$ 也有同样的问题与处理方法. 详细的讨论十分复杂，由于以下介绍的内容不涉及如此复杂的关系，故不在此展开讨论，有兴趣的读者可自行思考.

密码系统 (M, B, K, E_k, D_k) 包含的意义并不复杂，但在上面的叙述中，我们使用了许多的符号和语句，显得很复杂. 这是数学的无奈，许多其实很简单的问题用数学语言表述，看起来会很复杂，不这样做，可能出现一本书前后不呼应和突然冒出莫名其妙的符号的现象.

3. 推广的密码系统

很自然地，如果允许加密密钥和解密密钥不同，就可得到密码系统 (M, B, K, E_k, D_k) 的推广 $(M, B, K, K', E_k, D_{k'})$，其中 K, K' 分别为加密密钥集合和解密密钥集合，$E_k, D_{k'}$ 分别为相应于加密密钥 k 的密码编码和相应于解密密钥 k' 的解密变换. 近年出现的许多密码系统就是这种形式.

6.1.2　香农密码学理论

我们首先在简单密码系统的环境下展示有关结果，其次对一般密码系统进行讨论.

1. 简单密码系统的密码学理论

设 (M, B, K, E_k, D_k) 为一密码系统，其中 $M = \{m_1, m_2, \cdots, m_{|M|}\}$，$B = \{b_1, b_2, \cdots, b_{|B|}\}$，$K = \{k_1, k_2, \cdots, k_{|K|}\}$，$|M|$，$|B|$，$|K|$ 为正整数.

首先给出完全密码系统的概念.

定义 6.1.1 称 (M,B,K,E_k,D_k) 为一完全密码系统,若对任意 $m_i \in M$, $b_j \in B$, $p(b_j) > 0$, 有

$$p(m_i \mid b_j) = p(m_i) . \tag{6.1.6}$$

注意 1:设关于 M 的密度阵为式(6.1.1),关于 B 的密度阵为式(6.1.2),但其中的字母 q 也写为 p ,故 $b_j \in B$ 的概率为 $p(b_j)$ 而不是 $q(b_j)$. 因此,

$$p(m_i) = P(X = m_i) = P(\{\omega : X(\omega) = m_i\}) ,$$

其中集合 $\{\omega : X(\omega) = m_i\} \in \mathfrak{F}$,而 $(\Omega, \mathfrak{F}, P)$ 为 1.2.3 小节 1 中相应于密度阵式 6.1.1的离散概率空间. $p(m_i \mid b_j) = P(X = m_i \mid Y = b_j)$, $p(b_j)$ 的意义也是明显的,见 1.2.3 小节. 关于类似的注以后不再提及.

注意 2:式(6.1.6)说明明文符号 m_i 使用的概率,不受密文符号 b_j 的影响,两者的使用是独立的,因此不能通过考察密文得到明文的任何信息,密文破译不了,是完全保密的.

注意 3:对一个完全密码系统,若排除使 $p(m_i) = 0$ 的符号 m_i ,有

$$p(m_i, b_j) = p(b_j)p(m_i \mid b_j) = p(b_j)p(m_i) , \tag{6.1.7}$$

$$p(b_j \mid m_i) = \frac{p(m_i, b_j)}{p(m_i)} = \frac{p(b_j)p(m_i)}{p(m_i)} = p(b_j) . \tag{6.1.8}$$

注意 4:由 $p(m_i \mid b_j) = p(m_i)$ 得知

$$H(M \mid B) = H(M). \tag{6.1.9}$$

事实上,

$$\begin{aligned} H(M \mid B) &= -\sum_{i=1}^{|M|} \sum_{j=1}^{|B|} p(m_i, b_j) \log p(m_i \mid b_j) = -\sum_{i=1}^{|M|} \sum_{j=1}^{|B|} p(m_i, b_j) \log p(m_i) \\ &= -\sum_{i=1}^{|M|} \sum_{j=1}^{|B|} p(m_i) p(b_j) \log p(m_i) = -\sum_{i=1}^{|M|} p(m_i) \sum_{j=1}^{|B|} p(b_j) \log p(m_i) \\ &= -\sum_{j=1}^{|B|} p(b_j) \log p(m_i) = H(M). \end{aligned}$$

下列两个定理为主要结果的证明提供帮助.

定理 6.1.1 设 (M,B,K,E_k,D_k) 为一完全密码系统,则对任何 $b_j \in B, m_i \in M$,只要 $p(b_j) > 0$,总存在 $k' \in K$,使 $E_{k'}(m_i) = b_j$. $(M,B,K,E_{k'},D_{k'})$ 也为一完全密码系统.

证明 因为 $p(b_j) > 0$,故密文符号 b_j 一定会得到使用,而由式(6.1.8)知 b_j 出现的概率与 m_i 无关, b_j 的使用不受 m_i 的限制. 注意 m_i 一定会被编为密文符号,完全可以将 b_j 作为 m_i 的密文,即存在 $k' \in K$,使 $E_{k'}(m_i) = b_j$. $(M,B,K,E_{k'},D_{k'})$ 也为一完全密码系统的事实由 $p(m_i \mid b_j) = p(m_i)$ 得到.

定理 6.1.2 设 (M,B,K,E_k,D_k) 为一完全密码系统,则 $|K| \geqslant |M|$.

证明 由于 E_k 为 M 到 B 的单射,故 $|B| \geqslant |M|$. 由定理 6.1.1 知,对任意 $b_j \in B$,

$m_i \in M$，存在 $k' \in K$，使 $E_{k'}(m_i) = b_j$，由于对同一 k'，$E_{k'}$ 作用于同一 m_i，只能得到一个 b_j，所以在 m_i 的总数 $|M|$ 比 b_j 的总数 $|B|$ 小的情况下，k' 的总数 $|K|$ 必大于等于 $|B|$，即 $|K| \geqslant |M|$.　□

注意：E_k 为 M 到 B 的单射，故 $|B| \geqslant |M|$ 的事实道理很简单. 例如，规定每人只能得到一个苹果，不能得到两个或两个以上苹果，且每个人必须有一个苹果，那么，苹果数目一定大于等于人数. 数学中的许多结果就是由这样简单的道理得到的. 对同一 k'，$E_{k'}$ 作用于同一 m_i，只能得到一个 b_j，所以在 m_i 的总数 $|M|$ 比 b_j 的总数 $|B|$ 小的情况下，k' 的总数 $|K|$ 必大于等于 $|B|$，这个事实的道理也是明显的. 例如，一种方法一种原料，只能生产出一种产品，那么在原料数目小，产品数目大时，加工方法数目必然大于等于产品数目. 一个厨师可以将土豆炒出 8 个菜，厨师掌握的加工土豆的方法个数必然大于等于 8.

在与概率有关的问题中，概率为 0 的情形会带来许多麻烦. 考虑到我们讨论的是加密、解密问题，相关的符号和规则为有限个，所以，无论是明文符号、密文符号还是规则，实际问题中如果出现概率为 0 的情况，说明这些符号与规则几乎不使用，我们完全可以将其从符号、规则集中剔除出去而不加考虑. 总之，可以假定所有 $p(m_i)$，$p(b_j)$ 和 $p(k_l)$ 非负.

下面是本部分的主要结果.

定理 6.1.3　若 $|M| = |B| = |K| = n$，则 (M,B,K,E_k,D_k) 为完全密码系统当且仅当

(1) 对每个给定 $m_i \in M$ 和每个给定 $b_j \in B$，存在且仅存在一个 $k \in K$，使 $E_k(m_i) = b_j$；

(2) $k_l \in K$ 是等概率的，即 $p(k_l) = \dfrac{1}{n}$，$l = 1,2,\cdots,n$.

证明　设 (M,B,K,E_k,D_k) 为完全密码系统，则在 $p(b_j) > 0$ 的假定下，由定理 6.1.1，对每个给定 $m_i \in M$ 和每个给定 $b_j \in B$，存在，$k \in K$，使 $E_k(m_i) = b_j$，由于 $|M| = |B| = |K| = n$，这样的 k 只能有一个，(1)成立.

由式(6.1.8)，

$$p(b_j \mid m_1) = p(b_j \mid m_2) = \cdots = p(b_j \mid m_n) = p(b_j)\text{，}\tag{6.1.10}$$

由于 $p(b_j \mid m_i)$ 是 m_i 出现的条件下 b_j 出现的概率，当 $E_k(m_i) = b_j$ 时，正是在 m_i 出现的条件下 b_j 出现了，此时 k 出现，因此，对使得 $E_k(m_i) = b_j$ 的 k 出现的概率求和，就得 $p(b_j \mid m_i)$，即有

$$p(b_j \mid m_i) = \sum_{k:E_k(m_i)=b_j} p(k).\tag{6.1.11}$$

但由(1)知，使 $E_k(m_i) = b_j$ 的 k 只有一个，故由式(6.1.10)知对所有 $i,j = 1,2,\cdots,n$，都有

$$p(k) = p(b_j \mid m_i) = p(b_j).\tag{6.1.12}$$

即 $p(k)$ 对于 k 来说是常数，设 $p(k_1) = p(k_2) = \cdots = p(k_n) = q$，故

$$1=\sum_{l=1}^{n}p(k_l)=\sum_{l=1}^{n}q=nq,\quad q=p(k)=\frac{1}{n}.$$

(2)成立.

反之,若(1)和(2)成立,由于式(6.1.11)对所有密码系统都成立,又由(1)知使 $E_k(m_i)=b_j$ 的 k 只有一个,所以由式(6.1.11)和(2)知 $p(k)=p(b_j\mid m_i)=\frac{1}{n}$,但

$$\begin{aligned}p(b_j)&=\sum_{i=1}^{n}p(m_i,b_j)=\sum_{i=1}^{n}p(m_i)p(b_j\mid m_i)\\&=\sum_{i=1}^{n}p(m_i)\frac{1}{n}=\frac{1}{n}=p(b_j\mid m_i).\end{aligned}$$

由定义 6.1.1 知 (M,B,K,E_k,D_k) 为完全密码系统. □

注意 1:上述定理的(1)表示,一个明文符号在应用密钥加密即进行密码编码时,密钥只用一次,且只编出一个码字,这个现象称为一次一密;(2)表示,密钥是等概率出现的,不存在一个密钥用的机会多一些,另一个密钥用的机会少一些的情况发生,密钥的使用不要考虑选择问题.上述定理表明,在明文符号数,密钥个数和密文符号数相等的条件下,只有进行一次一密及等概率取密钥,才能得到完全保密的密码.

注意 2:一次一密及等概率取密钥的加密过程为:随便取一个明文符号,随便取一个密钥,编出一个码字,这个密钥即丢弃,连同编好的码字不再在以后的编码中使用,直到编出所有的码字.这样编出的密码没人可以破解.

注意 3:读者可通过生活事例理解式(6.1.11)的成立.

2.一般密码系统的密码学理论

注意:

$$M^s=M\times M\times\cdots\times M=\{(m_{i_1},m_{i_2},\cdots,m_{i_s}):m_{i_l}\in M,l=1,2,\cdots,s\},$$

$$B^t=B\times B\times\cdots\times B=\{(b_{j_1},b_{j_2},\cdots,b_{j_t}):m_{j_l}\in B,l=1,2,\cdots,t\},$$

所以

$$\begin{aligned}H(M^s\mid B^t)&=-\sum_{m\in M^s,b\in B^t}p(m,b)\log p(m\mid b)\\&=-\sum_{i_1=1}^{|M|}\sum_{i_2=1}^{|M|}\cdots\sum_{i_s=1}^{|M|}\sum_{j_1=1}^{|B|}\sum_{j_2=1}^{|B|}\cdots\sum_{j_t=1}^{|B|}p(m_{i_1},m_{i_2},\cdots,m_{i_s},b_{j_1},b_{j_2},\cdots,b_{j_t})\\&\quad\times\log p(m_{i_1},m_{i_2},\cdots,m_{i_s}\mid b_{j_1},b_{j_2},\cdots,b_{j_t}),\end{aligned}\tag{6.1.13}$$

$$\begin{aligned}H(K\mid B^t)&=-\sum_{k\in K,b\in B^t}p(k,b)\log p(k\mid b)\\&=-\sum_{l=1}^{|K|}\sum_{j_1=1}^{|B|}\sum_{j_2=1}^{|B|}\cdots\sum_{j_t=1}^{|B|}p(k_l,b_{j_1},b_{j_2},\cdots,b_{j_t})\log p(k_l\mid b_{j_1},b_{j_2},\cdots,b_{j_t}).\end{aligned}\tag{6.1.14}$$

我们知道,熵表示随机变量或随机向量的整体不确定性,条件熵 $H(M^s \mid B^t)$ 表示在应用密钥编出的由 t 个符号组成的密文全部呈现的条件下,由 s 个符号组成的明文的整体不确定性; $H(K \mid B^t)$ 表示对于应用密钥编出的由 t 个符号组成的密文全部呈现的条件下,密钥的整体不确定性. 所以,当 $H(K \mid B^t)=0$ 时,表示这个不确定性为 0,即没有不确定性,密钥是确定的,这就是说,从集合 B^t,即由 t 个符号组成的密文的全体,可以破获全部密钥,密码将被解密.

注意:明文是 6.1.1 小节 2 中的随机向量 $\boldsymbol{X}=(X_1,X_2,\cdots,X_s)$ 取值的结果,密文是随机向量 $\boldsymbol{Y}=(Y_1,Y_2,\cdots,Y_t)$ 取值的结果,密钥是随机变量 Z 取值的结果,明文和密钥的整体不确定性,实际上是相应的随机向量及随机变量取值的整体不确定性,上面的陈述与 6.1.1 小节 1 后面的注意不矛盾.

由式(2.3.15)知道,对于条件熵来说,条件越多,条件熵越小,即有

$$H(K \mid B) \geqslant H(K \mid B^2) \geqslant \cdots \geqslant H(K \mid B^t) \geqslant H(K \mid B^{t+1}).$$

使 $H(K \mid B^t)=0$ 的最小 t,可以作为评价一个密码系统的解密尺度,有如下定义.

定义 6.1.2　设 (M,B,K,E_k,D_k) 为 6.1.1 小节 2 中的密码系统,称使 $H(K \mid B^t)=0$ 的最小正整数 t 为 (M,B,K,E_k,D_k) 的唯一解距离. 记为 N_0.

对于一个密码系统 (M,B,K,E_k,D_k),要计算唯一的解距离 N_0,需要知道式(6.1.14)中的概率 $p(k_l,b_{j_1},b_{j_2},\cdots,b_{j_t})$ 和 $p(k_l \mid b_{j_1},b_{j_2},\cdots,b_{j_t})$,这两种概率必须用统计方法求得. 但是,由于其中的密钥 k_l 是“规则”,所以要得到两种概率,且不说许多数据无法统计,即使可以统计,也必须成千上万次应用密钥,编出密码,统计数据,计算频率,将其作为概率的近似值. 实际中,没有人同时没有必要做这样的工作,所以,一般来说 N_0 是得不到的.

考虑到应用概率得出的结果,主要意义在于为事物的发展提供指向,供人行事做参考,我们往往根据常见的事物,将问题简化,给出一些限定性的假设,得出符合常理的结论.

香农对一般密码系统得出一个重要结果,正是这样做的.

下面介绍香农的结果,为此,先给出一个定义.

定义 6.1.3　设 (M,B,K,E_k,D_k) 为 6.1.1 小节 2 中的密码系统当 $B=M$ 的情形,对正整数 n,令 $M_n \subset M^n$,$\overline{M_n}=M^n \backslash M_n$,若当 n 充分大时 $P(\overline{M_n})$ 很小,称 $R_0=\log|M|$ 为明文空间 M 的绝对信息率,$R_n=\dfrac{1}{n}\log|M_n|$ 为 M 的近似信息率,$d_n=R_0-R_n$ 为 M 的近似剩余度. 其中对数底数与式(6.1.13)和式(6.1.14)中的对数底数相同,$|M_n|$ 为 M_n 中元的个数.

$P(\overline{M_n})$ 的值为

$$P(\overline{M_n})=\sum_{i_1,i_2,\cdots,i_n:(m_{i_1},m_{i_2},\cdots,m_{i_n})\in\overline{M_n}} p(m_{i_1},m_{i_2},\cdots,m_{i_n}).$$

注意:$P(\overline{M_n})$ 的值所以如上式所示,是由 1.2.3 小节 2 中关于两个离散概率空间的联

合概率空间模式推广到多个离散概率空间的联合的情形所致.事实上,对 6.1.1 小节 2 中的随机向量 $\boldsymbol{X}=(X_1,X_2,\cdots,X_n)$,设 $(X_i,M,p_i(x))=(\Omega_i,\Gamma_i,P_i)$,$i=1,2,\cdots,n$. χ 为空集,M^n 的一点子集,双点子集,三点子集,…,$\boldsymbol{M}^n$ 本身构成的集族,即

$$\begin{aligned}\chi=&\{\varnothing,\{(m_1,m_1,\cdots,m_1)\},\{(m_1,m_1,\cdots,m_2)\},\cdots,\{(m_{|M|},m_{|M|},\cdots,m_{|M|})\},\\&\{(m_1,m_1,\cdots,m_1),(m_1,m_1,\cdots,m_2)\},\cdots,\{(m_{|M|},m_{|M|},\cdots,m_{|M|-1}),\\&(m_{|M|},m_{|M|},\cdots,m_{|M|})\},\cdots,\\M^n=&\{(m_1,m_1,\cdots,m_1),(m_1,m_1,\cdots,m_2),\cdots,(m_{|M|},m_{|M|},\cdots,m_{|M|-1}),\\&(m_{|M|},m_{|M|},\cdots,m_{|M|})\}\},\end{aligned}$$

又令

$$\Gamma_1\times\Gamma_2\times\cdots\times\Gamma_n=\{X^{-1}(B):B\in\chi\},$$

其中

$$\begin{aligned}X^{-1}(B)=\{\omega:\omega=(\omega_1,\omega_2,\cdots,\omega_n)\in\Omega_1\times\Omega_2\times\cdots\times\Omega_n,\\(X_1(\omega_1),X_2(\omega_2),\cdots,X_n(\omega_n))\in B\},\end{aligned}$$

则 $\Gamma_1\times\Gamma_2\times\cdots\times\Gamma_n$ 为 σ 代数,从而$(\Omega_1\times\Omega_2\times\cdots\times\Omega_n,\Gamma_1\times\Gamma_2\times\cdots\times\Gamma_n)$为可测空间.

在 $\Gamma_1\times\Gamma_2\times\cdots\times\Gamma_n$ 上定义集函数

$$P(A)=\sum_{i_1,i_2,\cdots,i_n:(m_{i_1},m_{i_2},\cdots,m_{i_n})\in B}p(m_{i_1},m_{i_2},\cdots,m_{i_n})\triangleq P(B),\quad A=X^{-1}(B),$$

则$(\Omega_1\times\Omega_2\times\cdots\times\Omega_n,\Gamma_1\times\Gamma_2\times\cdots\times\Gamma_n,P)$为概率空间且

$$(\Omega_1\times\Omega_2\times\cdots\times\Omega_n,\Gamma_1\times\Gamma_2\times\cdots\times\Gamma_n,P)=(X,M^n,p(u_1,u_2,\cdots,u_n)).$$

后者为 n 个离散概率空间 $(X_i,M,p_i(x))$,$i=1,2,\cdots,n$ 的联合概率空间.

定理 6.1.4 设 $B=M$,对密码系统 (M,B,K,E_k,D_k),若

(a)对 $M_n\subset M^n$,$\overline{M_n}=M^n\backslash M_n$,当 n 充分大时 $P(\overline{M_n})$ 很小;

(b)密钥为等概率分布的,即 $p(k_l)=\dfrac{1}{|K|}$,$l=1,2,\cdots,|K|$;

(c)对任意 $l=1,2,\cdots,|K|$,加密变换 $E_{k_l}:M^n\to B^n$ 为一一映射(故解密变换 $D_{k_l}=E_{k_l}^{-1}:B^n\to M^n$ 也为一一映射);

(d)设随机向量 $\boldsymbol{X}=(X_1,X_2,\cdots,X_n)$ 取值于 M^n,将其限制于 M_n 时为(近似)等概率分布的;

(e)设随机向量 $\boldsymbol{Y}=(Y_1,Y_2,\cdots,Y_n)$ 取值于 B^n,Y_j 相互独立同分布,且为等概率分布.

则

(1)

$$H(K\mid B^n)=H(K)+H(M^n)-H(B^n);\tag{6.1.15}$$

(2)

$$H(K)=\log|K|,\tag{6.1.16}$$

当 n 充分大时

$$H(M^n) \approx nR_n\ , \tag{6.1.17}$$

$$H(B^n) = nR_0\ ; \tag{6.1.18}$$

(3)

$$N_0 \approx \frac{\log |K|}{R_0 - R_n}\ ; \tag{6.1.19}$$

(4)当 $n \to \infty$ 时,若 $\lim\limits_{n\to\infty} R_n$ 存在,记为 R_∞ ,则

$$N_0 \approx \frac{\log |K|}{R_0 - R_\infty}. \tag{6.1.20}$$

证明 证(1):

由式(2.3.10), $H(X_1,X_2,\cdots,X_N) = \sum\limits_{n=1}^{N} H(X_n \mid X_1,X_2,\cdots,X_{n-1})$ 知

$$H(M^n,K,B^n) = H(K,B^n) + H(M^n \mid K,B^n),$$

$$H(B^n,K,M^n) = H(K,M^n) + H(B^n \mid K,M^n).$$

由 $H(M^n,K,B^n)$, $H(B^n,K,M^n)$ 的表达式知二者相等,故

$$H(K,B^n) - H(K,M^n) = H(B^n \mid K,M^n) - H(M^n \mid K,B^n). \tag{6.1.21}$$

考察(为了清楚起见,下面仍将两个条件概率的表达式详细写出,以后若无必要,对各种熵仅写简约表达式)

$$H(B^n \mid K,M^n) = -\sum_{m\in M^n, k\in K, b\in B^n} p(b,k,m)\log p(b \mid k,m)$$

$$= -\sum_{i_1=1}^{|M|}\sum_{i_2=1}^{|M|}\cdots\sum_{i_n=1}^{|M|}\sum_{l=1}^{|K|}\sum_{j_1=1}^{|B|}\sum_{j_2=1}^{|B|}\cdots\sum_{j_n=1}^{|B|} p(b_{j_1},b_{j_2},\cdots,b_{j_n},k_l,m_{i_1},m_{i_2},\cdots,m_{i_n})$$

$$\times \log p(b_{j_1},b_{j_2},\cdots,b_{j_n} \mid k_l,m_{i_1},m_{i_2},\cdots,m_{i_n}),$$

$$H(M^n \mid K,B^n) = -\sum_{m\in M^n, k\in K, b\in B^n} p(m,k,b)\log p(m \mid k,b)$$

$$= -\sum_{i_1=1}^{|M|}\sum_{i_2=1}^{|M|}\cdots\sum_{i_n=1}^{|M|}\sum_{l=1}^{|K|}\sum_{j_1=1}^{|B|}\sum_{j_2=1}^{|B|}\cdots\sum_{j_n=1}^{|B|} p(m_{i_1},m_{i_2},\cdots,m_{i_n},k_l,b_{j_1},b_{j_2},\cdots,b_{j_n})$$

$$\times \log p(m_{i_1},m_{i_2},\cdots,m_{i_n} \mid k_l,b_{j_1},b_{j_2},\cdots,b_{j_n}),$$

由于 k_l 确定时, $E_{k_l}:M^n \to B^n$ 为一一映射,已知 k,m ,唯一确定一个 b , $D_{k_l} = E_{k_l}^{-1}$: $B^n \to M^n$ 也为一一映射,已知 k,b ,唯一确定一个 m ,这就是说,对于给定的 k,m , b , k,m 出现的条件下或者出现这个 b ,此时 $p(b \mid k,m) = 1$;或者不出现这个 b ,此时 $p(b \mid k,m) = 0$. 对于前一种情况, $\log p(b \mid k,m) = \log 1 = 0$, $p(b,k,m)\log p(b \mid k,m) = 0$;对于后一种情况, $p(b,k,m) = p(b \mid k,m)p(k,m) = 0$,因 $\lim\limits_{x\to 0+} x\log x = 0$,也有 $p(b,k,m)\log p(b \mid k,m) = 0$. 总之,定义 $H(B^n \mid K,M^n)$ 的和式中每项为 0,故 $H(B^n \mid K,M^n) = 0$. 同理 $H(M^n \mid K,B^n) = 0$,即 $H(B^n \mid K,M^n) = H(M^n \mid K,B^n) = 0$. 因此由式(6.1.21),

$$H(K,B^n) = H(K,M^n)\,. \tag{6.1.22}$$

又 $H(K \mid B^n) = H(K,B^n) - H(B^n)$,取值于 M^n 的随机向量 $\boldsymbol{X} = (X_1,X_2,\cdots,X_n)$ 与取值于 K 的随机变量 Z 相互独立,所以 $H(K,M^n) = H(K) + H(M^n)$,故得

式(6.1.15).

证(2)：

$$H(K)=-\sum_{l=1}^{|K|}p(k_l)\log p(k_l)=-\sum_{l=1}^{|K|}\frac{1}{|K|}\log\frac{1}{|K|}$$
$$=-|K|\frac{1}{|K|}\log\frac{1}{|K|}=\log|K|.$$

设

$$\alpha_1=(m_1,m_1,\cdots,m_1),\alpha_2=(m_1,m_1,\cdots,m_2),\cdots,$$
$$\alpha_{|M|^n}=(m_{|M|},m_{|M|},\cdots,m_{|M|}),$$

则与联合概率空间 $(\boldsymbol{X},M^n,p)$ 相应的密度阵为

$$\begin{matrix}\boldsymbol{X} & \alpha_1 & \alpha_2 & \cdots & \alpha_{|M|^n}\\ p(\alpha) & p(\alpha_1) & p(\alpha_2) & \cdots & p(\alpha_{|M|^n})\end{matrix} \tag{6.1.23}$$

由于 M_n 是 M^n 的子集，故可设 $M_n=\{\alpha_{i_1},\alpha_{i_2},\cdots,\alpha_{i_{|M_n|}}\}$，将随机向量 $\boldsymbol{X}=(X_1,X_2,\cdots,X_n)$ 限制于 M_n，得密度阵

$$\begin{matrix}\boldsymbol{X} & \alpha_{i_1} & \alpha_{i_2} & \cdots & \alpha_{i_{|M_n|}}\\ p(\alpha) & p(\alpha_{i_1}) & p(\alpha_{i_2}) & \cdots & p(\alpha_{i_{|M_n|}})\end{matrix} \tag{6.1.24}$$

由于假设随机向量 $\boldsymbol{X}=(X_1,X_2,\cdots,X_n)$ 限制于 M_n 是(近似)等概率分布的，故式(6.1.24)成为

$$\begin{matrix}\boldsymbol{X} & \alpha_{i_1} & \alpha_{i_2} & \cdots & \alpha_{i_{|M_n|}}\\ p(\alpha) & \frac{1}{|M_n|} & \frac{1}{|M_n|} & \cdots & \frac{1}{|M_n|}\end{matrix} \tag{6.1.25}$$

注意 M_n 是 M^n 中去掉 $\overline{M_n}$ 中元素所得集合，而由(a)知当 n 充分大时 $P(\overline{M_n})$ 很小，而 $P(\overline{M_n})$ 为 $\overline{M_n}$ 中元素的概率之和，所以这些概率更小. 从而

$$H(M^n)=-\sum_{\alpha\in M^n}p(\alpha)\log p(\alpha)=-\sum_{i=1}^{|M^n|}p(\alpha_i)\log p(\alpha_i)$$
$$\approx-\sum_{j=1}^{|M_n|}p(\alpha_{i_j})\log p(\alpha_{i_j})=-\sum_{\alpha\in M_n}p(\alpha)\log p(\alpha)$$
$$=H(M_n)=-\sum_{j=1}^{|M_n|}\frac{1}{|M_n|}\log\frac{1}{|M_n|}=\log|M_n|=nR_n.$$

证(3)：

由(e)，随机向量 $\boldsymbol{Y}=(Y_1,Y_2,\cdots,Y_n)$ 取值于 B^n，Y_j 相互独立同分布，且为等概率分布，故对 $\boldsymbol{Y}=(Y_1,Y_2,\cdots,Y_n)$ 在 B^n 中取的值 $(b_{j_1},b_{j_2},\cdots,b_{j_n})$，有

$$p(b_{j_1},b_{j_2},\cdots,b_{j_n})=p(b_{j_1})p(b_{j_2})\cdots p(b_{j_n})=\frac{1}{|B|^n}=\frac{1}{|M|^n},$$

故

$$H(B^n)=-\sum_{\beta\in B^n}p(\beta)\log p(\beta)=-\sum_{j_1=1}^{|B|}\sum_{j_2=1}^{|B|}\cdots\sum_{j_n=1}^{|B|}p(b_{j_1},b_{j_2},\cdots,b_{j_n})\log p(b_{j_1},b_{j_2},\cdots,b_{j_n})$$
$$=-\sum_{j_1=1}^{|B|}\sum_{j_2=1}^{|B|}\cdots\sum_{j_n=1}^{|B|}\frac{1}{|B|^n}\log\frac{1}{|B|^n}=-\frac{1}{|B|^n}\log\frac{1}{|B|^n}\sum_{j_1=1}^{|B|}\sum_{j_2=1}^{|B|}\cdots\sum_{j_n=1}^{|B|}1$$
$$=n\log|B|=n\log|M|=nR_0,$$

其中,注意 $\sum_{i=1}^{|B|}\sum_{j=1}^{|B|}1=|B|^2$, $\sum_{i=1}^{|B|}\sum_{j=1}^{|B|}\sum_{k=1}^{|B|}1=|B|^3$,…, $\sum_{j_1=1}^{|B|}\sum_{j_2=1}^{|B|}\cdots\sum_{j_n=1}^{|B|}1=|B|^n$ 的事实.

将 $H(K)=\log|K|$, $H(M^n)\approx nR_n$, $H(B^n)=nR_0$ 代入

$$H(K\mid B^n)=H(K)+H(M^n)-H(B^n)$$

得

$$H(K\mid B^n)\approx\log|K|+nR_n-nR_0,$$

我们的目的是求使 $H(K\mid B^n)=0$ 的 n ,为此令上式左边为0,得

$$n\approx\frac{\log|K|}{R_0-R_n},$$

上式右边即为 N_0 的近似值,即得(3).

(4)是明显的. □

注意1:本定理中的条件(d)——设随机向量 $\boldsymbol{X}=(X_1,X_2,\cdots,X_n)$ 取值于 M^n ,将其限制于 M_n 时为(近似)等概率分布的,其中括号中的"近似"二字许多文献中没有,我们认为应该加上这两个字,不然,因为联合概率空间 $(\boldsymbol{X},M^n,p)$ 中的随机向量 $\boldsymbol{X}=(X_1,X_2,\cdots,X_n)$ 本来取值于 M^n ,式(6.1.23)第二行中的概率和为1,而将 $\boldsymbol{X}=(X_1,X_2,\cdots,X_n)$ 限制于 M^n 的子集 M_n 以后,式(6.1.24)第二行中的概率,是式(6.1.23)第二行中的一些概率,不是全部概率,所以它们的和不等于1,式(6.1.24)将不成为密度阵,这就会在下面的推理中出现麻烦,加了"近似"二字以后,式(6.1.24)近似成为密度阵,以下的推理就合理了.可以加"近似"二字的原因,在于本定理的条件(a)——对 $M_n\subset M^n$, $\overline{M_n}=M^n\backslash M_n$,当 n 充分大时 $P(\overline{M_n})$ 很小.

注意2:关注6.1.1小节1后面的注意.本定理中,虽然 $B=M$,但由于取值于 M^n 的随机向量 $\boldsymbol{X}=(X_1,X_2,\cdots,X_n)$ 和取值于 B^n 的随机向量 $\boldsymbol{Y}=(Y_1,Y_2,\cdots,Y_n)$ 完全不同,所以, $H(B^n)$, $H(K,B^n)$, $H(B^n\mid K,M^n)$ 与 $H(M^n)$, $H(K,M^n)$, $H(M^n\mid K,B^n)$ 不对应相等,如果根据 $B=M$ 的事实,认为 $B^n=M^n$,而将 $H(B^n)$, $H(K,B^n)$, $H(B^n\mid K,M^n)$ 等写为 $H(M^n)$, $H(K,M^n)$, $H(M^n\mid K,M^n)$ 等,势必引起混乱,用我们现在保留 B 与 M 区别的记法,这样的混乱不会发生.

注意3:定理6.1.4对加密和解密都具有重要的指导意义.既然 $N_0\approx\frac{\log|K|}{R_0-R_\infty}$ 时,有使 $H(K\mid B^{N_0})=0$ 的危险,后者表示通过由 N_0 个符号组成的密文的全体,可以破获全部密钥,密码将被解密,那么,我们在加密时就要选小于 $\frac{\log|K|}{R_0-R_\infty}$ 的 n ,而

在解密时,如果得到的密文对应数据的计算结果接近这个 $\dfrac{\log|K|}{R_0-R_\infty}$,就可以坚信解密是可能的,于是可以想办法解密.

注意 4:定理 6.1.4 的条件(a)和条件(d)是苛刻的,很难满足,因为这两个条件是对明文提出的要求,而明文是客观存在的,不是随便可以提出要求的.其余条件是对密钥和密文空间提出的,相对来说可以由人设置,条件容易满足.

注意 5:$\dfrac{\log|K|}{R_0-R_\infty}$ 的计算存在很大问题,密钥空间 K 和明文符号集 M 确定以后,K 中元素个数 $|K|$ 和 M 中元素个数 $|M|$ 就确定,$\log|K|$ 和 $R_0=\log|M|$ 是确定的,问题在于一般来说 R_∞ 无法得到,这是因为 $R_\infty=\lim\limits_{n\to\infty}R_n=\lim\limits_{n\to\infty}\dfrac{1}{n}\log|M_n|$,且不说这个极限是否存在,仅要求 M_n 中元的概率相等,M^n 中其余元即 $\overline{M_n}$ 中元的概率很小,就是难以做到的,因为前已说过,明文客观存在,其概率不能随便指定.

但无论如何,定理 6.1.4 无疑具有重要的指导意义.

注意 6:虽然定理 6.1.3 是有关不能破解密码的,而定理 6.1.4 是有关必能破解密码的,但在两个定理中,都要求相关随机变量和随机向量等概率分布,所以,无论是保密还是解密,都应十分注意等概率分布的重要性.

6.2 分组密码

与信道编码定理和编码方法的关系一样,香农的密码学理论与实际的密码编码似乎没有关系.我们可以这样说:香农理论好比灯塔,可以为航行指引方向,但具体的航行操作,却是另一回事.

本节中,以 IBM 公司创造的 DES 保密系统为例介绍分组密码.可以看到,分组密码与信源、信道的分组码,还是有相像之处的.

6.2.1 文字的基础准备

在 6.1.1 小节 2 中,已涉及文字的基础准备的内容.

由于原始的明文是真正的有价值文件,只是为了各种原因,不想让他方知道其内容才编为密文,所以,我们不能要求原始明文用规定的某种文字编写.如此,原始明文的文字形式可能很复杂,因此,编制密码的第一步是将原始明文文字或一段原始明文转化为我们在编制密码时使用的符号序列.

显然这一步也是编码,与信源编码类似.两者的相同之处是:都要求编码是非奇异的.不同之处在于:信源编码的关注点是节约码符号,而此时的编码关注是否方便于下一步真正的密码编码.我们将所述第一步编码为文字的基础准备,不需要考虑加密问题.

注意:原始明文本来是以各种文字写出的文件,但考虑到所述第一步编码实际上与加密无关，所以将由此编码得到的文件称为明文. 如此，明文符号也不是原始的文字，而是所述第一步编码使用的符号，所谓明文符号集，就是这种符号构成的集合.

下面介绍一种文字的基础准备方法，当然，也可以使用其他方法. 在下述方法中，总取明文符号集与密文符号集皆为$\{0,1\}$，即 $M=B=\{0,1\}$. 故

$M^2=\{00,01,10,11\}$，　$M^3=\{000,001,010,011,100,101,110,111\}$，

$M^4=\{0000,0001,0010,0011,0100,0101,0110,0111$，
$1000,1001,1010,1011,1100,1101,1110,1111\}$，

等等.

1. 中文

首先对汉字利用码元 0～9 进行编码，如电报编码. 例如，“众所企盼”的电报码字为“5883 2076 0120 4162”.

再将 0～9 利用码元 0,1 编为等长的码字. 对应 3.1.2 小节中的符号，此时 $A_x=\{x_1, x_2,\cdots,x_K\}=\{0,1,2,3,4,5,6,7,8,9\}$，$K=10$（与本章中的 K 不同），码元集合为 $A_c=\{c_1,c_2,\cdots,c_D\}=\{0,1\}$，$D=2$，设码字长为 l，取 $l=\left\lceil\frac{N\log K}{\log D}\right\rceil$，其中$\lceil x\rceil$表示不小于 x 的最小整数，即$\lceil x\rceil$为整数且 $x\leqslant\lceil x\rceil<x+1$，如$\lceil 2.34\rceil=3$，故因对长为 1 的每个 0,1, 2,…,9 进行编码，$N=1$，又取对数底数为 2，从而

$$l=\left\lceil\frac{N\log K}{\log D}\right\rceil=\left\lceil\frac{1\log 10}{\log 2}\right\rceil=4$$

令 0＝0000，1＝0001，2＝0010，3＝0011，4＝0100，5＝0101，6＝0110，7＝0111，8＝1000，9＝1001. 则每个汉字编为以 0,1 为码元的 16 位码字，例如，

众＝5883＝0101 1000 1000 0011，所＝2076＝0010 0000 0111 0110，

企＝0120＝0000 0001 0010 0000，盼＝4162＝0100 0001 0110 0010.

码字中间的空格仅为便于阅读. 如此，利用扩展编码方法，“众所企盼”便被编为具有 64 个 0,1 的二元码字

0101 1000 1000 0011 0010 0000 0111 0110
0000 0001 0010 0000 0100 0001 0110 0010

了. 这个码字为 M^{64} 中元，其中 $M=A_c=\{0,1\}$，而 M^{64} 共有 $|M|^{64}=2^{64}$ 个元，后者是一个很大的数字.

将原始中文明文分为四字一组，假定每个明文都可以分为整数个这样的组，则用 64 个 0,1 组成的码字（即 M^{64} 中元），常规意思皆可表达清楚，因此，只要对 M^{64} 中元进行密码编码，即可实现一般中文明文的加密.

2. 英文或其他文字

英文只有 26 个字母，下面考虑将它们用码元 0,1 编为码字的问题.

对应 3.1.2 小节中的符号，此时 $A_x=\{x_1,x_2,\cdots,x_K\}=\{a,b,c,\cdots,z\}$，$K=26$

(与本章中的 K 不同),码元集合为 $A_c=\{c_1,c_2,\cdots,c_D\}=\{0,1\}$,$D=2$,因对长为 1 的每个 $a,b,c,\cdots,z$ 进行编码,故 $N=1$,又取对数底数为 2,码字长

$$l=\left\lceil\frac{N\log K}{\log D}\right\rceil=\left\lceil\frac{1\log 26}{\log 2}\right\rceil=5$$

令 $M=A_c=\{0,1\}$,

$$a=00000,\ b=00001,\ c=00010,\cdots,\ z=11010,$$

则每段英文明文都可以由这 26 个码字表示,这 26 个码字为 M^5 中元,而 M^5 只有 $|M|^5=2^5=32$ 个元,后者是一个很小的数字.如果对这 26 个码字加密,则由于码字数量太少,只要用穷举法就可以解密,所以根据这 26 个码字加密是不行的.

有许多方法可以改变使用码字少而加密不便的状况,下面介绍一种方法.

将英文小写 26 个字母,大写 26 个字母,空格,再加上各种标点符号及拉丁俄文字母等,令

$$\begin{aligned}a=&0000\ 0000\ 0000\ 0000\ 0000\ 0000\ 0000\ 0000\\&0000\ 0000\ 0000\ 0000\ 0000\ 0000\ 0000\ 0000,\\b=&0000\ 0000\ 0000\ 0000\ 0000\ 0000\ 0000\ 0000\\&0000\ 0000\ 0000\ 0000\ 0000\ 0000\ 0000\ 0001\end{aligned}$$

等.这些码字同样为 M^{64} 中元.由于 M^{64} 中元的个数 2^{64} 是一个很大的数字,人类使用的文字、符号都可以用 M^{64} 中元表示,所以任何现有明文都可以用 M^{64} 中元表示出来.

当然,对每个汉字,也可以像上面的 a ,b 一样直接给出码字纳入 M^{64} ,而不需要像(1)中介绍的那样,先用 0~9 将汉字编为 4 位码字,再用 0,1 将 0~9 编为 4 位码字,最后扩展为 64 位的 M^{64} 中元.但用(1)中的办法,电报码是现成的,可以用很小的空间存储,用很小的文件传递.不然,常用汉字的 64 位码字,可以构成一本很厚的书.用(1)中的办法对汉字进行编码还是有好处的.

6.2.2 编制分组密码的几种基本变换

以为 M^{64} 编制分组密码为例,介绍几种基本变换.这些变换对每个 M^{64} 中元,都是统一施行的.

按理,任何人可以用任何方式构造分组密码编码方法,不存在最好的方法.但无论如何,需注意以下几点:

(1)将几种处理码元的方法联合,例如,在对码元施行一种变换的基础上,再施行另一种或几种变换,一种变换看起来简单,结果容易破解,但几种简单的变换联合以后,结果却可能不易破解;

(2)一定要让密钥参与变换;

(3)几种变换联合且密钥参与变换以后,要使得到的 E_k 为 M^{64} 到 $E_k(M^{64})$ 的一一映射,即 E_k 有逆映射 $D_k=E_k^{-1}$;

(4)所构造的密码,对于他方来说是十分难以破解的,但对知道密钥的我方来说,

由密文恢复明文是容易的.

本节介绍的几种基本方法,来自 IBM 公司创造的 DES 保密系统.

先回顾和明确一下基本元素.

设 $d^{64}=(d_0,d_1,\cdots,d_{63})\in M^{64}$,$d_i\in M=\{0,1\}$,$i=0,1,\cdots,63$. 仍和以前一样,视需要不同,可将 d^{64} 写为 $[d_0,d_1,\cdots,d_{63}]$ 或 $d_0,d_1\cdots d_{63}$ 等. 按照对应的格式,称 $(d_0,d_1,\cdots,d_{63})$ 为 64 维向量,每个 d_i 为坐标或分量, d_0 为第一个坐标或第一个分量, d_1 为第二个坐标或第二个分量,等等; $[d_0,d_1,\cdots,d_{63}]$ 为横向量或一行 64 列矩阵; $d_0d_1\cdots d_{63}$ 为码字.

有时根据需要,也可以将一个向量写为若干行若干列的矩阵形式. 例如,将向量 d^{64} 前 8 位符号按序排成一个 8×8 矩阵的第一行,次 8 位符号按序排成这个矩阵的第二行,以此类推,直到将该矩阵排好为止,将其作为 d^{64} 的矩阵形式,仍记为 d^{64}. 向量排为矩阵,如同单列排为方队.

当然,也可以将一个矩阵排为向量,排列方式为:先排矩阵的第一行,紧接排第二行,以此类推,就像一个方队变单列行进一样,一排一排按序行进. 不论采用哪种格式,都可称 d^{64} 为一明文码字.

注意:以下介绍的一些变换,许多是针对 M^{64}, M^{48} 等集合中元的变换,这些集合中的元,无论写为向量形式还是矩阵形式,其坐标和元素都是 $M=\{0,1\}$ 中元,但实际上,这些变换对 M 换为其他数集,64,48 换为其他数字都是适用的. 这就是说,这些变换对坐标和元素为任意数的任意有限维向量和有限阶矩阵都可施行. 进一步推广,这些变换对由任意集合(不一定为数集)中元素组成的向量和矩阵都可施行.

但是,如果变换涉及向量和矩阵的运算,而不仅仅是位置的改变,则不可随意将其推广到任意集合的情形,除非这些集合上定义了必要的运算.

1. M^{64} 中元的换位变换 IP

IP 是对每个 M^{64} 中元 $d^{64}=(d_0,d_1,\cdots,d_{63})$,进行统一格式的坐标重新排列,得到新的码字,可以称其为 M^{64} 中元的换位变换或换位. 注意,因为换位是重新排列坐标,故 $d^{64}=(d_0,d_1,\cdots,d_{63})$ 原来的坐标都要用到且不重复,只是坐标的顺序发生了变化,得到的仍然是 M^{64} 中元.

对 M^{64} 中元甚至任意有限维空间中元,理论上可以进行任意方式的换位,如对 M^{64} 中元 $d^{64}=(d_0,d_1,\cdots,d_{63})$ 进行随机方式的换位:做 64 个纸条,每个上面写一个符号 d_i,纸条团成团,丢在桌面上并搅乱. 第一次随便拾起一个纸团,展开看符号,假定这个数是 d_3,将这个纸条丢在垃圾袋里,由于 d^{64} 的第一个坐标原来是 d_0,现在抽到的是 d_3, d_0 的位置换成了 d_3,定义 $IP(d_0)=d_3$;第二次随便拾起一个纸团,展开看数字,假定这个符号是 d_7,将这个纸条丢在垃圾袋里,定义 $IP(d_1)=d_7$,以此类推,假定最后的纸条上的符号是 d_1,定义 $IP(d_{63})=d_1$. 最后结果记为

$$IP(d^{64})=(IP(d_0),IP(d_1),\cdots,IP(d_{63}))=(d_3,d_7,\cdots,d_1).$$

例如,设 $d^{64}=(d_0,d_1,\cdots,d_{63})=10110011\cdots0$,则对上面的结果进行换位,得

$IP(d_0)=d_3=1$, $IP(d_1)=d_7=1$,…, $IP(d_{63})=d_1=0$, $IP(d^{64})=11\cdots0$.若 $d^{64}=00011011\cdots1$,则 $IP(d^{64})=11\cdots0$.

注意 $IP(d_i)$ 和 $IP(d^i)$ 的区别,前者是对符号换位,后者是对码字(即符号序列)换位.

这种换位 IP 本身就是密码编码,如果对少数几个明文码字 d^{64} 采用这种密码编码方法,得到的码确实很难破解,但对一个内容很多的明文文件,由于每个明文码字,都采用了同一格式的换位,换位规律完全可以通过统计的方法找到,从而将密文破解.

任何一种换位 IP ,都可以用矩阵表示.如对 $d^{64}=(d_0,d_1,\cdots,d_{63})$,设 IP 为上文介绍的随机方式换位,则表示 IP 的矩阵如下:

先将 d^{64} 表为 8×8 矩阵形式;再作 8×8 矩阵:

$$\begin{bmatrix} 3 & 7 & \cdots \\ \cdots & \cdots & \cdots \\ \cdots & \cdots & 1 \end{bmatrix}$$

称其为换位变换 IP 的换位矩阵,将该矩阵也记为 $\boldsymbol{IP}$.矩阵 $\boldsymbol{IP}$ 表示:以矩阵形式表示的向量 d^{64} ,经换位变换 IP 作用,得到的矩阵为:第一行第一列元素为 d_3 (d^{64} 中,这个位置上的元素是 d_0 ,现在 d_0 换位为 d_3),第一行第二列元素为 d_7 (d^{64} 中,这个位置上的元素是 d_1 ,现在 d_1 换位为 d_7),…,最后一个元素为 d_1 (d_{63} 换位为 d_1),还原为向量形式即 $(d_3,d_7,\cdots,d_1)$,故有 $IP(d^{64})=(d_3,d_7,\cdots,d_1)$.

换位矩阵 $\boldsymbol{IP}$ 可以按一定规律构造,例如,

$$\boldsymbol{IP}=\begin{bmatrix} 57 & 49 & 41 & 33 & 25 & 17 & 9 & 1 \\ 59 & 51 & 43 & 35 & 27 & 19 & 11 & 3 \\ 61 & 53 & 45 & 37 & 29 & 21 & 13 & 5 \\ 63 & 55 & 47 & 39 & 31 & 23 & 15 & 7 \\ 56 & 48 & 40 & 32 & 24 & 16 & 8 & 0 \\ 58 & 50 & 42 & 34 & 26 & 18 & 10 & 2 \\ 60 & 52 & 44 & 36 & 28 & 20 & 12 & 4 \\ 62 & 54 & 46 & 38 & 30 & 22 & 14 & 6 \end{bmatrix}, \tag{6.2.1}$$

设 $d^{64}=(d_0,d_1,\cdots,d_{63})$,则

$$IP(d^{64})=\begin{bmatrix} d_{57} & d_{49} & d_{41} & d_{33} & d_{25} & d_{17} & d_9 & d_1 \\ d_{59} & d_{51} & d_{43} & d_{35} & d_{27} & d_{19} & d_{11} & d_3 \\ d_{61} & d_{53} & d_{45} & d_{37} & d_{29} & d_{21} & d_{13} & d_5 \\ d_{63} & d_{55} & d_{47} & d_{39} & d_{31} & d_{23} & d_{15} & d_7 \\ d_{56} & d_{48} & d_{40} & d_{32} & d_{24} & d_{16} & d_8 & d_0 \\ d_{58} & d_{50} & d_{42} & d_{34} & d_{26} & d_{18} & d_{10} & d_2 \\ d_{60} & d_{52} & d_{44} & d_{36} & d_{28} & d_{20} & d_{12} & d_4 \\ d_{62} & d_{54} & d_{46} & d_{38} & d_{30} & d_{22} & d_{14} & d_6 \end{bmatrix} \tag{6.2.2}$$

写为向量形式,即 $IP(d^{64}) = (d_{57}, d_{49}, \cdots, d_6)$.

具有一定规律的换位对密码破解人几乎是公开的编码方式,不能单独作为密码编码方法使用.

换位是 M^{64} 到 $IP(M^{64})$ 的一一变换,所以有逆变换,即 $(IP)^{-1}$ 存在.

当然,可以对任何 M^n 中元进行换位变换,其中 n 可以大于等于 64,也可以小于 64. 与 IP 一样,任何换位都可以用矩阵表示.

例如,对 M^{32} 中元,施行一种换位 $\boldsymbol{P}$,其矩阵形式为

$$\boldsymbol{P} = \begin{bmatrix} 15 & 6 & 19 & 20 \\ 28 & 11 & 27 & 16 \\ 0 & 14 & 22 & 25 \\ 4 & 17 & 30 & 9 \\ 1 & 7 & 23 & 13 \\ 31 & 26 & 2 & 8 \\ 18 & 12 & 29 & 5 \\ 21 & 10 & 3 & 24 \end{bmatrix}. \tag{6.2.3}$$

故对 $d^{32} = (d_0, d_1, \cdots, d_{31}) \in M^{32}$, $P(d^{32}) = (d_{15}, d_6, \cdots, d_{24})$. $\boldsymbol{P}$ 中元素的排列看不出有什么规律,大约是用随机方式构造的.

2. 挑选变换

挑选是对 M^n 中元,挑出一些坐标来构成新的码字,可称这种手续为挑选变换.

挑选变换也可以用矩阵表示,称其为相应挑选变换的挑选矩阵,和以前一样,我们可将二者用同一字母表示. 例如,设

$$\boldsymbol{C} = \begin{bmatrix} 61 & 0 & 33 & 2 & 7 \\ 14 & 3 & 6 & 8 & 23 \\ 17 & 5 & 11 & 9 & 20 \end{bmatrix},$$

则挑选变换 C 的结果为

$$C(d^{64}) = (d_{61}, d_0, d_{33}, d_2, d_7, d_{14}, d_3, d_6, d_8, d_{23}, d_{17}, d_5, d_{11}, d_9, d_{20}).$$

可以看出,对 M^n 中元进行挑选变换的结果,可以是码字长比 n 小的码字. 我们可以记 $C(d_0) = d_{61}, C(d_1) = d_0, \cdots, C(d_{14}) = d_{20}$,但 $C(d_{15}), \cdots, C(d_{63})$ 没有意义. 挑选变换不是可逆的,要证明这一结论,先回顾如何证明一个变换可逆.

设 X, Y 是两个集合,$F: X \to Y$ 是一个映射(映射与变换本质上一样,都是对任意 $x \in X$,存在唯一确定的 $y \in Y$ 与其对应,y 记为 $F(x)$,只是在有的场合,称 F 为变换,有的场合,称 F 为映射),F 为一个 X 到 $F(X) = \{y: y = F(x), x \in X\}$ 的一一

映射，当且仅当对任意 $x_1, x_2 \in X$，$x_1 \neq x_2$ 时，必有 $y_1 = F(x_1) \neq y_2 = F(x_2)$. F 为一个 X 到 $F(X) = \{y: y = F(x), x \in X\}$ 的一一映射，等价于 F 为一个单射. 因此，F 为一个单射，当且仅当原象不同，象也不同，如一人坐一凳，当且仅当不同的人坐着不同的凳. 明显地，如果 M^{64} 中元素 d_1^{64}，d_2^{64}，它们的第 16 个，…，第 64 个坐标不全对应相等，前面的坐标都对应相等，则 $d_1^{64} \neq d_2^{64}$ 但 $C(d_1^{64}) = C(d_2^{64})$. 这就是说，不同的元素变换结果却相同，因此 C 不是一一对应的变换，从而不是可逆变换.

3. 对换 J

将 $d^{64} = (d_0, d_1, \cdots, d_{63})$ 分为两个向量 $d_1^{32} = (d_0, d_1, \cdots, d_{31})$ 和 $d_2^{32} = (d_{32}, d_{33}, \cdots, d_{63})$，可记 $d^{64} = (d_0, d_1, \cdots, d_{63}) = (d_0, d_1, \cdots, d_{31}, d_{32}, d_{33}, \cdots, d_{63}) = (d_1^{32}, d_2^{32})$，而

$$J(d^{64}) = J(d_1^{32}, d_2^{32}) = (d_2^{32}, d_1^{32}). \tag{6.2.4}$$

称 J 为对换.

例如，设

$$\begin{aligned} d^{64} = &0101\ 1000\ 1000\ 0011\ 0010\ 0000\ 0111\ 0110 \\ &0000\ 0001\ 0010\ 0000\ 0100\ 0001\ 0110\ 0010, \end{aligned}$$

则

$$\begin{aligned} d_1^{32} &= 0101\ 1000\ 1000\ 0011\ 0010\ 0000\ 0111\ 0110, \\ d_2^{32} &= 0000\ 0001\ 0010\ 0000\ 0100\ 0001\ 0110\ 0010, \\ J(d^{64}) &= J(d_1^{32}, d_2^{32}) = (d_2^{32}, d_1^{32}) \\ &= 0000\ 0001\ 0010\ 0000\ 0100\ 0001\ 0110\ 0010 \\ &\quad\ 0101\ 1000\ 1000\ 0011\ 0010\ 0000\ 0111\ 0110, \end{aligned}$$

对换 J 将码字 $d^{64} = (d_1^{32}, d_2^{32})$ 唯一地变为码字 (d_2^{32}, d_1^{32})，而 $J(d_2^{32}, d_1^{32}) = (d_1^{32}, d_2^{32}) = d^{64}$，即有 $J[J(d^{64})] = J(d_2^{32}, d_1^{32}) = (d_1^{32}, d_2^{32}) = d^{64}$，$J \circ J = I$，其中"$\circ$"为变换的乘法运算，即变换的复合，$I$ 为恒等变换. $J \circ J = I$ 表明，J 与自身的乘积为恒等变换，说明 J 有逆，其逆为 J 自身.

上述证明 J 有逆的方法也是常用的.

4. 加边变换 B

加边变换是将码字长度小的码字，变为码字长度大的码字的一种变换. 例如，B 是将码字长为 32 的码字 $d^{32} = (d_1, d_2, \cdots, d_{32})$（注意不是 $d^{32} = d_0, d_1, \cdots, d_{31}$），变为码字长为 48 的码字的加边变换，由以下矩阵表示：

$$\boldsymbol{B}=\begin{bmatrix}32 & 1 & 2 & 3 & 4 & 5\\ 4 & 5 & 6 & 7 & 8 & 9\\ 8 & 9 & 10 & 11 & 12 & 13\\ 12 & 13 & 14 & 15 & 16 & 17\\ 16 & 17 & 18 & 19 & 20 & 21\\ 20 & 21 & 22 & 23 & 24 & 25\\ 24 & 25 & 26 & 27 & 28 & 29\\ 28 & 29 & 30 & 31 & 32 & 1\end{bmatrix}. \tag{6.2.5}$$

故

$$B(d^{32})=B(d_1,d_2,\cdots,d_{32})=(d_{32},d_1,d_2,\cdots,d_1).$$

B 将长为 32 的码字变为长为 48 的码字,会被误认为不是 M^{32} 到 $B(M^{32})$ 的一一变换.其实不然,以下讨论这个问题:要证明 B 为 M^{32} 到 $B(M^{32})$ 的一一变换,只要证明 $d_1^{32}\neq d_2^{32}$ 时,必有 $B(d_1^{32})\neq B(d_2^{32})$.事实上,当 $d_1^{32}\neq d_2^{32}$ 时,两个向量必有一个对应坐标不同,不妨设两个向量第一个坐标不同,由(6.2.5)知,$B(d_1^{32})$ 与 $B(d_2^{32})$ 的第二个坐标不同,由此知 $B(d_1^{32})\neq B(d_2^{32})$.总之,$B$ 为 M^{32} 到 $B(M^{32})$ 的一一变换,具有逆变换.

5. 变换 S

变换 S 是将码字长为 48 的码字 $d^{48}=(d_1,d_2,\cdots,d_{48})$,变为码字长为 32 的码字,是 DES 系统特有的一种变换.

将 d^{48} 排为 8×6 矩阵,S 要对矩阵的行施行变换,所以将这个矩阵的元素按照常规矩阵的方式表示较为方便,即

$$d^{48}=\begin{bmatrix}d_1 & \cdots & d_6\\ \vdots & & \vdots\\ d_{43} & \cdots & d_{48}\end{bmatrix}=\begin{bmatrix}d_{0,0} & \cdots & d_{0,5}\\ \vdots & & \vdots\\ d_{7,0} & \cdots & d_{7,5}\end{bmatrix} \tag{6.2.6}$$

对如上形式的 d^{48},其第 j 个行向量为 $(d_{j,0},d_{j,1},d_{j,2},d_{j,3},d_{j,4},d_{j,5})$,令 $\alpha_j=(d_{j,0},d_{j,5})$,$\beta_j=(d_{j,1},d_{j,2},d_{j,3},d_{j,4})$,所以实际上,由于 $d_{j,k}\in M=\{0,1\}$,$j=0,1,2,\cdots,7,k=0,1,2,\cdots,5$,故 $\alpha_j\in M^2=\{00,01,10,11\}$,不同的 α_j 有 4 种可能,用二进制表示,可能值为 00,01,10,11,用十进制表示,为 0,1,2,3.同理,不同的 β_j 有 16 种可能,用二进制表示,可能值为 0000,0001,…,1111,用十进制表示,为 0,1,2,…,15.

$S_{\alpha_j}(\beta_j)$ 是以 $(d_{j,0},d_{j,1},d_{j,2},d_{j,3},d_{j,4},d_{j,5})$ 的第一个和最后一个元素构成的 α_j 为指标(就像数列 $\{a_n\}$ 中的指标 n),中间部分四个元素构成的 β_j 为变量的置换,所以,$S_{\alpha_j}(\beta_j)$ 的值像 β_j 一样,是由 $M=\{0,1\}$ 中的四个元素组成的向量.DES 系统给出非常详细的置换表.考虑到表达式的简单性,表中 α_j 直接取为十进制数 0,1,2,3,$S_{\alpha_j}(\beta_j)$ 的值也看成四位的二进制数再换成十进制数.对于每个 $j=0,1,2,\cdots,7$,α_j 都有 0,1,2,3 四种选择,对于每个 j 和每种选择,β_j 都有 0,1,2,…,15 十六种选择,

全部 $S_{\alpha_j}(\beta_j)$ 的值共有 $8\times4\times16=512$ 个十进制数.

可以设置如下的置换表：

(1) $S_{\alpha_0}(\beta_0)$：

α_0 \ $S_{\alpha_0}(\beta_0)$ \ β_0	0	1	2	3	4	5	6	7	8	9	10	11	12	13	14	15
0	14	4	13	1	2	15	11	8	3	10	6	12	5	9	0	7
1	0	15	7	4	14	2	13	1	10	6	12	11	9	5	3	8
2	4	1	14	8	13	6	2	11	15	12	9	7	3	10	5	0
3	15	12	8	2	4	9	1	7	5	11	3	14	10	0	6	13

(2) $S_{\alpha_1}(\beta_1)$：

α_1 \ $S_{\alpha_1}(\beta_1)$ \ β_1	0	1	2	3	4	5	6	7	8	9	10	11	12	13	14	15
0	15	1	8	14	6	11	3	4	9	7	2	13	12	0	5	10
1	3	13	4	7	15	2	8	14	12	0	1	10	6	9	11	5
2	0	14	7	11	10	4	13	1	5	8	2	6	9	3	12	15
3	13	8	10	1	3	15	4	2	11	6	7	12	0	5	14	9

(3) $S_{\alpha_2}(\beta_2)$：

α_2 \ $S_{\alpha_2}(\beta_2)$ \ β_2	0	1	2	3	4	5	6	7	8	9	10	11	12	13	14	15
0	10	0	9	14	6	3	15	5	1	13	12	7	11	4	2	8
1	13	7	0	9	3	4	6	10	2	8	5	14	12	11	15	1
2	13	6	4	9	8	15	3	0	11	1	2	12	5	10	14	7
3	1	10	13	0	6	9	8	7	4	15	14	3	11	5	2	12

(4) $S_{\alpha_3}(\beta_3)$：

α_3 \ $S_{\alpha_3}(\beta_3)$ \ β_3	0	1	2	3	4	5	6	7	8	9	10	11	12	13	14	15
0	7	13	14	3	0	6	9	10	1	2	8	5	11	12	4	15
1	13	8	11	5	6	15	0	3	4	7	2	12	1	10	14	9
2	10	6	9	0	12	11	7	13	15	1	3	14	5	2	8	4
3	3	15	0	6	10	1	13	8	9	4	5	11	12	7	2	14

(5) $S_{\alpha_4}(\beta_4)$ ：

α_4 \ β_4 ($S_{\alpha_4}(\beta_4)$)	0	1	2	3	4	5	6	7	8	9	10	11	12	13	14	15
0	2	12	4	1	7	10	11	6	8	5	3	15	13	0	14	9
1	14	11	2	12	4	7	13	1	5	0	15	10	3	9	8	6
2	4	2	1	11	10	13	7	8	15	9	12	5	6	3	0	14
3	11	8	12	7	1	14	2	13	6	15	0	9	10	4	5	3

(6) $S_{\alpha_5}(\beta_5)$ ：

α_5 \ β_5 ($S_{\alpha_5}(\beta_5)$)	0	1	2	3	4	5	6	7	8	9	10	11	12	13	14	15
0	12	1	10	15	9	2	6	8	0	13	3	4	14	7	5	11
1	10	15	4	2	7	12	9	5	6	1	13	14	0	11	3	8
2	9	14	15	5	2	8	12	3	7	0	4	10	1	13	11	6
3	4	3	2	12	9	5	15	10	11	14	1	7	6	0	8	13

(7) $S_{\alpha_6}(\beta_6)$ ：

α_6 \ β_6 ($S_{\alpha_6}(\beta_6)$)	0	1	2	3	4	5	6	7	8	9	10	11	12	13	14	15
0	4	11	2	14	15	0	3	13	8	12	9	7	5	10	6	1
1	13	0	11	7	4	9	1	10	14	3	5	12	2	15	8	6
2	1	4	11	13	12	3	7	14	10	15	6	8	0	5	9	2
3	6	11	13	8	1	4	10	7	9	5	0	15	14	2	3	12

(8) $S_{\alpha_7}(\beta_7)$ ：

α_7 \ β_7 ($S_{\alpha_7}(\beta_7)$)	0	1	2	3	4	5	6	7	8	9	10	11	12	13	14	15
0	13	2	8	4	6	15	11	1	10	9	3	14	5	0	12	7
1	1	15	13	8	10	3	7	4	12	5	6	11	0	14	9	2
2	7	11	4	1	9	12	14	2	0	6	10	13	15	3	5	8
3	2	1	14	7	4	10	8	13	15	12	9	0	3	5	6	11

表中的每一行都是数列 0,1,2,3,4,5,6,7,8,9,10,11,12,13,14,15 的一个排列,8 个表共 32 行,每行都不同,这一事实可以当成设置上述置换表的原则. 当然,在符合所述原则的基础上,可以根据自己的意愿设置置换表.

得到 $S_{\alpha_j}(\beta_j)$ 以后，将其值变为二进制数，令

$$S(d^{48}) = \begin{bmatrix} S_{\alpha_0}(\beta_0) \\ S_{\alpha_1}(\beta_1) \\ S_{\alpha_2}(\beta_2) \\ S_{\alpha_3}(\beta_3) \\ \vdots \\ S_{\alpha_7}(\beta_7) \end{bmatrix}. \tag{6.2.7}$$

即得 d^{48} 经 S 变换后的结果.

例 6.2.1 设

d^{48} =0101 1000 1000 0011 0010 0000 0111 0110 0000 0001 0010 0000，

试根据前述置换表，求得 $S(d^{48})$.

解 d^{48} 的矩阵形式为

$$d^{48} = \begin{bmatrix} 0 & 1 & 0 & 1 & 1 & 0 \\ 0 & 0 & 1 & 0 & 0 & 0 \\ 0 & 0 & 1 & 1 & 0 & 0 \\ 1 & 0 & 0 & 0 & 0 & 0 \\ 0 & 1 & 1 & 1 & 0 & 1 \\ 1 & 0 & 0 & 0 & 0 & 0 \\ 0 & 0 & 0 & 1 & 0 & 0 \\ 1 & 0 & 0 & 0 & 0 & 0 \end{bmatrix}$$

故有

$$\alpha_0 = (d_{0,0}, d_{0,5}) = (0,0) = 0,\ \alpha_1 = (d_{1,0}, d_{1,5}) = (0,0) = 0,$$

$$\alpha_2 = (d_{2,0}, d_{2,5}) = (0,0) = 0,\ \alpha_3 = (d_{3,0}, d_{3,5}) = (1,0) = 2,$$

$$\alpha_4 = (d_{4,0}, d_{4,5}) = (0,1) = 1,\ \alpha_5 = (d_{5,0}, d_{5,5}) = (1,0) = 2,$$

$$\alpha_6 = (d_{6,0}, d_{6,5}) = (0,0) = 0,\ \alpha_7 = (d_{7,0}, d_{7,5}) = (1,0) = 2,$$

$$\beta_0 = (d_{0,1}, d_{0,2}, d_{0,3}, d_{0,4}) = (1,0,1,1) = 11,$$

$$\beta_1 = (d_{1,1}, d_{1,2}, d_{1,3}, d_{1,4}) = (0,1,0,0) = 4,$$

$$\beta_2 = (d_{2,1}, d_{2,2}, d_{2,3}, d_{2,4}) = (0,1,1,0) = 6,$$

$$\beta_3 = (d_{3,1}, d_{3,2}, d_{3,3}, d_{3,4}) = (0,0,0,0) = 0,$$

$$\beta_4 = (d_{4,1}, d_{4,2}, d_{4,3}, d_{4,4}) = (1,1,1,0) = 14,$$

$$\beta_5 = (d_{5,1}, d_{5,2}, d_{5,3}, d_{5,4}) = (0,0,0,0) = 0,$$

$$\beta_6 = (d_{6,1}, d_{6,2}, d_{6,3}, d_{6,4}) = (0,0,1,0) = 2,$$

$$\beta_7 = (d_{7,1}, d_{7,2}, d_{7,3}, d_{7,4}) = (0,0,0,0) = 0,$$

在表示 $S_{\alpha_0}(\beta_0)$ 的第一个表中，取横坐标 β_0 为 11，纵坐标 α_0 为 0，查出 $S_{\alpha_0}(\beta_0)=12=$

1100,同理得

$$S_{\alpha_1}(\beta_1)=6=0110,\ S_{\alpha_2}(\beta_2)=15=1111,\ S_{\alpha_3}(\beta_3)=10=1010,$$

$$S_{\alpha_4}(\beta_4)=8=1000,\ S_{\alpha_5}(\beta_5)=9=1001,\ S_{\alpha_6}(\beta_6)=2=0010,\ S_{\alpha_7}(\beta_7)=7=0111.$$

即得

$$S(d^{48})=\begin{bmatrix} S_{\alpha_0}(\beta_0) \\ S_{\alpha_1}(\beta_1) \\ S_{\alpha_2}(\beta_2) \\ S_{\alpha_3}(\beta_3) \\ \vdots \\ S_{\alpha_7}(\beta_7) \end{bmatrix}=\begin{bmatrix} 1&1&0&0 \\ 0&1&1&0 \\ 1&1&1&1 \\ 1&0&1&0 \\ 1&0&0&0 \\ 1&0&0&1 \\ 0&0&1&0 \\ 0&1&1&1 \end{bmatrix}$$

或直接写为 $S(d^{48})=1100\ 0110\ 1111\ 1010\ 1000\ 1001\ 0010\ 0111.$

6. 左位移变换 λ

设

$$c^n=(c_0,c_1,\cdots,c_{n-1})\in\mathbf{N}^n, \tag{6.2.8}$$

$\mathbf{N}=\{0,1,2,\cdots\}$,$\mathbf{N}^n=\{(c_0,c_5,\cdots,c_{n-1}):c_i\in\mathbf{N},i=0,1,2,\cdots,n-1\}$.则

$$\lambda(c^n)=\lambda(c_0,c_1,\cdots,c_{n-1})=(c_1,c_2,\cdots,c_{n-1},c_0), \tag{6.2.9}$$

称 λ 为左位移变换.

对一个 c^n,

$$\lambda^2(c^n)=\lambda[\lambda(c^n)]=\lambda[\lambda(c_0,c_1,\cdots,c_{n-1})]$$
$$=\lambda(c_1,c_2,\cdots,c_{n-1},c_0)=(c_2,c_3,\cdots,c_{n-1},c_0,c_1),$$

定义 $\sigma(i)$ 如下:

i	1	2	3	4	5	6	7	8	9	10	11	12	13	14	15	16
$\sigma(i)$	1	1	2	2	2	2	2	2	1	2	2	2	2	2	2	1

(6.2.10)

设 $c_0^n=(c_0,c_1,\cdots,c_{n-1})\in\mathbf{N}^n$,令

$$c_1^n=\lambda^{\sigma(1)}(c_0^n)=\lambda(c_0^n)=(c_1,c_2,\cdots,c_{n-1},c_0),$$
$$c_2^n=\lambda^{\sigma(2)}(c_1^n)=\lambda(c_1^n)=(c_2,c_3,\cdots,c_{n-1},c_0,c_1),$$
$$c_3^n=\lambda^{\sigma(3)}(c_2^n)=\lambda^2(c_2^n)=(c_4,c_5,\cdots,c_{n-1},c_0,c_1,c_2,c_3),$$

一般地,令

$$c_i^n=\lambda^{\sigma(i)}(c_{i-1}^n),\quad i=1,2,\cdots,16. \tag{6.2.11}$$

这些符号与关系在DES系统中用到.

7. *CP*-Ⅰ 表和 *CP*-Ⅱ 表

CP-Ⅰ 表为 4×7-4×7 分块矩阵:

$$\begin{bmatrix} \boldsymbol{C}_0 \\ \boldsymbol{D}_0 \end{bmatrix} = \begin{bmatrix} 49 & 42 & 35 & 28 & 21 & 14 & 7 \\ 0 & 50 & 43 & 36 & 29 & 22 & 15 \\ 8 & 1 & 51 & 44 & 37 & 30 & 23 \\ 16 & 9 & 2 & 52 & 45 & 38 & 31 \\ 55 & 48 & 41 & 34 & 27 & 20 & 13 \\ 6 & 54 & 47 & 40 & 33 & 36 & 19 \\ 12 & 5 & 53 & 46 & 39 & 32 & 25 \\ 18 & 11 & 4 & 24 & 17 & 10 & 3 \end{bmatrix}, \tag{6.2.12}$$

其中 $\boldsymbol{C}_0$ 为上部 4×7 矩阵，$\boldsymbol{D}_0$ 为下部 4×7 矩阵. 从左上角到右下角看 $\boldsymbol{C}_0$，$\boldsymbol{D}_0$，可以发现元素的排列规律，我们也可以用自己喜欢的方式构造.

CP-Ⅱ 表反映的是 $c^{56} \in \mathbf{N}^{56}$ 变为 $c^{48} \in \mathbf{N}^{48}$ 的挑选变换(关注 6.2.2 小节开始的注意). 例如，可取其矩阵为

$$\boldsymbol{CP}_2 = \begin{bmatrix} 13 & 16 & 10 & 23 & 0 & 4 \\ 2 & 27 & 14 & 5 & 20 & 9 \\ 22 & 18 & 11 & 3 & 25 & 7 \\ 15 & 6 & 26 & 19 & 12 & 1 \\ 40 & 51 & 30 & 36 & 46 & 54 \\ 29 & 39 & 50 & 44 & 32 & 47 \\ 43 & 48 & 38 & 55 & 33 & 52 \\ 45 & 41 & 49 & 35 & 28 & 31 \end{bmatrix}. \tag{6.2.13}$$

矩阵 $\boldsymbol{CP}_2$ 由集合{0,1,2,…,55}中元素构成，其中没有元素 8,17,21,24,34,37,42,53,元素的排列没有规律. 当然，自己可以随意构造 CP-Ⅱ 表.

设 $c^{56} = (0,1,2,\cdots,55)$，则 $CP_2(c^{56}) = (13,16,\cdots,31)$. 可以记 $CP_2(0) = 13$，$CP_2(1) = 16$，…，$CP_2(47) = 31$，但 $CP_2(i), i = 48,49,\cdots,55$ 没有意义.

6.2.3 密钥的选取和分组密码的编制

以上介绍的若干变换，没有秘密可言，密码的秘密之处在密钥，就像一把锁，锁的外形不需要保密，开锁的关键在钥匙.

所以选取密钥成为分组密码编制的关键.

应该注意一个细节：在设置各种指标时，有时起始数为 0，有时为 1，显得有点混乱. 本来较为合适的做法是令起始数为 1，但在编码使用的码元为 0,1 的情况下，起始数为 1 会带来麻烦. 例如，一个向量为 $k^{64} = (k_0, k_1, \cdots, k_{63})$，如果要将指标编为二进制数，则可将 0,1,…,63 都写为含六个 0,1 的码字，如最后一个指标 63 的码字为 111111. 但若将此向量写为 $k^{64} = (k_1, k_2, \cdots, k_{64})$，则 64 的码字就有一个 1，六个 0，共七位，和其他数字的码字长度不同.

1. 密钥的选取

(1)取 $k^{56}=(k_0,k_1,\cdots,k_{55})\in M^{56}$，为由56个0,1构成的码字.由于密钥由抽取这个向量的分量得到,故不应取其为分量全是0或全是1的向量.

(2)将6.2.2小节7中的矩阵 $\boldsymbol{C}_0$，$\boldsymbol{D}_0$ 写为向量形式：

$$\boldsymbol{C}_0=(c_0,c_1,\cdots,c_{27}),\quad \boldsymbol{D}_0=(d_0,d_1,\cdots,d_{27}),\tag{6.2.14}$$

并进行6.2.2小节6中的左平移变换：

$$\boldsymbol{C}_i=\lambda^{\sigma(i)}(\boldsymbol{C}_{i-1}),\quad \boldsymbol{D}_i=\lambda^{\sigma(i)}(\boldsymbol{D}_{i-1}),\quad i=1,2,\cdots,16,\tag{6.2.15}$$

得分块矩阵

$$\begin{bmatrix}\boldsymbol{C}_i\\ \boldsymbol{D}_i\end{bmatrix},\quad i=1,2,\cdots,16,\tag{6.2.16}$$

这些矩阵皆为8×7矩阵,其元素为0～55的数字.

(3)令 j 取 $\{0,1,2,\cdots,55\}$ 中48个数,如取 $j=0,1,2,\cdots,47$,令

$$l=CP_2(j),\tag{6.2.17}$$

例如,根据6.2.2小节7的CP-Ⅱ表,$l=CP_2(3)=23$，是0～55之一.注意这样的48个 l 值是从0～55这56个数字中通过挑选变换 CP_2 选出的48个数字.

(4)令

$$q_{i,j}=CP_{1,i}(l)=CP_{1,i}(CP_2(j)),\quad i=1,2,\cdots,16,j=0,1,2,\cdots,47,\tag{6.2.18}$$

其中,$CP_{1,i}(l)$ 为8×7矩阵

$$\begin{bmatrix}\boldsymbol{C}_i\\ \boldsymbol{D}_i\end{bmatrix}$$

重新排为向量形式(有56个坐标,坐标的起始指标为0,最后指标为55)以后的第 $l=CP_2(j)$ 个元素,是0～55的数字之一.这样,对每个 $i=1,2,\cdots,16$，当 j 分别取0,1,2,…,47时,得到48个数字 $q_{i,0},q_{i,1},\cdots,q_{i,47}$.

(5)令 $k_{i,r}=k_{q_{i,r}}$，$r=0,1,\cdots,47$，则

$$k_i^{48}=(k_{i,0},k_{i,1},\cdots,k_{i,47}),\quad i=1,2,\cdots,16,\tag{6.2.19}$$

为密钥,

$$K=\{k_1^{48},k_2^{48},\cdots,k_{16}^{48}\}\tag{6.2.20}$$

为密钥集.

此步骤等价于:对每个 $i=1,2,\cdots,16$，将向量 $(q_{i,0},q_{i,1},\cdots,q_{i,47})$ 写为挑选矩阵,对 $k^{56}=(k_0,k_1,\cdots.k_{55})\in M^{56}$ 进行挑选变换.

例 6.2.2　设

$$k^{56}=0100100010010101111010011010$$
$$1100111010101000001100101010,$$

试构造密钥.

解　(1)将6.2.2小节7中的矩阵 $\boldsymbol{C}_0$，$\boldsymbol{D}_0$ 写为向量形式：

$\boldsymbol{C}_0=(49,42,35,28,21,14,7,0,50,43,36,29,22,15,8,1,51,44,37,30,23,16,9,2,52,45,38,31)$,

$\boldsymbol{D}_0=(55,48,41,34,27,20,13,6,54,47,40,33,36,19,12,5,53,46,39,32,25,18,11,4,24,17,10,3)$.

进行 6.2.2 小节 6 中的左平移变换,由

$$\boldsymbol{C}_i=\lambda^{\sigma(i)}(\boldsymbol{C}_{i-1}),\quad \boldsymbol{D}_i=\lambda^{\sigma(i)}(\boldsymbol{D}_{i-1}),\quad i=1,2,\cdots,16,$$

i	1	2	3	4	5	6	7	8	9	10	11	12	13	14	15	16
$\sigma(i)$	1	1	2	2	2	2	2	2	1	2	2	2	2	2	2	1

得

$$\begin{bmatrix}\boldsymbol{C}_i\\ \boldsymbol{D}_i\end{bmatrix},\quad i=1,2,\cdots,16,$$

将其写为向量形式得(仅写出 $(\boldsymbol{C}_1,\boldsymbol{D}_1)$)

$$(\boldsymbol{C}_1,\boldsymbol{D}_1)=(42,35,28,21,14,7,0,50,43,36,29,22,15,8,1,51,44,37,30,23,16,9,2,52,45,38,31,49,48,41,34,27,20,13,6,54,47,40,33,36,19,12,5,53,46,39,32,25,18,11,4,24,17,10,3,55).$$

(2)对任意 $j\in\{0,1,2,\cdots,47\}$,令

$$l=CP_2(j),$$

得

$$CP_2(0)=13,\ CP_2(1)=16,\ CP_2(2)=10,\cdots,$$
$$CP_2(46)=28,\ CP_2(47)=31,$$

注意,j 只取了 0~47 共 48 个值.明显地,可以在 $\{0,1,2,\cdots,55\}$ 中任取 48 个数作为 j 的值,由此得出 48 个 $l=CP_2(j)$ 的值.

(3)令

$$q_{i,j}=CP_{1,i}(l)=CP_{1,i}(CP_2(j)),\quad i=1,2,\cdots,16,j=0,1,2,\cdots,47,$$

其中 $CP_{1,i}(l)$ 为向量 $(\boldsymbol{C}_i,\boldsymbol{D}_i)$ 的第 $l=CP_2(j)$ 个元素,由此得(仅写出 $CP_{1,1}(l)$,注意 $(\boldsymbol{C}_i,\boldsymbol{D}_i)$ 的坐标指标起始数为 0,即其坐标从第 0 个开始,直到第 55 个为止):

$CP_{1,1}(13)=8$, $CP_{1,1}(16)=44$, $CP_{1,1}(10)=29$, $CP_{1,1}(23)=52$,

$CP_{1,1}(0)=42$, $CP_{1,1}(4)=14$, $CP_{1,1}(2)=28$, $CP_{1,1}(27)=49$,

$CP_{1,1}(14)=1$, $CP_{1,1}(5)=7$, $CP_{1,1}(20)=16$, $CP_{1,1}(9)=36$,

$CP_{1,1}(22)=2$, $CP_{1,1}(18)=30$, $CP_{1,1}(11)=22$, $CP_{1,1}(3)=21$,

$CP_{1,1}(25)=38$, $CP_{1,1}(7)=50$, $CP_{1,1}(15)=51$, $CP_{1,1}(6)=0$,

$CP_{1,1}(26)=31$, $CP_{1,1}(19)=23$, $CP_{1,1}(12)=15$, $CP_{1,1}(1)=35$,

$CP_{1,1}(40)=19$, $CP_{1,1}(51)=24$, $CP_{1,1}(30)=34$, $CP_{1,1}(36)=47$,

$CP_{1,1}(46)=32$, $CP_{1,1}(54)=3$, $CP_{1,1}(29)=41$, $CP_{1,1}(39)=36$,

$CP_{1,1}(50)=4$, $CP_{1,1}(44)=46$, $CP_{1,1}(32)=20$, $CP_{1,1}(47)=25$,

$CP_{1,1}(43)=53$, $CP_{1,1}(48)=18$, $CP_{1,1}(38)=33$, $CP_{1,1}(55)=55$,

$CP_{1,1}(33)=13$, $CP_{1,1}(52)=17$, $CP_{1,1}(45)=39$, $CP_{1,1}(41)=12$,

$CP_{1,1}(49)=11$, $CP_{1,1}(35)=54$, $CP_{1,1}(28)=48$, $CP_{1,1}(31)=27$,

这样,对 $i=1$,得到的如上 48 个数字分别为 $q_{1,0},q_{1,1},\cdots,q_{1,47}$.

(4)令 $k_{1,r}=k_{q_{1,r}}, r=0,1,\cdots,47$,则 $k_1^{48}=(k_{1,0},k_{1,1},\cdots,k_{1,47})=(k_{q_{1,0}},k_{q_{1,1}},\cdots,k_{q_{1,47}})$ 为密钥集 $K=\{k_1^{48},k_2^{48},\cdots,k_{16}^{48}\}$ 中的第一个密钥.

为此将向量 $(q_{1,0},q_{1,1},\cdots,q_{1,47})$ 写为挑选矩阵:

$$\boldsymbol{C}=\begin{bmatrix} 8 & 44 & 29 & 52 & 42 & 14 \\ 28 & 49 & 1 & 7 & 16 & 36 \\ 2 & 30 & 22 & 21 & 38 & 50 \\ 51 & 0 & 31 & 23 & 15 & 35 \\ 19 & 24 & 34 & 47 & 32 & 3 \\ 41 & 36 & 4 & 46 & 20 & 25 \\ 53 & 18 & 33 & 55 & 13 & 17 \\ 39 & 12 & 11 & 54 & 48 & 27 \end{bmatrix},$$

对 k^{56} 进行挑选变换得:$k_1^{48}=101100101011000011000110011110011110011011001100$.

注意 1:以上构造密钥的方法基本上属于 DES 保密系统,我们做了一点改进.可以看出,上面出现的矩阵可以根据自己的意愿改变,事实上,方法方面也可以改变,发挥的空间是巨大的.

注意 2:上面仅给出密钥集中的一个密钥 $k_1^{48}=(k_{1,0},k_{1,1},\cdots,k_{1,47})=(k_{q_{1,0}},k_{q_{1,1}},\cdots,k_{q_{1,47}})$,可以想象,如果将 16 个密钥全部给出,需要花费大量的时间与精力.密码还没有正式编制,仅设置密钥就这么麻烦,编密码的工作有如此困难吗?是的,一个成功的密码,编制工作是一个很大的工程,不然,编出的密码根本经不起现代计算机的攻击.

2. 分组密码的编制

现在,假定密钥集 $K=\{k_1^{48},k_2^{48},\cdots,k_{16}^{48}\}$ 已经得到,应用其中的密钥,我们开始对 M^{64} 中元 $d^{64}=(d_1,d_2,\cdots,d_{64})$(注意此时分量编号从 1 到 64,而不是从 0 到 63,编号从哪个数字开始到哪个数字结束,不是死板的,视需要和方便而定)进行加密,即给出其码字.

(1)分解.

将 $d^{64}=(d_1,d_2,\cdots,d_{64})$ 分为两个向量 $d_1^{32}=(d_1,d_2,\cdots,d_{32})$ 和 $d_2^{32}=(d_{33},d_{34},\cdots,d_{64})$,故有

$$d^{64}=(d_1,d_2,\cdots,d_{64})=(d_1,d_2,\cdots,d_{32},d_{33},d_{34},\cdots,d_{64})=(d_1^{32},d_2^{32}).$$

(2)加密.

①先对 $d_2^{32}=(d_{33},d_{34},\cdots,d_{64})$ 施行式(6.2.5)给出的加边变换 B,则 $B(d_2^{32})\in M^{48}$ 长为 48;

②加密:对每个 $i\in\{1,2,\cdots,16\}$,计算

$$B(d_2^{32})+k_i^{48}, \tag{6.2.21}$$

其中加法为模 2 加法;

③施行 S 变换:对已成为 M^{48} 中元的 $B(d_2^{32})+k_i^{48}$,施行式(6.2.7)给出的 S 变换,得 M^{32} 中元:

$$S(B(d_2^{32})+k_i^{48})\ ;\tag{6.2.22}$$

④换位:对式(6.2.22)施行(6.2.3)给出的换位变换 P ,得 M^{32} 中元:

$$T_i(d_2^{32})\triangleq P(S(B(d_2^{32})+k_i^{48}))\ .\tag{6.2.23}$$

(3)给出变换 $\Pi_{T_i}, i=1,2,\cdots,16$.

令

$$\Pi_{T_i}(d^{64})=\Pi_{T_i}(d_1^{32},d_2^{32})=(d_1^{32}+T_i(d_2^{32}),d_2^{32}),\quad i=1,2,\cdots,16\ .\tag{6.2.24}$$

此为 M^{64} 中元.

定理 6.2.1 对任意 $d^{64}\in M^{64}$,

$$\Pi_{T_i}\circ\Pi_{T_i}(d^{64})=\Pi_{T_i}(\Pi_{T_i}(d^{64}))=d^{64},\quad i=1,2,\cdots,16\ ,\tag{6.2.25}$$

其中圆圈符号表示变换的复合,就像 $f(g(x))=f\circ g(x)$ 一样.故有

$$\Pi_{T_i}\circ\Pi_{T_i}=I,\quad i=1,2,\cdots,16\ ,\tag{6.2.26}$$

其中 I 为 M^{64} 上的恒等变换,即对任意 $d^{64}\in M^{64}$, $I(d^{64})=d^{64}$.这就是说,对任意 $i=1,2,\cdots,16$, Π_{T_i} 为 M^{64} 上的可逆变换,且有 $(\Pi_{T_i})^{-1}=\Pi_{T_i}$.

证明 只需证明式(6.2.25).

事实上,由式(6.2.24),

$$\begin{aligned}\Pi_{T_i}\circ\Pi_{T_i}(d^{64})&=\Pi_{T_i}(\Pi_{T_i}(d^{64}))=\Pi_{T_i}(\Pi_{T_i}(d_1^{32},d_2^{32}))\\&=\Pi_{T_i}(d_1^{32}+T_i(d_2^{32}),d_2^{32})=(d_1^{32}+T_i(d_2^{32})+T_i(d_2^{32}),d_2^{32}).\end{aligned}$$

由于对于模 2 加法 1+1=0,0+0=0,故对 M^{32} 中任一元 $c^{32}=(c_1,c_2,\cdots,c_{32})$, $c^{32}+c^{32}=(c_1,c_2,\cdots,c_{32})+(c_1,c_2,\cdots,c_{32})=(c_1+c_1,c_2+c_2,\cdots,c_{32}+c_{32})=(0,0,\cdots,0)=0$, 而 $T_i(d_2^{32})$ 为 M^{32} 中元,故 $T_i(d_2^{32})+T_i(d_2^{32})=0$. 式(6.2.25)成立. □

(4)给出密码编码 E_k ,解码 D_k .

对任意明文码字 $d^{64}\in M^{64}$,令

$$E_k(d^{64})=(IP)^{-1}\circ\Pi_{T_{16}}\circ J\circ\Pi_{T_{15}}\circ J\circ\cdots\circ J\circ\Pi_{T_1}\circ(IP)(d^{64})\ ,\tag{6.2.27}$$

其中 IP 为式(6.2.1)给出的换位变换, J 为式(6.2.4)给出的对换.

对密文码字 $e^{64}\in M^{64}$,令

$$D_k(e^{64})=(IP)^{-1}\circ\Pi_{T_1}\circ J\circ\Pi_{T_2}\circ J\circ\cdots\circ J\circ\Pi_{T_{16}}\circ(IP)(e^{64})\ .\tag{6.2.28}$$

(5)对 $d^{64}\in M^{64}$,由式(6.2.27)给出加密码字 $E_k(d^{64})$;对 $e^{64}\in M^{64}$,由式(6.2.28)给出解密码字 $D_k(e^{64})$.

定理 6.2.2 对任意 $d^{64}\in M^{64}$,

$$D_k\circ E_k(d^{64})=E_k\circ D_k(d^{64})=d^{64}\ ,\tag{6.2.29}$$

即有

$$D_k\circ E_k=E_k\circ D_k=I\ ,\tag{6.2.30}$$

$$D_k=E_k^{-1},E_k=D_k^{-1}\ .\tag{6.2.31}$$

证明　只需证式(6.2.29).

事实上,对任意 $d^{64} \in M^{64}$,有

$$
\begin{aligned}
D_k \circ E_k(d^{64}) &= (IP)^{-1} \circ \Pi_{T_1} \circ J \circ \Pi_{T_2} \circ J \circ \cdots \circ J \circ \Pi_{T_{16}} \circ (IP) \\
&\quad \circ (IP)^{-1} \circ \Pi_{T_{16}} \circ J \circ \Pi_{T_{15}} \circ J \circ \cdots \circ J \circ \Pi_{T_1} \circ (IP)(d^{64}) \\
&= (IP)^{-1} \circ \Pi_{T_1} \circ J \circ \Pi_{T_2} \circ J \circ \cdots \circ \Pi_{T_{15}} \circ J \circ \Pi_{T_{16}} \circ \Pi_{T_{16}} \circ J \circ \Pi_{T_{15}} \\
&\quad \circ J \circ \cdots \circ J \circ \Pi_{T_1} \circ (IP)(d^{64}) \\
&= (IP)^{-1} \circ \Pi_{T_1} \circ J \circ \Pi_{T_2} \circ J \circ \cdots \circ \Pi_{T_{15}} \circ J \circ J \circ \Pi_{T_{15}} \circ J \\
&\quad \circ \cdots \circ J \circ \Pi_{T_1} \circ (IP)(d^{64}) \\
&= \cdots = (IP)^{-1} \circ (IP)(d^{64}) = d^{64},
\end{aligned}
$$

其中注意 $(IP)^{-1} \circ (IP) = J \circ J = \Pi_{T_i} \circ \Pi_{T_i} = I, i = 1,2,\cdots,16$. 同理可证 $E_k \circ D_k(e^{64}) = e^{64}$. □

注意:表示两个映射的符号之间的圆圈符号,表示这两个映射进行复合. 圆圈被称为映射的乘积符号,是因为映射的复合从多方面表现出与我们常见的乘积运算有类似或相同的规则,如结合律. 称其为乘积有许多好处. 在上面的证明中,就用了结合律:先从上式第一个等号后的表达式最中间开始,得 $(IP)^{-1} \circ (IP) = I$,故最中间成为 $\Pi_{T_{16}} \circ I \circ \Pi_{T_{16}} = \Pi_{T_{16}} \circ \Pi_{T_{16}}$,后者等于 I ,表达式最中间又成为 $J \circ I \circ J = J \circ J$,后者又等于 I ,以此类推,得到最后结果.

定理 6.2.2 的意义是明显的:密码编码 E_k 和解码 D_k 互为逆变换, E_k 将明文码字变为密文码字,此码字经 D_k 变换,恢复为原来的明文码字.

我们无法给出加密和解密的具体例子,因为对任一 $d^{64} \in M^{64}$,要手工给出 $E_k(d^{64})$ 或 $D_k(d^{64})$,熟练人士也要若干天时间,运算过程可以写成一本书. 但从以上内容看出,将加密和解密编成软件是容易的,计算机运行时间也极短.

6.3　公钥密码

公钥密码顾名思义,就是公开密钥的密码. 公开密钥的密码怎么保密呢?

公钥密码设计原理非常简单:首先将要传递的信息编为由 0~9 组成的码字,这个码字实际上就是一个十进制数 x ,构造一个称为单向函数的函数 f ,这个函数相关指标就是密钥,但对其并不保密,我方他方全知道,故名公钥. 单向函数 f 的特点是知道自变量 x 计算函数值 $f(x)$ 简单,但已知 $f(x)$ 却很难算出 x . 我方将要传递的 x 代入 f ,将 $f(x)$ 传向目标,他方即使知道了这个值,也算不出 x ,因为计算有技巧,称为解密密钥,我方知道这个密钥,他方不知道,我们可应用解密密钥由 $f(x)$ 算出 x .

举个貌似单向函数的例子:设 $f(x) = x^{10} + x^9 - x^7 - x^5 + x^3 - 1$,我们要传递的是化为十进制数的 2,将 2 代入此多项式得 1383,将多项式和 1383 公开. 可以看出,要由 1383 计算出 2,需令 $x^{10} + x^9 - x^7 - x^5 + x^3 - 1 = 1383$,再求这个方程的根. 代数学告诉我们,5 次以上代数方程没有求根公式,所以求这个方程的根是困难的,

这个多项式就貌似一个单向函数.

说貌似,并不一定是.因为对现代计算机来说,最好处理的函数是多项式,求上述方程的根已不是问题,真正可用于公钥密码的单向函数还需认真构造.本节即致力这样的构造.

考虑到利用上述原理对明文进行密码编码时,作为明文码字的自变量 x 都是整数,函数值 $f(x)$ 作为密文码字也应是整数,而给定一个正整数 n ,以 n 为模对 x 的取余运算 $f(x)=x\bmod n$ 是整数,且这个函数具有单向函数的迹象:给定整数 x ,求 $f(x)$ 是容易的,但知道了 x 除以 n 的余数,即 $f(x)$ 的值,要求 x 不是困难与否的问题,而是无法确定的问题,因为存在无穷个整数,除以 n 的余数都是这个 $f(x)$.所以,自然能够想到利用这个函数的特点设计加密方法.

第一个比较完善的公钥密码系统由 Rivest,Shamir 和 Adleman 于 1977 年首先提出,被称为 RSA 公钥密码系统,此系统就是使用与 $f(x)=x\bmod n$ 相关的函数得到的.介绍该系统是本节的主要内容.

从形式上讲,RSA 公钥密码系统属于 6.1.1 小节 3 中 $(M,B,K,K',E_k,D_{k'})$ 的形式,其中 K,K' 分别为加密密钥集合和解密密钥集合, $E_k,D_{k'}$ 分别为相应于加密密钥 k 的密码编码和相应于解密密钥 k' 的解密变换.但既称公钥,此时的加密密钥集合 K 是公开的,只有解密密钥集合 K' 不公开.

由于类似于 $f(x)=x\bmod n$ 的函数与数论相关,本节中,先介绍必要的数论知识和方法,在此基础上介绍 RSA 公钥密码系统,最后介绍与该系统相关的计算问题.

6.3.1 数论简单知识

数论是关于整数的理论,是数学中问题最多、使用数学工具最复杂的理论之一,我们仅介绍一些本节用到的数论初等知识.

1.模运算

先回顾几个记号.

设 a , b 为整数,则记此二数的最大公约数为 $\gcd(a,b)$,最小公倍数为 $\operatorname{lcm}(a,b)$.以 b 为被除数, a 为除数,则余数 r 记为 $r=b\bmod a$,称为 b 模 a ,故有 $0\leqslant r<a$.

若 $r=b\bmod a$,则必存在整数 c ,使 $b=ca+r$.

记号 $c\equiv b\bmod a$ 表示 c , b 除以 a 的余数相等,称为 c , b 关于模 a 同余. $c\equiv b\bmod a$ 等价于 $a\mid(b-c)$.显然 $c\equiv b\bmod a$ 的充分必要条件是 $b\equiv c\bmod a$.

注意: $r=b\bmod a$ 与 $c\equiv b\bmod a$ 的区别,前者是一个数字,后者表示一种关系.有时候,使用这两个记号进行叙述,常常引起理解的困难.例如, $c\equiv 0\bmod a$,表示 c 和 0 除以 a 的余数相等,但 0 除以 a ,余数为 0,所以 c 除以 a 的余数也为 0,即 c 可以被 a 整除, $a\mid c$.后者十分容易理解,但看到 $c\equiv 0\bmod a$,还需琢磨一下才能知道意思.再如, $r=1\bmod a$,表示 1 除以 a 的余数,当 a 为不等于 1,0 的正整数时,1 除以 a 的余数只能是 1,所以对于任意正整数 a ,有

$$r = 1 \bmod a = \begin{cases} 0, & a = 1, \\ 1, & a \neq 1. \end{cases}$$

而 $r \equiv 1 \bmod a$,则表示 r 除以 a 的余数和 1 除以 a 的余数是相等的,若 a 为大于 1 的整数,则存在整数 k ,使 $r = ka + 1$.

因为 0 不能做除数,在以下的讨论中 mod 后面的整数皆不为 0,数字全为整数.

关于 $b \bmod a$ 的运算称为模运算,有如下定理.

定理 6.3.1　(1) $[(a \bmod n) + (b \bmod n)] \bmod n = (a + b) \bmod n$,

(2) $[(a \bmod n) - (b \bmod n)] \bmod n = (a - b) \bmod n$,

(3) $[(a \bmod n) \times (b \bmod n)] \bmod n = (a \times b) \bmod n$,

(4)若 $(a + b) \equiv (a + c) \bmod n$,则 $b \equiv c \bmod n$,

(5)若 a,n 互素且 $(a \times b) \equiv (a \times c) \bmod n$,则 $b \equiv c \bmod n$.

证明　仅证明(1),其余类似.

设 $a \bmod n = c, b \bmod n = d$,则存在 e,f ,使 $a = en + c, b = fn + d$,故

$$\begin{aligned}(a + b) \bmod n &= (en + c + fn + d) \bmod n = [(e + f)n + c + d)] \bmod n \\ &= (c + d) \bmod n = (a \bmod n + b \bmod n) \bmod n .\end{aligned}$$

□

定理 6.3.1 可以推广,例如,定理 6.3.1(3)可以推广为

$$[(a_1 \bmod n) \times (a_2 \bmod n) \times (a_3 \bmod n)] \bmod n = (a_1 \times a_2 \times a_3) \bmod n,$$

$$\left[\prod_{i=1}^{k} (a_i \bmod n)\right] \bmod n = \left(\prod_{i=1}^{k} a_i\right) \bmod n,$$

$$(a \bmod n)^k \bmod n = (a^k) \bmod n.$$

其中,k 为正整数.

2. 欧几里得算法

欧几里得算法是求 $\gcd(a,b)$,这个算法也称为辗转相除法,过程如下:

设 b 除以 a 得商 b_0 余数 r_1 ,再用 a 除以 r_1 得商 b_1 余数 r_2 ,用 r_1 除以 r_2 得商 b_2 余数 r_3 ,以此类推,由于 $r_1 > r_2 > r_3 > \cdots$,到某一步必使余数为 0,设 $r_{N+1} = 0$,则

$$\begin{cases} b = ab_0 + r_1, & 0 < r_1 < a, \\ a = r_1 b_1 + r_2, & 0 < r_2 < r_1, \\ r_1 = r_2 b_2 + r_3, & 0 < r_3 < r_2, \\ \cdots & \cdots \\ r_{N-2} = r_{N-1} b_{N-1} + r_N, & 0 < r_N < r_{N-1}, \\ r_{N-1} = r_N b_N. \end{cases} \tag{6.3.1}$$

欧几里得算法的结果,由下列定理给出.

定理 6.3.2　设 a , b 为正整数,则存在整数 u,v 使

$$\gcd(a,b) = ub + va . \tag{6.3.2}$$

证明　由式(6.3.1)中各式可知

$$\gcd(a,b) = \gcd(a,r_1) = \gcd(r_1,r_2) = \cdots = \gcd(r_{N-1},r_N) = r_N .$$

又由式(6.3.1)有

$$r_1 = b - ab_0,$$

$$r_2 = a - r_1 b_1 = a - (b - ab_0)b_1 = (1 + b_0 b_1)a - b_1 b,$$

$$\begin{aligned}\gcd(a,b) &= r_N = r_{N-2} - r_{N-1}b_{N-1} = r_{N-2} - (r_{N-3} - r_{N-2}b_{N-2})b_{N-1} \\ &= (1 + b_{N-2}b_{N-1})r_{N-2} - r_{N-3}b_{N-1} \\ &= er_{N-3} + fr_{N-4} \\ &= \cdots \\ &= gr_2 + hr_1 = g[(1 + b_0 b_1)a - b_1 b] + h(b - ab_0) \\ &= [g(1 + b_0 b_1) - hb_0]a + (h - gb_1)b = ub + va.\end{aligned}$$

□

3. 费马定理

定理 6.3.3(费马定理) 若 p 为素数，a 为正整数且不能被 p 整除，则

$$a^{p-1} \equiv 1 \bmod p. \tag{6.3.3}$$

证明 令

$$E = \{a \bmod p, (2a) \bmod p, \cdots, [(p-1)a] \bmod p\},$$

则 E 中元素互不相同. 事实上，若 $0 < k < l \leqslant p-1$ 且 $(ka) \bmod p = (la) \bmod p$，则 $(ka) \equiv (la) \bmod p$，则由于 a 与 p 互素，由定理 6.3.1(5)，$k \equiv l \bmod p$，注意 $0 < k < l \leqslant p-1$，$l \bmod p = l (l = 0p + l)$，$k \bmod p = k$，得 $k = l$，矛盾. 再注意对任何整数 b，$0 \leqslant b \bmod p < p$，$E$ 中元也不例外，如此，E 由互不相同且小于 p 的 $p-1$ 个正整数构成，故 E 与集合 $\{1, 2, \cdots, p-1\}$ 的元素相同，当然，两个集合中所有元素的乘积必相等，即有

$$(a \bmod p) \times [(2a) \bmod p] \times \{[(p-1)a] \bmod p\} = (p-1)!,$$

故有

$$((a \bmod p) \times [(2a) \bmod p] \times \{[(p-1)a] \bmod p\}) \bmod p = (p-1)! \bmod p,$$

但由定理 6.3.1(3)可知，上式的左边为 $(a \times (2a) \times \cdots \times (p-1)a) \bmod p$，而 $a \times (2a) \times \cdots \times (p-1)a = a^{p-1}(p-1)!$，总之，得

$$a^{p-1}(p-1)! \equiv (p-1)! \bmod p,$$

再由定理 6.3.1(5)，上式两边可以消去 $(p-1)!$，得式(6.3.3). □

4. 欧拉定理

先介绍欧拉函数的概念.

定义 6.3.1 设 n 为正整数，则称小于 n 且与 n 互素的正整数个数 $\phi(n)$ 为欧拉函数. 规定 $\phi(1) = 1$.

例如，由于小于 10 且与 10 互素的正整数有 1,3,7,9 四个正整数，故 $\phi(10) = 4$. 若 p 为素数，则 $\phi(p) = p - 1$.

定理 6.3.4 设 p,q 互素且 $p \neq q$，则

$$\phi(pq) = \phi(p)\phi(q) = (p-1)(q-1). \tag{6.3.4}$$

证明　在集合 $\{1,2,\cdots,(pq-1)\}$ 中,不与 pq 互素的正整数为 $p,2p,3p,\cdots,(q-1)p,q,2q,3q\cdots,(p-1)q$,共 $(q-1)+(p-1)$ 个正整数,所以

$\phi(pq)=pq-1-(q-1+p-1)=pq-(p+q)+1=(p-1)(q-1)$.　□

下面介绍欧拉定理.

定理 6.3.5(欧拉定理)　设 a , n 为互素的正整数,则

$$a^{\phi(n)} \equiv 1 \bmod n . \tag{6.3.5}$$

证明　$\phi(n)$ 为小于 n 且与 n 互素的正整数个数,故可设 $M=\{m_1,m_2,\cdots,m_{\phi(n)}\}$ 为小于 n 且与 n 互素的正整数集合,故 $\gcd(m_k,n)=1$. 考虑集合

$$N=\{(am_1)\bmod n,(am_2)\bmod n,\cdots,(am_{\phi(n)})\bmod n\} .$$

由于 a , m_k 与 n 互素,故 am_k 与 n 互素,设

$$am_k=qn+(am_k)\bmod n ,$$

则 $(am_k)\bmod n<n$,若 $(am_k)\bmod n$ 不与 n 互素,则由上式推出 am_k 不与 n 互素,矛盾,故知 $(am_k)\bmod n$ 与 n 互素.

当 $c\bmod n=b\bmod n$ 时,表示 b,c 除以 n 余数相等,从而同余,即有 $c\equiv b\bmod n$. 故若 $k\neq l$, $(am_k)\bmod n=(am_l)\bmod n$,则 $am_k\equiv(am_l)\bmod n$,由于 a 与 n 互素,由定理 6.3.1(5) 知 $m_k\equiv m_l\bmod n$,即 $m_k\bmod n=m_l\bmod n$. 注意 $0<m_k,m_l\leqslant n-1$, $m_k\bmod n=m_k,m_l\bmod n=m_l$,得 $m_k=m_l$,矛盾.

如此, N 为小于 n 且与 n 互素的正整数集合,作为集合和 M 是相同的,各自所有元素的乘积相等,即有

$$\prod_{k=1}^{\phi(n)}(am_k)\bmod n=\prod_{k=1}^{\phi(n)}m_k ,$$

上式两边同时除以 n 求余,得

$$\left[\prod_{k=1}^{\phi(n)}(am_k)\bmod n\right]\bmod n=\left(\prod_{k=1}^{\phi(n)}m_k\right)\bmod n ,$$

由定理 6.3.1(3)得

$$\left[\prod_{k=1}^{\phi(n)}am_k\right]\bmod n=\left(\prod_{k=1}^{\phi(n)}m_k\right)\bmod n ,$$

故得

$$\prod_{k=1}^{\phi(n)}am_k\equiv\left(\prod_{k=1}^{\phi(n)}m_k\right)\bmod n .$$

注意:如 $\prod_{k=1}^{3}am_k=am_1\times am_2\times am_3=a^3\prod_{k=1}^{3}m_k$,故得

$$a^{\phi(n)}\prod_{k=1}^{\phi(n)}m_k\equiv\left(\prod_{k=1}^{\phi(n)}m_k\right)\bmod n ,$$

由定理 6.3.1(5)得式(6.3.5).　□

6.3.2　RSA 公钥密码系统

本小节中,先介绍一个关键定理,RSA 公钥密码系统建立在这个定理的基础上.

1. 一个关键定理

定理 6.3.6 设 x 为不超过 2^i 的正整数,其中 i 满足

$$2^i < n \leqslant 2^{i+1}, \tag{6.3.6}$$

而 $n = pq$, p,q 为素数,又正整数 e 满足

$$\gcd(\phi(n),e) = 1, \quad 1 < e < \phi(n), \tag{6.3.7}$$

$\phi(n)$ 为 6.3.1 小节中的欧拉函数,正整数 d 满足

$$ed \equiv 1 \bmod \phi(n), \tag{6.3.8}$$

则对任意

$$y = x^e \bmod n, \tag{6.3.9}$$

有

$$x = y^d \bmod n = (x^e)^d \bmod n = x^{ed} \bmod n. \tag{6.3.10}$$

证明 (1)由于 p,q 为素数,故必互素,由定理 6.3.4 知

$$\phi(n) = \phi(pq) = \phi(p)\phi(q) = (p-1)(q-1). \tag{6.3.11}$$

(2)由式(6.3.8)和式(6.3.11)知存在正整数 l 使

$$ed = l\phi(n) + 1 = l(p-1)(q-1) + 1. \tag{6.3.12}$$

(3)下列关系成立:

$$x^{ed} \bmod p = x^{l\phi(n)+1} \bmod p = x^{l(p-1)(q-1)+1} \bmod p = x \bmod p. \tag{6.3.13}$$

事实上,若 x 与 p 不互素,则因为 p 为素数,故 p 必整除 x ,故有 $x \bmod p = 0$,当然,p 整除 x^{ed} ,因此 $x^{ed} \bmod p = x \bmod p = 0$;若 x 与 p 互素,则由欧拉定理得 $x^{\phi(p)} \equiv 1 \bmod p$,这就是说,$x^{\phi(p)}$ 除以 p 与 1 除以 p 的余数是一样的,因 p 是素数,$1 = 0p + 1$,即 1 除以 p 的余数是 1,所以 $x^{\phi(p)}$ 除以 p 的余数也是 1,即有 $x^{\phi(p)} \bmod p = 1$,

$$\begin{aligned}
x^{ed} \bmod p &= x^{l\phi(n)+1} \bmod p = x^{l(p-1)(q-1)+1} \bmod p = (x x^{l(p-1)(q-1)}) \bmod p \\
&= [x(x^{\phi(p)})^{l(q-1)}] \bmod p \\
&= \{(x \bmod p) \times [x^{\phi(p)} \bmod p]^{l(q-1)}\} \bmod p = [(x \bmod p) \times 1^{l(q-1)}] \bmod p \\
&= [x \bmod p] \bmod p = x \bmod p,
\end{aligned}$$

其中注意 p 是素数,所以,比 p 小的素数个数为 $p-1$,即 $\phi(p) = p-1$,而 $[x(x^{\phi(p)})^{l(q-1)}] \bmod p = \{(x \bmod p) \times [x^{\phi(p)} \bmod p]^{l(q-1)}\} \bmod p$ 由定理 6.3.1(3)的推广形式得到,$[x \bmod p] \bmod p = x \bmod p$ 是自然的,因为 $x \bmod p$ 是 x 除以 p 的余数,这个余数再除以 p ,余数还是 p ,以至 $\{\cdots\{[x \bmod p] \bmod p\} \bmod p \cdots\} \bmod p = x \bmod p$.

(4) $x^{ed} \bmod n = x$.

事实上,由 $x^{ed} \bmod p = x \bmod p$,得 $x^{ed} \bmod p - x \bmod p = 0$,故 $[x^{ed} \bmod p - x \bmod p] \bmod p = 0$,由定理 6.3.1(2)

$$[(a \bmod n) - (b \bmod n)] \bmod n = (a-b) \bmod n$$

知 $[x^{ed} \bmod p - x \bmod p] \bmod p = 0 = (x^{ed} - x) \bmod p$,故 p 整除 $x^{ed} - x$. 同理可证 q 整除 $x^{ed} - x$. 因 p , q 为素数,故 $n = pq$ 整除 $x^{ed} - x$,所以存在整数 k 使 $x^{ed} - x = kn$,即 $x^{ed} = kn + x$,由此式及 $x \leqslant 2^i < n \leqslant 2^{i+1}$ 知 x 为 x^{ed} 除以 n 的余数,即

$$x^{ed} \bmod n = x .$$

□

2. RSA 公钥密码系统的加密解密过程

我们以确定 RSA 公钥密码系统（$M,B,K,K',E_k,D_{k'}$）中各个因素为路线介绍该系统的加密解密过程.

(1) M 和 B 的确定.

首先明确，M 是十进制正整数集，根据定理 6.3.6 的要求，M 中元 x 满足关系 $x \leqslant 2^i < n \leqslant 2^{i+1}$，其中 $x \leqslant 2^i$ 的原因是：如果将 x 化为二进制数，有 i 位.

所以，应该将要进行密码编码的明文集合或明文符号集合通过普通编码编为由十进制正整数表示的码字，这个过程与密码编码无关，在此不予详细讨论，如可以利用第 3 章介绍的各种信源编码方法进行编码.

现在假定 M 就是这样得到的码，其中元是十进制正整数，因为，要求对任意 M 中元 x，有 $x \leqslant 2^i$，故完全可设 $M = \{1,2,3,\cdots,2^i\}$. 例如，M 是中文电报码，最多由 0000～9999 共一万个数字构成（按照 M 为正整数集的要求，可将 0000 排除在外），取 $i = 13$ 即可满足要求，但注意此时数字要用四位数表示，如 1 应写为 0001.

注意：RSA 公钥密码编码是通过对正整数 x 进行计算，得到作为密文的新数字 y，所述运算为模运算，运算结果的上限受到控制. 根据关系 $x \leqslant 2^i < n \leqslant 2^{i+1}$ 及式(6.3.9)，密文码字 $y<n$，可取 $B = \{1,2,\cdots,2^{i+1}\}$.

(2)公钥集合 K 和解密密钥集合 K' 的确定.

此时的加密密钥集合 K 是公开的，故称为公钥集合. 解密密钥集合 K' 不公开. 回顾定理 6.3.6，中间涉及 6 个数字：i，n，素数 p,q，整数 e，d. 这些数满足关系 $2^i < n \leqslant 2^{i+1}$，$n = pq$，$\gcd(\phi(n),e) = 1, 1 < e < \phi(n)$，$ed \equiv 1 \bmod \phi(n)$.

取到满足这些关系的六个数字以后，取公钥 $k = (n,e)$，而 K 仅包含这一个元素，其中(n,e)是由整数 n 和 e 组成的数对，取定 $k=(n,e)$，仅表示同时确定了两个整数 n 和 e，没有更复杂的意义. 取密钥 $k' = (n,d)$，而 K' 仅包含这一个元素.

我们马上会提出一个问题：公钥 $k = (n,e)$ 是公开的，而密钥 $k' = (n,d)$ 是保密的，只有我方需要对密文进行解密的人员才知道，但 $k' = (n,d)$ 中已有一个公开的数字 n，而关键的保密数字 d 与公开的数字 n，e 满足关系 $ed \equiv 1 \bmod \phi(n)$，那么，通过这个关系，$d$ 不是可以计算出来吗？

为了回答这个问题，考察 $ed \equiv 1 \bmod \phi(n)$，此式表示存在整数 l，

$$ed = l\,\phi(n) + 1 , \tag{6.3.14}$$

当 e，n 已知时，$\phi(n)$ 已知，式(6.3.14)成为一个关于整数变量 d，l 的线性不定方程，定理 6.3.2 表明，对任意正整数 a，b，存在整数 u,v 使 $\gcd(a,b) = ub + va$. 现在，因 $\gcd(\phi(n),e) = 1, 1 < e < \phi(n)$，故对 $a = \phi(n), b = e$，存在整数 u,v 使 $1 = \gcd(\phi(n),e) = u\,\phi(n) + ve$，取 $l = -u, d = v$，则式(6.3.14)成立. 这就是说，已知 n，e，确实能由关系 $ed \equiv 1 \bmod \phi(n)$ 确定 d.

但是,考察定理 6.3.2 的证明可以发现,上述 u,v 需用欧几里得算法通过式(6.3.1)中复杂的迭代关系才能得到,计算量很大,要得到 $d=v$ 是不容易的,这在 e , n 为大数字时更是如此.

总之,由公钥 $k=(n,e)$,得到密钥 $k'=(n,d)$ 是困难的.

选取公钥和密钥的程序如下:

第一步,根据正整数集 M 取正整数 i ,使对任意 $x\in M$, $x\leqslant 2^i$;

第二步,取两个不相等的素数 p,q ,使 $n=pq$ 满足 $2^i<n\leqslant 2^{i+1}$;

第三步,计算 $\phi(n)=\phi(pq)=\phi(p)\phi(q)=(p-1)(q-1)$;

第四步,选择与 $\phi(n)$ 互素且小于 $\phi(n)$ 的正整数 e ,故有 $\gcd(\phi(n),e)=1,1<e<\phi(n)$;

第五步,应用欧几里得算法计算 d ;

第六步,取公钥 $k=(n,e)$,密钥 $k'=(n,d)$.

(3)密码编码 E_k 和解密变换 $D_{k'}$ 的定义.

密码编码 E_k 的定义为

$$E_k(x)=y=x^e \bmod n, \quad x\in M, \tag{6.3.15}$$

解密变换 $D_{k'}$ 的定义为

$$D_{k'}(y)=y^d \bmod n, \quad y\in B. \tag{6.3.16}$$

对任意 $x\in M$,经密码编码 E_k 得到密文 $E_k(x)=y$,送达目的地以后,我方破译人员通过已知道的 d (即运用密钥 $k'=(n,d)$),将密文 $E_k(x)=y$ 代入式(6.3.16)进行计算,由式(6.3.10),得到

$$x=D_{k'}(y)=y^d \bmod n=(x^e)^d \bmod n=x^{ed} \bmod n.$$

即得解密以后原来的明文 x .

实践表明,为了防止系统受到攻击,必须取正整数 i 充分大,这样,使 $n=pq$ 且满足关系 $2^i<n\leqslant 2^{i+1}$ 的素数 p,q 就要十分大, $\phi(n)$ 也会很大,与 $\phi(n)$ 互素即 $\gcd(\phi(n),e)=1$ 成立且满足 $1<e<\phi(n)$ 的正整数 e 就难以找到.这时候,我们可以试着取一个 e ,通过欧几里得算法,计算 $\phi(n)$ 和 e 的最大公约数 $\gcd(\phi(n),e)$,如果结果为1,则可将这个 e 作为备选数,否则更换数字再进行计算,直到找出符合要求的 e 为止.

下面给出一个具体的例子.

例 6.3.1 对 $p=17,q=11$,展示应用 RSA 公钥密码系统 $(M,B,K,K',E_k,D_{k'})$ 的过程.

解 (1) $n=pq=17\times 11=187$ (因 $2^7=128<n=187<2^8=256$,故取 $i=7$, $M=\{1,2,\cdots,128\}$, $B=\{1,2,\cdots,256\}$);

(2) $\phi(187)=\phi(n)=\phi(pq)=\phi(p)\phi(q)=(p-1)(q-1)=16\times 10=160$;

(3)取 $e=7$,则因其为素数,故 $\gcd(\phi(n),e)=1$,又 $1<e<\phi(187)=160$;

(4)在 $ed=l\phi(n)+1$ 即 $7d=160l+1$ 中,取 $l=1$,得 $d=23$;

(5)令公钥 $k=(n,e)=(187,7)$,密钥 $k'=(n,d)=(187,23)$;

(6)计算密文,如取 $x = 10 \in M$,则

$$\begin{aligned}E_k(x) = E_k(10) &= 10^7 \bmod 187 = (10^3 \times 10^3 \times 10) \bmod 187 \\ &= [(10^3 \bmod 187)^2 \times (10 \bmod 187)] \bmod 187 \\ &= (65^2 \times 10) \bmod 187 = 42250 \bmod 187 = 175 = y.\end{aligned}$$

(7)解密,对 $y = 175$,有

$$\begin{aligned}D_{k'}(y) &= D_{k'}(175) = 175^d \bmod n = 175^{23} \bmod 187 \\ &= [(175^2 \bmod 187)^{11} \times (175 \bmod 187)] \bmod 187 = (144^{11} \times 175) \bmod 187 \\ &= [(144^2 \bmod 187)^5 \times (144 \bmod 187) \times (175 \bmod 187)] \bmod 187 \\ &= [(166^5 \bmod 187) \times 144 \times 175] \bmod 187 \\ &= [(166^2 \bmod 187)^2 \times 166 \times 144 \times 175] \bmod 187 \\ &= [(67^2 \bmod 187) \times 166 \times 144 \times 175] \bmod 187 \\ &= (1 \times 166 \times 144 \times 175) \bmod 187 = 10 \bmod 187 = 10.\end{aligned}$$

密文 175 解密后,确实得到原明文 10.

可以看出,对于大数字,模运算并不简单,需要通过模运算性质逐步使相关数值减小,直到可以直接算出余数为止.

读者可能有一个疑问:在设置 RSA 公钥密码系统时,需要计算 d ,如果有人要解密,也只要计算出 d 就行,我们曾指出,计算 d 是困难的,但这个困难对设置系统的我方和企图解密的他方,程度都是一样的,我方花费多大精力作出系统,他方花差不多的精力就可以破解,这个系统岂不价值不大?这个疑问是有道理的.所以,这个系统常被用于对保密级别不高的信息加密.就像一把小锁,锁在保险柜上没用,锁在提包上还是有用的.

习　题　6

1. 随便写一句中文,将其中每个字编为以 0,1 为码元的码字,再用扩展编码方法,得出整句话的码字.

2. 设计一个对 M^{64} 中元的换位 IP,取 M^{64} 中一元,利用所设计的 IP 进行换位变换.

3. 设计一个对 M^{10} 中元的挑选变换 C ,取 M^{10} 中一元,利用所设计的 C 进行挑选变换.

4. 写出一个由 32 个 0,1 组成的码字,利用 6.2.2 小节 4 给出的加边变换 B 对其进行变换.

5. 写出一个由 48 个 0,1 组成的码字,利用 6.2.2 小节 5 给出的变换 S 将其变为码字长为 32 的码字.

6. 写出一个具体的 $c_0^n = (c_0, c_2, \cdots, c_{n-1}) \in \mathbf{N}^n$,计算

$$c_i^n = \lambda^{\sigma(i)}(c_{i-1}^n), \quad i = 1,2,\cdots,16,$$

其中,

i	1	2	3	4	5	6	7	8	9	10	11	12	13	14	15	16
$\sigma(i)$	1	1	2	2	2	2	2	2	1	2	2	2	2	2	2	1

7. 设

$$\begin{aligned}k^{56} = &1100101010010101101010011010 \\ &1100101010101011001100101110,\end{aligned}$$

试构造密钥.

8. 证明映射的复合具有结合律.

9. 设 $f(x)=x\bmod n$，对 $n=31$，计算 $f(8)$，$f(8^2)$，$f(8^8)$，$f(88^8)$.

10. 证明：

(1) $[(a\bmod n)-(b\bmod n)]\bmod n=(a-b)\bmod n$，

(2) $[(a\bmod n)\times(b\bmod n)]\bmod n=(a\times b)\bmod n$，

(3)若 $(a+b)\equiv(a+c)\bmod n$，则 $b\equiv c\bmod n$，

(4)若 a,n 互素且 $(a\times b)\equiv(a\times c)\bmod n$，则 $b\equiv c\bmod n$.

11. 用欧几里得算法求 gcd(320,48).

12. 设 $a=45$，$b=85$ 为正整数，求整数 u,v 使 $\gcd(a,b)=ub+va$.

13. 对 $p=19,q=13$，展示应用 RSA 公钥密码系统 $(M,B,K,K',E_k,D_{k'})$ 的过程.

参考文献

陈少真.2012.密码学教程.北京:科学出版社

邸继征.2005.信息论导引.杭州:浙江大学出版社

傅祖芸.2001.信息论基础理论与应用.北京:电子工业出版社

姜丹.2011.信息论与编码.合肥:中国科学技术大学出版社

仇佩亮.1999.信息论及其应用.杭州:浙江大学出版社

杨振明.1999.概率论.北京:科学出版社

余成波.2002.信息论与编码.重庆:重庆大学出版社

钟开莱.1989.概率论教程.刘文,吴让泉,译.上海:上海科学技术出版社

朱雪龙.2001.应用信息论基础.北京:清华大学出版社

Stallings W.2012.密码编码学与网络安全——原理与实践.5版.王张宜,等译.北京:电子工业出版社

Yeung W R.2012.信息论基础.北京:科学出版社

习题参考答案

习 题 1

1. 证明:(1)条件概率表达式.

设$(\Omega_1,\mathfrak{F}_1,P_1)$,$(\Omega_2,\mathfrak{F}_2,P_2)$为概率空间,$\mathfrak{F}=\mathfrak{F}_1\times\mathfrak{F}_2$,故得联合概率空间$(\Omega,\mathfrak{F},P)$,其中$\Omega=\Omega_1\times\Omega_2$,$\mathfrak{F}=\mathfrak{F}_1\times\mathfrak{F}_2$.任给$A\in\mathfrak{F}_1$,$B\in\mathfrak{F}_2$,记

$$P(A\times\Omega_2\mid\Omega_1\times B)=P(A\mid B),\ P(\Omega_1\times B)=P(B),\ P(A\times B)=P(A,B),$$

则由于$A\times B=A\times\Omega_2\cap\Omega_1\times B$及$P(A\times B)=P(A\times\Omega_2\cap\Omega_1\times B)=P(A\times\Omega_2|\Omega_1\times B)$ $P(\Omega_1\times B)$,即得

$$P(A|B)=\frac{P(A,B)}{P(B)}$$

(2)加法公式.

设$(\Omega_k,\mathfrak{F}_k,P_k)$为概率空间,$k=1,2,\cdots,l$,故得联合概率空间$(\Omega,\mathfrak{F},P)$,其中$\Omega=\Omega_1\times\Omega_2\times\cdots\times\Omega_l$,$\mathfrak{F}_1\times\mathfrak{F}_2\times\cdots\times\mathfrak{F}_l$.记

$\bigcup\limits_{k=1}^{l}A_1=A_1\times\Omega_2\times\cdots\Omega_l\cup\Omega_1\times A_2\times\Omega_3\times\cdots\times\Omega_l\cup\cdots\cup\Omega_1\times\Omega_2\times\cdots\times\Omega_{l-1}\times A_l$,

$P(A_k)=P(\Omega_1\times\cdots\times\Omega_{k-1}\times A_k\times\Omega_{k+1}\times\cdots\times\Omega_l)$,$k=1,2,\cdots,l$,

$P(A_i,A_j)=P(\Omega_1\times\cdots\times\Omega_{i-1}\times A_i\times\Omega_{i+1}\times\cdots\times\Omega_l\cap\Omega_1\times\cdots\times\Omega_{j-1}\times A_j\times\Omega_{j+1}\times\cdots\times\Omega_l)$,

$$\begin{aligned}P(A_i,A_j,A_k)=P(&\Omega_1\times\cdots\times\Omega_{i-1}\times A_i\times\Omega_{i+1}\times\cdots\times\Omega_l\cap\Omega_1\times\cdots\times\Omega_{j-1}\times A_j\times\Omega_{j+1}\times\cdots\\&\times\Omega_l\cap\Omega_1\times\cdots\times\Omega_{k-1}\times A_k\times\Omega_{k+1}\times\cdots\times\Omega_l),\ i<j<k,\end{aligned}$$

…

$P(A_1,A_2,\cdots,A_l)=P(A_1\times A_2\times\cdots\times A_l)$,

则由加法公式

$$\begin{aligned}&P(A_1\times\Omega_2\times\cdots\Omega_l\cup\Omega_1\times A_2\times\Omega_3\times\cdots\times\Omega_l\cup\cdots\cup\Omega_1\times\Omega_2\times\cdots\times\Omega_{l-1}\times A_l)\\=&\sum_{k=1}^{l}P(\Omega_1\times\cdots\times\Omega_{k-1}\times A_k\times\Omega_{k+1}\times\cdots\times\Omega_l)\\&-\sum_{i<j}P(\Omega_1\times\cdots\times\Omega_{i-1}\times A_i\times\Omega_{i+1}\times\cdots\times\Omega_l\cap\Omega_1\times\cdots\times\Omega_{j-1}\times A_j\times\Omega_{j+1}\times\cdots\times\Omega_l)\\&+\sum_{i<j<k}P(\Omega_1\times\cdots\times\Omega_{i-1}\times A_i\times\Omega_{i+1}\times\cdots\times\Omega_l\cap\Omega_1\times\cdots\times\Omega_{j-1}\times A_j\times\Omega_{j+1}\times\cdots\times\Omega_l\cap\Omega_1\times\cdots\\&\quad\times\Omega_{k-1}\times A_k\times\Omega_{k+1}\times\cdots\times\Omega_l)-\cdots+(-1)^{l-1}P(A_1\times A_2\times\cdots\times A_l),\end{aligned}$$

$$P(\bigcup_{k=1}^{l}A_k)=\sum_{k=1}^{l}P(A_k)-\sum_{i<j}P(A_i,A_j)+\sum_{i<j<k}P(A_i,A_j,A_k)-\cdots+(-1)^{l-1}P(A_1,A_2,\cdots,A_l).$$

乘法公式,全概率公式与贝叶斯公式可自行写出并证明.

2. 证明:$p=(p_1,p_2,\cdots,p_K)$,$q=(q_1,q_2,\cdots,q_K)\in E$,$0\leqslant\theta\leqslant1$,$r=\theta p+(1-\theta)q$,则由$R^K$中元的加法和数乘规则,有

$$\begin{aligned} r &= \theta p + (1-\theta)q = \theta(p_1, p_2, \cdots, p_K) + (1-\theta)(q_1, q_2, \cdots, q_K) \\ &= (\theta p_1, \theta p_2, \cdots, \theta p_K) + ((1-\theta)q_1, (1-\theta)q_2, \cdots, (1-\theta)q_K) \\ &= (\theta p_1 + (1-\theta)q_1, \theta p_2 + (1-\theta)q_2, \cdots, \theta p_K + (1-\theta)q_K) \\ &= (r_1, r_2, \cdots, r_K), \end{aligned}$$

而 $r_k \geqslant 0, k = 1,2,\cdots,K$，且

$$\begin{aligned} \sum_{k=1}^{K} r_k &= \sum_{k=1}^{K}[\theta p_k + (1-\theta)q_k] = \sum_{k=1}^{K}\theta p_k + \sum_{k=1}^{K}(1-\theta)q_k \\ &= \theta\sum_{k=1}^{K} p_k + (1-\theta)\sum_{k=1}^{K} q_k = \theta + (1-\theta) = 1, \end{aligned}$$

故 $r \in E$，E 为 r_1 中的凸集.

3. 解：$p(x_k, y_l, z_m) = P(X = x_k, Y = y_l, Z = z_m)$ 为 X 取值 x_k，Y 取值 y_l，Z 取值 z_m 的联合概率，$p(z_m \mid x_k, y_l) = P(Z = z_m \mid X = x_k, Y = y_l)$ 为已知 X 取值 x_k，Y 取值 y_l 的条件下 Z 取值 z_m 的概率，$p(x_k, y_l \mid z_m) = P(X = x_k, Y = y_l \mid Z = z_m)$ 为已知 Z 取值 z_m 的条件下 X 取值 x_k，Y 取值 y_l 的概率.

4. 证明：首先证明对任意指标集 I，

$$X^{-1}(\bigcup_{\alpha\in I} B_\alpha) = \bigcup_{\alpha\in I} X^{-1}(B_\alpha), X^{-1}(\bigcap_{\alpha\in I} B_\alpha) = \bigcap_{\alpha\in I} X^{-1}(B_\alpha),$$

其中 $B_\alpha \subset (-\infty, \infty)$.

以下仅证明上面第一个等式，第二个等式的证明类似.

$\bigcup_{\alpha\in I} B_\alpha$ 为空集时，每个 B_α 为空集，$X^{-1}(\bigcup_{\alpha\in I} B_\alpha)$，$\bigcup_{\alpha\in I} X^{-1}(B_\alpha)$ 都为空集，等式成立.

不然，设 $\omega \in X^{-1}(\bigcup_{\alpha\in I} B_\alpha)$，则由后者的定义知存在 $x \in \bigcup_{\alpha\in I} B_\alpha$，使 $x = X(\omega)$，故存在 $\alpha' \in I$，使 $x \in B_{\alpha'}$，即 $X(\omega) \in B_{\alpha'}$，由 $X^{-1}(B_{\alpha'})$ 的定义知 $\omega \in X^{-1}(B_{\alpha'}) \subset \bigcup_{\varepsilon\in I} X^{-1}(B_\alpha)$，从而 $X^{-1}(\bigcup_{\alpha\in I} B_\alpha) \subset \bigcup_{\alpha\in I} X^{-1}(B_\alpha)$. 设 $\omega \in \bigcup_{\alpha\in I} X^{-1}(B_\alpha)$，则存在 $\alpha' \in I$，使 $\omega \in X^{-1}(B_{\alpha'})$，故存在 $x \in B_{\alpha'} \subset \bigcup_{\alpha\in I} B_\alpha$ 使 $x = X(\omega)$，即有 $\omega \in X^{-1}(\bigcup_{\alpha\in I} B_\alpha)$，从而 $\bigcup_{\alpha\in I} X^{-1}(B_\alpha) \subset X^{-1}(\bigcup_{\alpha\in I} B_\alpha)$.

总之，有 $X^{-1}(\bigcup_{\alpha\in I} B_\alpha) = \bigcup_{\alpha\in I} X^{-1}(B_\alpha)$.

故知对 $(-\infty, \infty)$ 子集的任意交、并运算，皆可与符号 X^{-1} 交换次序，例如

$$X^{-1}(\bigcup_{\alpha\in I}\bigcap_{\beta\in J} B_{\alpha,\beta}) = \bigcup_{\alpha\in I}\bigcap_{\beta\in J} X^{-1}(B_{\alpha,\beta}).$$

其次说明，根据 Borel 集的定义知，任意 Borel 集 B 皆可表为若干左开右闭区间的交、并.

现不妨设(其他情形证明类似) $B = \bigcup_{\alpha\in I}\bigcap_{\beta\in J} B_{\alpha,\beta}$，其中 $B_{\alpha,\beta}$ 为左开右闭区间，由随机变量 X 的定义，$X^{-1}(B_{\alpha,\beta}) \in \mathfrak{F}$，再由 $\mathfrak{F}$ 的定义知

$$A = X^{-1}(B) = X^{-1}\left(\bigcup_{\alpha\in I}\bigcap_{\beta\in J} B_{\alpha,\beta}\right) = \bigcup_{\alpha\in I}\bigcap_{\beta\in J} X^{-1}(B_{\alpha,\beta}) \in \mathfrak{F}.$$

5. 证明：设 $\Omega = \Omega_1 \times \Omega_2$，$\mathfrak{F} = \mathfrak{F}_x \times \mathfrak{F}_y$，首先证明对 $\mathfrak{F}$ 中任何元 $A = (XY)^{-1}(B), A_n = (XY)^{-1}(B_n), n = 1,2,\cdots$，有

$$\overline{A} = \overline{(XY)^{-1}(B)} = (XY)^{-1}(\overline{B}), \bigcup_{n=1}^{\infty} A_n = \bigcup_{n=1}^{\infty}(XY)^{-1}(B_n) = (XY)^{-1}(\bigcup_{n=1}^{\infty} B_n).$$

仅证上述第一个等式，第二个等式的证明与上一题中等式 $X^{-1}\left(\bigcup_{\alpha\in I} B_\alpha\right) = \bigcup_{\alpha\in I} X^{-1}(B_\alpha)$ 的证明完全类似.

事实上，若 A 为空集 $\varnothing$，则 $A=\varnothing=(XY)^{-1}(\varnothing)$，即知此时 $A=(XY)^{-1}(B)$ 中的 B 也为空集 $\varnothing$. 而 $\overline{A}=\Omega$，故由 $\overline{A}=\Omega=(XY)^{-1}(A_x\times A_y)$ 及 $A_x\times A_y=\overline{\varnothing}$ 知，$\overline{A}=(XY)^{-1}(\overline{B})$. 同理，若 $A=A_x\times A_y$，$\overline{A}=(XY)^{-1}(\overline{B})$ 也成立.

在一般情形，A 不为 $\varnothing$ 及 Ω，故由于 $\varnothing=(XY)^{-1}(\varnothing)$，$\Omega=(XY)^{-1}(A_x\times A_y)$，当 $A=(XY)^{-1}(B)$ 时，则 B 不为 $\varnothing$ 及 $A_x\times A_y$，下面用反证法证明当 $A=(XY)^{-1}(B)$ 时，$\overline{A}=(XY)^{-1}(\overline{B})$.

若不然，则存在 $\omega=(\omega_1,\omega_2)\in\overline{A}$ 而 $\omega\notin(XY)^{-1}(\overline{B})$，或存在 $\omega\in(XY)^{-1}(\overline{B})$ 而 $\omega\notin\overline{A}$. 不妨设为前者，则由于 $\omega\notin(XY)^{-1}(\overline{B})$，故 $(X(\omega_1),Y(\omega_2))=(x_k,y_l)\notin\overline{B}$，从而 $(X(\omega_1),Y(\omega_2))=(x_k,y_l)\in B$，得 $\omega=(\omega_1,\omega_2)\in A$，与 $\omega=(\omega_1,\omega_2)\in\overline{A}$ 的假设矛盾.

有了如上准备，下面证明 $\mathfrak{F}$ 为 σ 代数.

(i)由于 $\varnothing$，$A_x\times A_y\in\chi$，$\varnothing=(XY)^{-1}(\varnothing)$，$\Omega=(XY)^{-1}(A_x\times A_y)$，故 $\varnothing,\Omega\in\mathfrak{F}$；

(ii)设 $A\in\mathfrak{F}$，$A=(XY)^{-1}(B)$，则 $B\in\chi$，注意 $\overline{B}=A_x\times A_y\backslash B\in\chi$（$\chi$ 实为 σ 代数），而 $\overline{A}=(XY)^{-1}(\overline{B})$，所以 $\overline{A}\in\mathfrak{F}$；

(iii)若 $A_n\in\mathfrak{F}$，$A_n=(XY)^{-1}(B_n)$，$n=1,2,\cdots$，则由 $B_n\in\chi$ 及 χ 为 σ 代数知 $\bigcup\limits_{n=1}^{\infty}B_n\in\chi$，又 $\bigcup\limits_{n=1}^{\infty}A_n=\bigcup\limits_{n=1}^{\infty}(XY)^{-1}(B_n)=(XY)^{-1}\left(\bigcup\limits_{n=1}^{\infty}B_n\right)$，故 $\bigcup\limits_{n=1}^{\infty}A_n\in\mathfrak{F}$.

总之，$\mathfrak{F}$ 为一个 σ 代数，$(\Omega,\mathfrak{F})$为可测空间.

$(\Omega_x\times\Omega_y,\mathfrak{F}_x\times\mathfrak{F}_y,P_{x,y})$ 为概率空间的结论自行证明.

6. 答：不一定. 例如，设随机变量 X,Y 取值于同一符号集 $A_x=A_y=\{x_1,x_2\}=\{0,1\}$，$p(x_1\mid x_1)=P(Y=x_1\mid X=x_1)=P(Y=0\mid X=0)$ 表示 X 取值 0 的条件下 Y 取值 0 的概率，此概率不一定为 1.

习　题　2

1. 提示：注意 σ 代数的定义，要证明 $\mathfrak{F}$ 为一 σ 代数，只需证明

(i) $\varnothing,\Omega\in\mathfrak{F}$；

(ii)若 $A\in\mathfrak{F}$，则 $\overline{A}=\Omega\backslash A\in\mathfrak{F}$；

(iii)若 $A_n\in\mathfrak{F}$，$n=1,2,\cdots$，则 $\bigcup\limits_{n=1}^{\infty}A_n\in\mathfrak{F}$.

所以，本题与习题 1 第 5 题的前半部分要求证明的结论本质上是相同的，在证明各自结论的过程中，都要证明上述三个事实. 明显地，形式上本题比习题 1 第 5 题简单，若掌握了后者的证明，很容易给出本题的证明.

2. 证明：任取 $x\in(0,+\infty)$，取 $m=[\log_c x]$，即 $\log_c x$ 的整数部分，故有

$$m=[\log_c x]\leqslant\log_c x<m+1,c^m\leqslant x<c^{m+1},$$

即 $x\in[c^m,c^{m+1})\subset\bigcup\limits_{m=-\infty}^{\infty}[c^m,c^{m+1})$，从而 $(0,+\infty)\subset\bigcup\limits_{m=-\infty}^{\infty}[c^m,c^{m+1})$；任取 $x\in\bigcup\limits_{m=-\infty}^{\infty}[c^m,c^{m+1})$，则存在整数 m，使 $x\in[c^m,c^{m+1})\subset(0,+\infty)$，从而 $(0,+\infty)\supset\bigcup\limits_{m=-\infty}^{\infty}[c^m,c^{m+1})$.

总之，得 $(0,+\infty)=\bigcup\limits_{m=-\infty}^{+\infty}[c^m,c^{m+1})$.

3. 证明：设 $X=(X_1,X_2,\cdots,X_n,\cdots)$ 为一离散平稳无记忆信源，X_n 取值于同一符号集 $A_x=\{x_1,x_2,\cdots,x_K\}$，$X_n$ 独立同分布.

由 X_n 的独立性知，

$$P(X_N=\alpha_N)=P(X_{0,N}=\alpha_N)=P(X_1=x_{i_1},X_2=x_{i_2},\cdots,X_N=x_{i_N})$$
$$=P(X_1=x_{i_1})P(X_2=x_{i_2})\cdots P(X_N=x_{i_N}),$$

由 X_n 的同分布性知，上式最后与随机变量的选取无关，例如，将 $P(X_1=x_{i_1})$ 中的 X_1 换为任一随机变量 X_n，其值不变，即有 $P(X_1=x_{i_1})=P(X_n=x_{i_1})$，故可记上式最后为 $p(x_{i_1})p(x_{i_2})\cdots p(x_{i_N})$，因此

$$\begin{aligned}P(X_N=\alpha_N)&=P(X_{0,N}=\alpha_N)=P(X_1=x_{i_1},X_2=x_{i_2},\cdots,X_N=x_{i_N})\\&=P(X_1=x_{i_1})P(X_2=x_{i_2})\cdots P(X_N=x_{i_N})=p(x_{i_1})p(x_{i_2})\cdots p(x_{i_N})\\&=P(X_{L+1}=x_{i_1})P(X_{L+2}=x_{i_2})\cdots P(X_{L+N}=x_{i_N})=P(X_{L+1}=x_{i_1},X_{L+2}=x_{i_2},\\&\quad\cdots,X_{L+N}=x_{i_N})\\&=P(X_{L,N}=\alpha_N)\triangleq p(x_{i_1},x_{i_2},\cdots,x_{i_N}).\end{aligned}$$

4. 提示：写出 $I(x_k,y_l,z_m)$，$I(z_m\mid x_k,y_l)$，$I(x_k,y_l\mid z_m)$ 的表达式.

5. 提示：根据符号的自信息的定义计算.

6. 提示：根据熵的定义计算.

7. 提示：根据熵的的定义，写出表达式.

8. 说明：设 $X=(X_1,X_2,\cdots,X_n,\cdots)$ 为一离散平稳信源，故 X_n 取值于同一符号集 $A_x=\{x_1,x_2,\cdots,x_K\}$，$X_n$ 同分布.

证明：设 $X=(X_1,X_2,\cdots,X_n,\cdots)$ 为一离散平稳信源，故 X_n 取值于同一符号集 $A_x=\{x_1,x_2,\cdots,x_K\}$，$X_n$ 同分布. 故对任意整数 $N>0$ 及 $L\geqslant 0$ 有

$$P(X_N=\alpha_N)=P(X_{0,N}=\alpha_N)=P(X_1=x_{i_1},X_2=x_{i_2},\cdots,X_N=x_{i_N})$$
$$=P(X_{L+1}=x_{i_1},X_{L+2}=x_{i_2},\cdots,X_{L+N}=x_{i_N})=P(X_{L,N}=\alpha_N),$$

因此

$$\begin{aligned}&P(X_N=x_{i_{N-1}}\mid X_2=x_{i_1},X_3=x_{i_2},\cdots,X_{N-1}=x_{i_{N-2}})\\&=\frac{P(X_2=x_{i_1},X_3=x_{i_2},\cdots,X_N=x_{i_{N-1}})}{P(X_2=x_{i_1},X_3=x_{i_2},\cdots,X_{N-1}=x_{i_{N-2}})}=\frac{P(X_1=x_{i_1},X_2=x_{i_2},\cdots,X_{N-1}=x_{i_{N-1}})}{P(X_1=x_{i_1},X_2=x_{i_2},\cdots,X_{N-2}=x_{i_{N-2}})}\\&=P(X_{N-1}=x_{i_{N-1}}\mid X_1=x_{i_1},X_2=x_{i_2},\cdots,X_{N-1}=x_{i_{N-1}}),\end{aligned}$$

从而

$$\begin{aligned}&H(X_N\mid X_2,X_3,\cdots,X_{N-1})\\&=-\sum_{i_1=1}^{K}\sum_{i_2=1}^{K}\cdots\sum_{i_{N-1}=1}^{K}P(X_2=x_{i_1},X_3=x_{i_2},\cdots,X_N=x_{i_{N-1}})\\&\quad\cdot\log P(X_N=x_{i_{N-1}}\mid X_2=x_{i_1},X_3=x_{i_2},\cdots,X_{N-1}=x_{i_{N-2}})\\&=-\sum_{i_1=1}^{K}\sum_{i_2=1}^{K}\cdots\sum_{i_{N-1}=1}^{K}P(X_1=x_{i_1},X_2=x_{i_2},\cdots,X_{N-1}=x_{i_{N-1}})\\&\quad\cdot\log P(X_{N-1}=x_{i_{N-1}}\mid X_1=x_{i_1},X_2=x_{i_2},\cdots,X_{N-2}=x_{i_{N-2}})\\&=H(X_{N-1}\mid X_1,X_2,\cdots,X_{N-2}).\end{aligned}$$

9.证明:$N=3$ 时,该式成为

$$H(X_1,X_2,X_3)=H(X_1)+H(X_2|X_1)+H(X_3|X_1,X_2).$$

为使证明过程中用到的表达式简单一些,假定 X_1,X_2,X_3 取值于同一符号集 $A_x=\{x_1,x_2,\cdots,x_K\}$.将上式右边的熵和条件熵的表达式写出,注意 $\sum_{j=1}^{K}\sum_{k=1}^{K}P(X_1=x_i,X_2=x_j,X_3=x_k)=P(X_1=x_i)$(及类似等式),得

$$\begin{aligned}
&H(X_1)+H(X_2|X_1)+H(X_3|X_1,X_2)\\
&=-\sum_{i=1}^{K}P(X_1=x_i)\log P(X_1=x_i)-\sum_{i=1}^{K}\sum_{j=1}^{K}P(X_1=x_i,X_2=x_j)\log P(X_2=x_j|X_1=x_i)\\
&\quad-\sum_{i=1}^{K}\sum_{j=1}^{K}\sum_{k=1}^{K}P(X_1=x_i,X_2=x_j,X_3=x_k)\log P(X_3=x_k|X_1=x_i,X_2=x_j)\\
&=-\sum_{i=1}^{K}\sum_{j=1}^{K}\sum_{k=1}^{K}P(X_1=x_i,X_2=x_j,X_3=x_k)\log P(X_1=x_i)\\
&\quad-\sum_{i=1}^{K}\sum_{j=1}^{K}\sum_{k=1}^{K}P(X_1=x_i,X_2=x_j,X_3=x_k)\log P(X_2=x_j|X_1=x_i)\\
&\quad-\sum_{i=1}^{K}\sum_{j=1}^{K}\sum_{k=1}^{K}P(X_1=x_i,X_2=x_j,X_3=x_k)\log P(X_3=x_k|X_1=x_i,X_2=x_j)\\
&=-\sum_{i=1}^{K}\sum_{j=1}^{K}\sum_{k=1}^{K}P(X_1=x_i,X_2=x_j,X_3=x_k)[\log P(X_1=x_i)+\log P(X_2=x_j|X_1=x_i)\\
&\quad+\log P(X_3=x_k|X_1=x_i,X_2=x_j)]\\
&=-\sum_{i=1}^{K}\sum_{j=1}^{K}\sum_{k=1}^{K}P(X_1=x_i,X_2=x_j,X_3=x_k)\\
&\quad\left[\log P(X_1=x_i)+\log\frac{P(X_1=x_i,X_2=x_j)}{P(X_1=x_i)}+\log\frac{P(X_1=x_i,X_2=x_j,X_3=x_k)}{P(X_1=x_i,X_2=x_j)}\right]\\
&=-\sum_{i=1}^{K}\sum_{j=1}^{K}\sum_{k=1}^{K}P(X_1=x_i,X_2=x_j,X_3=x_k)\\
&\quad\log\left[P(X_1=x_i)\frac{P(X_1=x_i,X_2=x_j)}{P(X_1=x_i)}\frac{P(X_1=x_i,X_2=x_j,X_3=x_k)}{P(X_1=x_i,X_2=x_j)}\right]\\
&=-\sum_{i=1}^{K}\sum_{j=1}^{K}\sum_{k=1}^{K}P(X_1=x_i,X_2=x_j,X_3=x_k)\log P(X_1=x_i,X_2=x_j,X_3=x_k)\\
&=H(X_1,X_2,X_3).
\end{aligned}$$

注意:与上题一样,本题的证明中,对概率的表示采用了复杂的记号,例如用 $P(X_3=x_k|X_1=x_i,X_2=x_j)$ 而没有用 $p(x_k|x_i,x_j)$.这是因为当 X_1,X_2,X_3 取值于同一符号集时,从符号 $p(x_k|x_i,x_j)$ 不能看出这个条件概率是指 $P(X_3=x_k|X_1=x_i,X_2=x_j)$ 还是 $P(X_1=x_k|X_3=x_i,X_2=x_j)$ 或者 $P(X_2=x_k|X_1=x_i,X_3=x_j)$ 等.

在数学中,采用复杂而不是简单的符号表示一个事物,一定有无奈之处,而不是故意如此.

若不假定 X_1,X_2,X_3 取值于同一符号集,本题的证明与上述证明类似,仅需注意由于符号复杂了,证明前期的假设与证明过程将复杂一些.

10.证明:$n=4,s=2,m=3$ 时,所述不等式成为

$$0\leqslant H(X_4|X_2,X_3)\leqslant H(X_4|X_3).$$

由条件熵的定义知 $0\leqslant H(X_4|X_2,X_3)$.

下面在 X_2,X_3,X_4 取值于同一符号集 $A_x=\{x_1,x_2,\cdots,x_K\}$ 的假定下证明上式右边不等式,

去除这样的假定，证明前期的假设与证明过程将复杂一些.

由 $\ln\frac{1}{x}\leqslant\frac{1}{x}-1,-\ln x\leqslant\frac{1}{x}-1,\ln x\geqslant 1-\frac{1}{x}$ 知，$\log x\geqslant(1-\frac{1}{x})\log e\ (x>0)$，又 $\sum_{i=1}^{K}P(X_2=x_i,X_3=x_j,X_4=x_k)=P(X_3=x_j,X_4=x_k)$（以及类似等式），故

$$\begin{aligned}
&H(X_4|X_3)-H(X_4|X_2,X_3)\\
&=-\sum_{j=1}^{K}\sum_{k=1}^{K}P(X_3=x_j,X_4=x_k)\log P(X_4=x_k|X_3=x_j)\\
&\quad+\sum_{i=1}^{K}\sum_{j=1}^{K}\sum_{k=1}^{K}P(X_2=x_i,X_3=x_j,X_4=x_k)\log P(X_4=x_k|X_2=x_i,X_3=x_j)\\
&=\sum_{i=1}^{K}\sum_{j=1}^{K}\sum_{k=1}^{K}P(X_2=x_i,X_3=x_j,X_4=x_k)[\log P(X_4=x_k|X_2=x_i,X_3=x_j)\\
&\quad-\log P(X_4=x_k|X_3=x_j)]\\
&=\sum_{i=1}^{K}\sum_{j=1}^{K}\sum_{k=1}^{K}P(X_2=x_i,X_3=x_j,X_4=x_k)\log\frac{P(X_4=x_k|X_2=x_i,X_3=x_j)}{P(X_4=x_k|X_3=x_j)}\\
&=\sum_{i=1}^{K}\sum_{j=1}^{K}\sum_{k=1}^{K}P(X_2=x_i,X_3=x_j,X_4=x_k)\\
&\quad\cdot\log\frac{P(X_2=x_i,X_3=x_j,X_4=x_k)P(X_3=x_j)}{P(X_2=x_i,X_3=x_j)P(X_3=x_j,X_4=x_k)}\\
&\geqslant\log e\sum_{i=1}^{K}\sum_{j=1}^{K}\sum_{k=1}^{K}P(X_2=x_i,X_3=x_j,X_4=x_k)\\
&\quad\cdot\left(1-\frac{P(X_2=x_i,X_3=x_j)P(X_3=x_j,X_4=x_k)}{P(X_2=x_i,X_3=x_j,X_4=x_k)P(X_3=x_j)}\right)\\
&=\log e\,[\sum_{i=1}^{K}\sum_{j=1}^{K}\sum_{k=1}^{K}P(X_2=x_i,X_3=x_j,X_4=x_k)\\
&\quad-\sum_{i=1}^{K}\sum_{j=1}^{K}\sum_{k=1}^{K}P(X_2=x_i,X_3=x_j,X_4=x_k)\frac{P(X_2=x_i,X_3=x_j)P(X_3=x_j,X_4=x_k)'}{P(X_2=x_i,X_3=x_j,X_4=x_k)P(X_3=x_j)}\Bigg]\\
&=\log e\left[1-\sum_{i=1}^{K}\sum_{j=1}^{K}\sum_{k=1}^{K}\frac{P(X_2=x_i,X_3=x_j)P(X_3=x_j,X_4=x_k)}{P(X_3=x_j)}\right]\\
&=\log e\left[1-\sum_{i=1}^{K}\sum_{j=1}^{K}\frac{P(X_2=x_i,X_3=x_j)P(X_3=x_j)}{P(X_3=x_j)}\right]\\
&=\log e\left[1-\sum_{i=1}^{K}\sum_{j=1}^{K}P(X_2=x_i,X_3=x_j)\right]=0.
\end{aligned}$$

11. 证明：设 X 取值于 $A_x=\{x_1,x_2,\cdots,x_K\}$，分布为 $\{p_k\}_{k=1}^{K}$，Y 取值于 $A_y=\{y_1,y_2,\cdots,y_L\}$，分布为 $\{q_l\}_{l=1}^{L}$，X,Y 相互独立时，

$$P(X=x_k,Y=y_l)=P(X=x_k)P(Y=y_l)=p_kq_l,k=1,2,\cdots,K,l=1,2,\cdots,L,$$

$$\begin{aligned}
H(X,Y)&=-\sum_{k=1}^{K}\sum_{l=1}^{L}P(X=x_k,Y=y_l)\log P(X=x_k,Y=y_l)\\
&=-\sum_{k=1}^{K}\sum_{l=1}^{L}p_kq_l\log p_kq_l=-\sum_{k=1}^{K}\sum_{l=1}^{L}p_kq_l[\log p_k+\log q_l]\\
&=-\sum_{k=1}^{K}\sum_{l=1}^{L}p_kq_l\log p_k-\sum_{k=1}^{K}\sum_{l=1}^{L}p_kq_l\log q_l=-\sum_{k=1}^{K}p_k\log p_k-\sum_{l=1}^{L}q_l\log q_l\\
&=H(X)+H(Y).
\end{aligned}$$

12. 提示：注意在离散平稳无记忆信源的情形，联合概率的计算.

习 题 3

1. 提示：注意编码与码的区别，编码 T 是映射，码 $T(X)$ 是编码得到的码字集合.

2. 解：设码元集合 $A_c=\{0,1\}$，令

$$T(x_1)=00,T(x_2)=01,T(x_3)=10,T(x_4)=11,$$

$$T(x_1x_1x_1)=000000,T(x_1x_1x_2)=000001,T(x_1x_1x_3)=000010,T(x_1x_1x_4)=000011,\cdots$$

即得 X 的等长编码 T.

注意：本题有无数种解法，码元集合的选取也是任意的. 但按照常规做法，码元个数应比信源符号个数小.

3. 解：(1)，(2)自行计算.

(3)取 $l=\left\lceil\frac{N\log K}{\log D}\right\rceil$，其中$\lceil x\rceil$表示不小于 x 的最小整数，$N=1,K=5,D=3$，故 $l=2$，令

$$T(2)=aa,T(3)=ab,T(4)=ac,T(5)=ba,T(6)=bb,$$

即得 X 的等长非奇异编码 T.

4. 提示：根据 $l_1'=6,\cdots,l_{16}'=\lceil 2.83\rceil=3$ 直接构造码树，该码树的第一个终端节点 $T(\alpha_1)=T(x_1x_1)$ 长为 6，…，最后一个终端节点 $T(\alpha_{16})=T(x_4x_4)$ 长为 3，即得 X^2 的编码 T. 平均码长、编码效率和冗余度的计算，请读者完成.

5. 解：取 $l=\left\lceil\frac{N\log K}{\log D}\right\rceil$，其中 $N=1,K=3,D=2$，故 $l=2$，令

$$T(a)=00,T(b)=01,T(c)=10,$$

得 X 的等长非奇异编码 T.

令

$$T(aaa)=000000,T(aab)=000001,\cdots,T(ccc)=101010,$$

即得 $X=(X,Y,Z)$的编码.

6. 提示：求解本题(1)第一步：对 $X=(X_1,X_2)$的输出序列 $aa,ab,\cdots,cc$，计算概率 $p(aa)=0.09,p(ab)=0.06,\cdots,p(cc)=0.25$；第二步：按照概率从大到小的顺序重新排列这些序列，给出密度阵；第三步：利用霍夫曼编码方法给出最佳码.

习 题 4

1. 解：(2) $I(X;Y)=\sum_{k=1}^{2}\sum_{l=1}^{2}p(x_k,y_l)\log\frac{p(x_k,y_l)}{p_kq_l}=\sum_{k=1}^{2}\sum_{l=1}^{2}p_kp(y_l\mid x_k)\log\frac{p(y_l\mid x_k)}{\sum_{i=1}^{2}p_ip(y_l\mid x_i)}$

$$=\sum_{k=1}^{2}\sum_{l=1}^{2}p(x_k,y_l)\log\frac{p(x_k,y_l)}{p_kq_l}=\sum_{k=1}^{2}\sum_{l=1}^{2}p_kp(y_l\mid x_k)\log\frac{p(y_l\mid x_k)}{\sum_{i=1}^{2}p_ip(y_l\mid x_i)}$$

$$=p_1p(y_1\mid x_1)\log\frac{p(y_1\mid x_1)}{p_1p(y_1\mid x_1)+p_2p(y_1\mid x_2)}+p_1p(y_2\mid x_1)\log\frac{p(y_2\mid x_1)}{p_1p(y_2\mid x_1)+p_2p(y_2\mid x_2)}$$

$$+p_2p(y_1\mid x_2)\log\frac{p(y_1\mid x_2)}{p_1p(y_1\mid x_1)+p_2p(y_1\mid x_2)}+p_2p(y_2\mid x_2)\log\frac{p(y_2\mid x_2)}{p_1p(y_2\mid x_1)+p_2p(y_2\mid x_2)}$$

$$=p_1p(y_1\mid x_1)\log\frac{p(y_1\mid x_1)}{p_1p(y_1\mid x_1)+p_2p(y_1\mid x_2)}+p_1p(y_2\mid x_1)\log\frac{p(y_2\mid x_1)}{p_1p(y_2\mid x_1)+p_2p(y_2\mid x_2)}$$

$$+p_2 p(y_1|x_2)\log\frac{p(y_1|x_2)}{p_1 p(y_1|x_1)+p_2 p(y_1|x_2)}+p_2 p(y_2|x_2)\log\frac{p(y_2|x_2)}{p_1 p(y_2|x_1)+p_2 p(y_2|x_2)}$$

$$=p_1\bar{p}\log\frac{\bar{p}}{p_1\bar{p}+p_2 p}+p_1 p\log\frac{p}{p_1 p+p_2\bar{p}}+p_2 p\log\frac{p}{p_1\bar{p}+p_2 p}+p_2\bar{p}\log\frac{\bar{p}}{p_1 p+p_2\bar{p}}$$

$$=\frac{1}{3}\ \frac{1}{2}\log\frac{\frac{1}{2}}{\frac{1}{3}\ \frac{1}{2}+\frac{2}{3}\ \frac{1}{2}}+\cdots=0.$$

2. 提示:写出等式较长一边的表达式,运算即可.

3. 证明:设 $(XY, A_x\times A_y, p(x,y))$ 为 $(X, A_x, p(x))$ 与 $(Y, A_y, q(y))$ 的联合概率空间,其中 X 取值于 $A_x=\{x_1,x_2,\cdots,x_K\}$,分布为 $\{p_k\}_{k=1}^K$,Y 取值于 $A_y=\{y_1,y_2,\cdots,y_L\}$,分布为 $\{q_l\}_{l=1}^L$.则

$$I(X;Y)=\sum_{k=1}^K\sum_{l=1}^L p(x_k,y_l)\log\frac{p(x_k,y_l)}{p_k q_l}\geqslant \log e\sum_{k=1}^K\sum_{l=1}^L p(x_k,y_l)\left[1-\frac{p_k q_l}{p(x_k,y_l)}\right]$$

$$=\log e\left[\sum_{k=1}^K\sum_{l=1}^L p(x_k,y_l)-\sum_{k=1}^K\sum_{l=1}^L p(x_k,y_l)\frac{p_k q_l}{p(x_k,y_l)}\right]=0.$$

又由于 $p(x_k\mid y_l)\leqslant 1$,$\sum_{l=1}^L p(x_k,y_l)=p_k$,故

$$I(X;Y)-H(X)=\sum_{k=1}^K\sum_{l=1}^L p(x_k,y_l)\log\frac{p(x_k,y_l)}{p_k q_l}+\sum_{k=1}^K p_k\log p_k$$

$$=\sum_{k=1}^K\sum_{l=1}^L p(x_k,y_l)\log\frac{p(x_k,y_l)}{p_k q_l}+\sum_{k=1}^K\sum_{l=1}^L p(x_k,y_l)\log p_k$$

$$=\sum_{k=1}^K\sum_{l=1}^L p(x_k,y_l)\log\frac{p(x_k,y_l)}{q_l}=\sum_{k=1}^K\sum_{l=1}^L p(x_k,y_l)\log p(x_k\mid y_l)$$

$$\leqslant\sum_{k=1}^K\sum_{l=1}^L p(x_k,y_l)\log 1=0.$$

同理有 $I(X;Y)\leqslant H(Y)$,故 $0\leqslant I(X;Y)\leqslant\min(H(X),H(Y))$.

4. 解:设

$$I(X;Y)=I(p_1,p_2)=\sum_{k=1}^2\sum_{l=1}^2 p_k p(y_l\mid x_k)\log\frac{p(y_l\mid x_k)}{\sum_{i=1}^2 p_i p(y_l\mid x_i)},$$

$$F=I(p_1,p_2)-\lambda\left(\sum_{k=1}^2 p_k-1\right).$$

由方程组

$$\begin{cases}\dfrac{\partial F}{\partial p_k}=0,\quad k=1,2,\\ \displaystyle\sum_{k=1}^2 p_k=1.\end{cases}$$

即

$$\begin{cases}\dfrac{\partial I}{\partial p_1}=\lambda,\\ \dfrac{\partial I}{\partial p_2}=\lambda,\\ p_1+p_2=1,\end{cases}$$

及

$$\frac{\partial I}{\partial p_1} = \sum_{l=1}^{2} p(y_l \mid x_1)\log \frac{p(y_l \mid x_1)}{q_l} - \log e,$$

$$\frac{\partial I}{\partial p_2} = \sum_{l=1}^{2} p(y_l \mid x_2)\log \frac{p(y_l \mid x_2)}{q_l} - \log e,$$

得

$$\bar{p}\log \frac{\bar{p}}{q_1} + p\log \frac{p}{q_2} = \lambda + \log e, \tag{1}$$

$$p\log \frac{p}{q_1} + p\log \frac{\bar{p}}{q_2} = \lambda + \log e. \tag{2}$$

由(1),(2)得

$$\bar{p}(\log\bar{p} - \log q_1) + p(\log p - \log q_2) = p(\log p - \log q_1) + \bar{p}(\log\bar{p} - \log q_2),$$

即得

$$-\bar{p}\log q_1 - p\log q_2 = -p\log q_1 - \bar{p}\log q_2,$$

$$(\bar{p} - p)\log q_1 = (\bar{p} - p)\log q_2.$$

以下分两种情形讨论：

一、$\bar{p} - p = 0$

此时，$\bar{p} = p$，又因 $\bar{p} + p = 1$，故 $\bar{p} = p = \frac{1}{2}$，有(1)得

$$\frac{1}{2}(\log \frac{1}{2} - \log q_1) + \frac{1}{2}(\log \frac{1}{2} - \log q_2) = \lambda + \log e,$$

即有

$$\log \frac{1}{2} - \frac{1}{2}(\log q_1 + \log q_2) = \lambda + \log e. \quad (3)$$

又

$$\log q_1 = \log(\sum_{i=1}^{2} p_i p(y_1 \mid x_i)) = \log(p_1\bar{p} + p_2 p) = \log \frac{1}{2}(p_1 + p_2) = \log \frac{1}{2},$$

$$\log q_2 = \log(\sum_{i=1}^{2} p_i p(y_2 \mid x_i)) = \log(p_1 p + p_2\bar{p}) = \log \frac{1}{2}(p_1 + p_2) = \log \frac{1}{2},$$

由(3)得

$$\log \frac{1}{2} - \log \frac{1}{2} = \lambda + \log e,$$

$$C = \lambda + \log e = 0.$$

二、$\bar{p} - p \neq 0$

此时 $\log q_2 = \log q_1$，由(1)知

$$\bar{p}\log\bar{p} - \bar{p}\log q_1 + p\log p - p\log q_1 = \lambda + \log e,$$

$$\bar{p}\log\bar{p} + p\log p - (\bar{p} + p)\log q_1 = \lambda + \log e.$$

故

$$\bar{p}\log\bar{p} + p\log p - \log q_1 = \lambda + \log e, \tag{4}$$

$$\log q_1 = \log(\sum_{i=1}^{2} p_i p(y_1 \mid x_i)) = \log(p_1\bar{p} + p_2 p),$$

$$\log q_2 = \log(\sum_{i=1}^{2} p_i p(y_2 \mid x_i)) = \log(p_1 p + p_2\bar{p}).$$

故得方程组

$$\begin{cases}\bar{p}\log\bar{p}+p\log p-\log(p_1\bar{p}+p_2 p)=\lambda+\log e, & (5)\\ p_1+p_2=1, & (6)\\ p_1\bar{p}+p_2 p=p_1 p+p_2\bar{p}, & (7)\end{cases}$$

由(7)得

$p_1(\bar{p}-p)=p_2(\bar{p}-p)$，但 $\bar{p}-p\neq 0$，所以 $p_1=p_2=\dfrac{1}{2}$，代入(5)得

$$\bar{p}\log\bar{p}+p\log p-\log\frac{1}{2}=\lambda+\log e,$$

$$\lambda=\bar{p}\log\bar{p}+p\log p-\log e+\log 2,$$

$$C=\lambda+\log e=\bar{p}\log\bar{p}+p\log p+\log 2.$$

总之，$C=\bar{p}\log\bar{p}+p\log p+\log 2$（包括 $\bar{p}=p$ 的情形）.

习　题　5

1. 提示：本题较简单. 根据 $n-\log(n+1)\geqslant k$ 选取 n 时，对数底数为 2. 注意选取使该不等式成立的最小正整数 n.

2. 提示：汉明码与一般群码比较，不需先取定 k，通过不等式 $n-\log(n+1)\geqslant k$ 选取 n，而是取定 l，令 $k=2^l-l-1$，$n=2^l-1$，此时必有 $n-\log(n+1)=k$. 码的构造过程，汉明码与一般群码没有区别.

3. 提示：参考 5.3.2 节 5，此类题目解答无技巧，只需根据本节所示实例中的步骤推算即可.

4. 提示：关键在于选取 $d=d_0d_1\cdots d_n$.

习　题　6

1. 解：设中文话为：节日快乐.

令上述四个字的码字分别为 00，01，10，11，则用扩展编码方法，得出整句话的码字为 00011011.

2. 解：设 $M=\{0,1\}$，换位变换 IP 对应的矩阵为

$$IP=\begin{bmatrix}57&49&41&33&25&17&9&1\\59&51&43&35&27&19&11&3\\61&53&45&37&29&21&13&5\\63&55&47&39&31&23&15&7\\56&48&40&32&24&16&8&0\\58&50&42&34&26&18&10&2\\60&52&44&36&28&20&12&4\\62&54&46&38&30&22&14&6\end{bmatrix}.$$

对 $d^{64}=(d_0,d_1,\cdots,d_{63})=(1,0,\cdots,1,0,0,0,1,0,1,0,0,1,1,0,1,0,1,1)$，有

$$IP(d^{64}) = \begin{bmatrix} d_{57} & d_{49} & d_{41} & d_{33} & d_{25} & d_{17} & d_9 & d_1 \\ d_{59} & d_{51} & d_{43} & d_{35} & d_{27} & d_{19} & d_{11} & d_3 \\ d_{61} & d_{53} & d_{45} & d_{37} & d_{29} & d_{21} & d_{13} & d_5 \\ d_{63} & d_{55} & d_{47} & d_{39} & d_{31} & d_{23} & d_{15} & d_7 \\ d_{56} & d_{48} & d_{40} & d_{32} & d_{24} & d_{16} & d_8 & d_0 \\ d_{58} & d_{50} & d_{42} & d_{34} & d_{26} & d_{18} & d_{10} & d_2 \\ d_{60} & d_{52} & d_{44} & d_{36} & d_{28} & d_{20} & d_{12} & d_4 \\ d_{62} & d_{54} & d_{46} & d_{38} & d_{30} & d_{22} & d_{14} & d_6 \end{bmatrix} = \begin{bmatrix} 1 & 0 & \cdots \\ 0 & 0 & \cdots \\ \cdots & \cdots & \cdots \end{bmatrix}.$$

注意：$d^{64} = (d_0, d_1, \cdots, d_{63})$ 分量的编号从 0 开始，最后一个分量的编号是 63 而不是 64，这一现象容易引起混乱.

3. 解：设 $M = \{0,1\}$，对 M^{10} 中元的挑选变换 C 对应的矩阵为

$$C = \begin{bmatrix} 9 & 6 \\ 4 & 8 \end{bmatrix},$$

$$d^{10} = (d_0, d_1, \cdots, d_9) = (1,1,0,0,1,0,1,0,1,1),\ C(d^{10}) = (1,1,1,1).$$

4. 解：对 $d^{32} = (d_1, d_2, \cdots, d_{32}) = (1,0,1,1,0,0,\cdots,1,0,1,1,0)$，

$$B(d^{32}) = \begin{bmatrix} d_{32} & d_1 & d_2 & d_3 & d_4 & d_5 \\ d_4 & d_5 & d_6 & d_7 & d_8 & d_9 \\ d_8 & d_9 & d_{10} & d_{11} & d_{12} & d_{13} \\ d_{12} & d_{13} & d_{14} & d_{15} & d_{16} & d_{17} \\ d_{16} & d_{17} & d_{18} & d_{19} & d_{20} & d_{21} \\ d_{20} & d_{21} & d_{22} & d_{23} & d_{24} & d_{25} \\ d_{24} & d_{25} & d_{26} & d_{27} & d_{28} & d_{29} \\ d_{28} & d_{29} & d_{30} & d_{31} & d_{32} & d_1 \end{bmatrix} = \begin{bmatrix} 0 & 1 & \cdots \\ 1 & 0 & \cdots \\ \cdots & \cdots & \cdots \end{bmatrix}.$$

注意：此时 $d^{32} = (d_1, d_2, \cdots, d_{32})$ 分量的编号从 1 开始，最后一个分量的编号是 32，这一现象容易引起混乱.

5. 解：(1)设

$$d^{48} = \begin{bmatrix} d_1 & \cdots & d_6 \\ \cdots & \cdots & \cdots \\ d_{43} & \cdots & d_{48} \end{bmatrix} = \begin{bmatrix} d_{0,0} & \cdots & d_{0,5} \\ \cdots & \cdots & \cdots \\ d_{7,0} & \cdots & d_{7,5} \end{bmatrix} = \begin{bmatrix} 1 & 0 & 0 & 0 & 0 & 0 \\ 0 & 1 & 0 & 0 & 0 & 0 \\ 1 & 0 & 1 & 0 & 0 & 0 \\ 0 & 1 & 0 & 0 & 1 & 0 \\ 1 & 0 & 1 & 1 & 0 & 1 \\ 0 & 1 & 1 & 1 & 0 & 0 \\ 0 & 0 & 1 & 0 & 0 & 0 \\ 1 & 1 & 0 & 0 & 1 & 1 \end{bmatrix}.$$

(2)对如上形式的 d^{48}，其第 j 个行向量为 $(d_{j,0}, d_{j,1}, d_{j,2}, d_{j,3}, d_{j,4}, d_{j,5})$，令 $\alpha_j = (d_{j,0}, d_{j,5})$，$\beta_j = (d_{j,1}, d_{j,2}, d_{j,3}, d_{j,4})$，则得

$\alpha_0=(d_{0,0},d_{0,5})=10=2,\alpha_1=(d_{1,0},d_{1,5})=00=0,\alpha_2=(d_{2,0},d_{2,5})=10=2,$

$\alpha_3=(d_{3,0},d_{3,5})=00=0,\alpha_4=(d_{4,0},d_{4,5})=11=3,\alpha_5=(d_{5,0},d_{5,5})=00=0,$

$\alpha_6=(d_{6,0},d_{6,5})=00=0,\alpha_7=(d_{7,0},d_{7,5})=11=3,$

$\beta_0=(d_{0,1},d_{0,2},d_{0,3},d_{0,4})=0000=0,\beta_1=(d_{1,1},d_{1,2},d_{1,3},d_{1,4})=1000=8,$

$\beta_2=(d_{2,1},d_{2,2},d_{2,3},d_{2,4})=0100=4,\beta_3=(d_{3,1},d_{3,2},d_{3,3},d_{3,4})=1001=9,$

$\beta_4=(d_{4,1},d_{4,2},d_{4,3},d_{4,4})=0110=6,\beta_5=(d_{5,1},d_{5,2},d_{5,3},d_{5,4})=1110=14,$

$\beta_6=(d_{6,1},d_{6,2},d_{6,3},d_{6,4})=0100=4,\beta_7=(d_{7,1},d_{7,2},d_{7,3},d_{7,4})=1001=9.$

(3)由表

β_0 / $S_{\alpha_0}(\beta_0)$ / α_j	0	1	2	3	4	5	6	7	8	9	10	11	12	13	14	15
0	14	4	13	1	2	15	11	8	3	10	6	12	5	9	0	7
1	0	15	7	4	14	2	13	1	10	6	12	11	9	5	3	8
2	4	1	14	8	13	6	2	11	15	12	9	7	3	10	5	0
3	15	12	8	2	4	9	1	7	5	11	3	4	10	0	6	13

得 $S_{\alpha_0}(\beta_0)=S_2(0)=4=0100$，同理可得 $S_{\alpha_j}(\beta_j),j=1,2,\cdots,7$，从而得

$$S(d^{48})=\begin{bmatrix}S_{\alpha_0}(\beta_0)\\S_{\alpha_1}(\beta_1)\\S_{\alpha_2}(\beta_2)\\S_{\alpha_3}(\beta_3)\\\vdots\\S_{\alpha_7}(\beta_7)\end{bmatrix}=\begin{bmatrix}0&1&0&0\\\cdots&\cdots&\cdots&\cdots\\\cdots&\cdots&\cdots&\cdots\\\cdots&\cdots&\cdots&\cdots\\\cdots&\cdots&\cdots&\cdots\\\cdots&\cdots&\cdots&\cdots\\\cdots&\cdots&\cdots&\cdots\\\cdots&\cdots&\cdots&\cdots\end{bmatrix}.$$

6. 解：设 $n=4,c_0^n=(c_0,c_1,\cdots,c_{n-1})=(c_0,c_1,c_2,c_3)=(3,0,23,8)\in Z_+^4$，令 $c_1^4=\lambda^{\sigma(1)}(c_0^4)=\lambda(c_0^4)=(0,23,8,3)$，$c_2^4=\lambda^{\sigma(2)}(c_1^4)=\lambda(c_1^4)=(23,8,3,0)$，同理可写出 $c_i^n=\lambda^{\sigma(i)}(c_{i-1}^n),i=1,2,\cdots,16$.

7. 解：(略)

8. 证明：设 $h:U\to V,g:V\to W,f:W\to X$ 为映射，则对任意 $u\in U,[(f\circ g)\circ h](u)=(f\circ g)(h(u))=f(g(h(u)))=[f\circ(g\circ h)](u)=f((g\circ h)(u))$.

9. 解：由 $[(a\bmod n)\times(b\bmod n)]\bmod n=(a\times b)\bmod n$ 知

$8^4\bmod 31=[(8^2\bmod 31)\times(8^2\bmod 31)]\bmod 31=[(64\bmod 31)\times(64\bmod 31)]\bmod 31=[2\times 2]\bmod 31=4\bmod 31=4,$

$f(8^8)=8^8\bmod 31=[(8^4\bmod 31)\times(8^4\bmod 31)]\bmod 31=[4\times 4]\bmod 31=16\bmod 31=16.$

10. 证明：(1)设 $a\bmod n=c,b\bmod n=d$，则存在 e,f，使 $a=en+c,b=fn+d$，故

$(a-b)\bmod n=(en+c-fn-d)\bmod n=[(e-f)n+c-d]\bmod n$

$= (c-d)\bmod n = (a\bmod n - b\bmod n)\bmod n$.

(2) $(a\times b)\bmod n = [(en+c)\times(fn+d)]\bmod n = [efn^2+edn+cfn+cd]\bmod n$

$= cd\bmod n = [(a\bmod n)\times(b\bmod n)]\bmod n$.

(3),(4)证明略.

11. 提示:可以按照 6.3,2 中的算法求解,也可以按照中学学过的方法求解,两种方法等价,结果自然相同.

12. 提示:写出欧几里得算法每一步的表达式,由此得出 $\gcd(a,b) = r_N = ub + va$.

13. 提示:参看例 6.3.1.